上海社会科学院文学研究所青年学者研究系列　　郑崇选/主编

旅游民俗学视野下的泰山遗产旅游研究

程　著
鹏

上海远东出版社

图书在版编目(CIP)数据

旅游民俗学视野下的泰山遗产旅游研究 / 程鹏著 .
上海 : 上海远东出版社,2025. —— (上海社会科学院文
学研究所青年学者研究系列 / 郑崇选主编). —— ISBN
978-7-5476-2104-2

Ⅰ. S759.992;F592.752.3

中国国家版本馆 CIP 数据核字第 2024UZ5688 号

出 品 人 曹　建
责任编辑 王智丽
封面设计 李　廉

上海社会科学院文学研究所青年学者研究系列

旅游民俗学视野下的泰山遗产旅游研究

郑崇选　主编　　程　鹏　著

出　　版 上海遠東出版社
　　　　　（201101　上海市闵行区号景路 159 弄 C 座）
发　　行 上海人民出版社发行中心
印　　刷 上海颛辉印刷厂有限公司
开　　本 890×1240　　1/32
印　　张 13.875
插　　页 1
字　　数 310,000
版　　次 2025 年 5 月第 1 版
印　　次 2025 年 5 月第 1 次印刷
ISBN　978-7-5476-2104-2/S·2
定　　价 68.00 元

序　言

民俗学者研究旅游是天经地义的。因为在中国旅游，没有民俗还游什么呢？民俗是旅游的资源，也是旅游的产品。所以，民俗学一定要研究旅游。但是民俗学要怎样研究旅游？民俗学研究旅游的什么东西？这就是一个问题。跟在人家后面讲"旅游凝视"吗？套用福柯"医学凝视"的"旅游凝视"，已经被中国的旅游研究者套烂了，我们再套一遍，那真的不需要民俗学来凑热闹了。"知网"上单单以"旅游凝视"为题的论文就有 200 来篇，而引用该说法的文章，则有 1 200 篇以上。仔细看看这个作者群，多是旅游界的朋友，还有就是人类学的学者，民俗学还真是没有去多参与。那民俗学自己如何切入旅游研究呢？

民俗学研究旅游，有一个明确的对象，叫"民俗旅游"。那个研究群体也是庞大得"恐怖"。"知网"上以"民俗旅游"为题的文章竟有 1 500 多篇，而讨论涉及民俗旅游的文章，则有惊人的40 000 多篇。毫无疑问，民俗旅游是旅游的热点问题，也是社会文化的热点问题。民俗旅游研究的作者，多是旅游界、经济界，甚至是社会管理界的学者和管理者主体，人类学者的参与也不少，当然民俗学者也不少。这些文章多是战略性的、资源性的、实践性的讨论。涉及的是非常现实的问题，如可持续发展、文化创意产业、乡

1

村振兴、非遗保护、社区参与等问题。在这个研究大军里面，人类学者也是重要的参与者，他们打出了"旅游人类学"的旗帜，在"知网"上有200多篇以"旅游人类学"题名的文章，多部《旅游人类学》教程，成系列的旅游人类学的研究专著。过去的民俗学的旅游研究，往往采用人类学的方法，总是用"从旅游人类学的视角看，民俗旅游是一种……"这样的语法表述。这体现出人类学在旅游研究中的话语权力，也体现了民俗学的"佛系"特点。

人类学研究旅游有什么高招呢？我们把经典的旅游人类学著作和大量的教科书拿来分析就会发现，他们是把人类学的话语融入到旅游研究中去了。比如，2004年云南大学出版社出版的美国学者纳什（Dennison Nash）的《旅游人类学》，引入的重要概念是"涵化"等问题。这种将人类学的经典话题搬进旅游人类学中是旅游人类学的显著特点。如主体问题，社区参与问题，仪式问题，族群问题，等等。包括后来的"游客凝视"问题，都是从人类学或者其他学科搬进来的，强调权力关系。并非人类学对于旅游研究有什么独到之处，而是人类学本身有独到之处。

与人类学者把自己的学科话语纳入旅游研究不同，民俗学者研究旅游往往是资源梳理与挖掘，开发路径讨论，以及相关问题探索，直奔旅游的现实问题。当然也有讨论旅游与民族生活文化变迁问题的。这样有很突出的优点：接地气。也有不足：难以彰显民俗学的优势。

前些年，我在毕业生处理的旧书中意外地发现了华东师大旅游系邱扶东老师的一本《民俗旅游学》，并发现《民俗旅游学》是旅游学的一门重要课程。我们同处法商大楼，竟然相互没有怎么交流，颇为感慨。翻阅该书，发现开头部分的关于民俗的特征，是引用的钟敬文先生的教材的说法，如群体性、传播性、变异性等，这些经典的说法都没有问题。但是这对于民俗旅游研究够吗？

有这样一个问题，我思考了很久：民俗是不是有一个可观赏的属性？如果没有观赏性，民俗能够用来开发旅游吗？但是，我们过去对于民俗的观赏性的讨论不够。民俗学如果自身不是很发达的话，民俗学没有可以向旅游学注入自身的有价值的学科内容，作为兄弟学科的旅游学，要来讨论民俗旅游问题，从民俗学这里就借鉴不了什么东西。所以，我们还是先要做好民俗学本身的基本问题研究。民俗学自身有了独特的话语，有了对于民俗的独到的见解，面对民俗旅游大发展的大局面，就可以找到自己的位置。

我们去梳理"旅游民俗学"的学科积累时发现，"旅游民俗学"这个概念几乎没有存在感。当下的民俗学界就没有一个人写过旅游民俗学的文章，当然就无从谈起建设"旅游民俗学"的学科问题。这让我们焦虑，也让我们兴奋。焦虑的是，旅游民俗学尚未成形；兴奋的是，旅游民俗学有很大的天地去开拓。

于是，我们便有意识地鼓励华东师大民俗学的博士参与这个学科的建构。我们寻找了一个民俗学的经典概念"叙事"，以此切入民俗学学科的旅游研究。旅游活动是从叙事开始的，旅游产品也是因为某项叙事，旅游传播也是围绕叙事展开。叙事是旅游的核心问题，叙事也是民俗的核心问题。这样，民俗学从自己最拿手的本事进入旅游的世界，在旅游这个大世界里奉献自己的学术智慧，应该可以找到自己的空间。

于是，民俗叙事，旅游叙事，以及景观叙事的讨论便在几个青年的博士论文中出现了。早期姜南博士的诸葛亮传说研究，张晨霞博士的帝尧传说研究，都不同程度的在仪式表演叙事、图像景观叙事中关联民俗旅游。余红艳博士的白蛇传研究,从文本研究转向了景观研究,将神话传说的叙事,从语言文字叙事、仪式行为叙事和图像景观叙事三种形态综合地展开讨论,尤其是将景观的叙事与景观的生产联系起来研究,无论是杭州雷峰塔的重建,还是镇江白娘子爱情园的新建,都是旅游的景观叙事与生产。后来游红霞博士研究朝圣旅游,研究朝圣景观的叙事与生产,进一步丰富了旅游民俗学的研究内涵。同样是传说,但是观音传说的朝圣性是白蛇传不具备的要素。这便是民俗旅游研究在传说领域的一种参与。历史人物传说,创世神传说,民间爱情传说,信俗传说,都是民俗旅游的核心对象。

国内民俗学界已经开始了对于民俗与旅游的具有学科意义的探索,如杨利慧老师关于神话与旅游的研究,借鉴了美国的民俗主义的思路;徐赣丽研究少数民族村寨旅游,关注了民族文化的变迁。民俗学界关于旅游的研究,在不断探索中。

程鹏是对于民俗旅游学科研究倾注精力较多的一位青年学者。我们一起撰写了一篇"旅游民俗学"学科基础的论文,认为"民俗叙事"、旅游叙事是旅游民俗学的核心问题。他的博士论文则是关于泰山的世界文化遗产旅游问题研究,涉及旅游民俗学的核心内容。

我们国家有文化遗产标志,但没有"文化遗产名录"一说,只有"非物质文化遗产名录"。所谓的中国文化遗产,大都是指的中国的"世界文化遗产"。前些年,遗产旅游实际上是指的中国的"世界遗产"旅游,泰山旅游即是中国的世界遗产旅游代表。但是近年的遗产旅游的概念改变了,大量的"非物质文化遗产旅游"成了"遗产旅游"的主体。"民俗旅游"是民间话语,即民间社会对于传统文化相关的旅游的认同与称谓，"遗产旅游"则是官方的话语，即不同的官方机构对于民俗事项与历史文化遗迹的认证与称谓。

遗产旅游较民俗旅游的一个明显的不同是：遗产旅游是属于官方认证的文化形态，要比民俗旅游多出来一个遗产资质申报和认证的过程。这样就会形成遗产旅游的三种叙事：原生的传统叙事，获取遗产资质的申报叙事，遗产申报成功后的旅游叙事。每个版本的内容都不一样。因此其过程就复杂了，不仅内容不同，形式（语言文字、仪式行为、景观图像、数字媒体）也有差异。这样，一种叙事的谱系观念就自然产生出来，使得以叙事研究见长的民俗学，在研究旅游叙事方面很有章法。

在今天看来，要将遗产旅游与民俗旅游严格区分开来是没有必要的。属于物质文化的遗产在我国还只有几十项世界文化遗产，而非物质文化遗产，除了人类非物质文化遗产，我国的四级非遗名录，早就超过了一万项以上，几乎有点影响的民俗文化都成了非物质文化遗产，都成为遗产旅游的对象，这说明遗产旅游实际上是民俗旅游的一部分。我们不能把民俗旅游都称为遗产旅游，如果这样也会显得国家对于民间传统管束过度。因此，遗产旅游与民俗旅游两个名词将长期并行。遗产旅游与民俗旅游是两个高度交叉的表述概念。

遗产旅游除了比民俗旅游多一门申报叙事，还在客观上其文化含量高于一般民俗旅游形式，影响力也高于一般民俗形式，也就是说，遗产是从民俗和文化传统中选择出来的精华项目。这一方面印证了我们提出的民俗是生活的华彩乐章学说，即民俗是一种文化精华形式；另一方面，也真实地表现了民俗的层次性。民俗整体上是日常生活的超越与规范者，其本身存在着不同层次。民俗旅游与遗产旅游将文化的层次性展露无遗。

　　泰山在山岳世界里也是很有层次感的，号称"五岳独尊"，其叙事将自己从群山中凸显出来。"遗产"的叙事更是将文化的层次性赤裸裸地表现出来了。民俗的世界，虽然强调尊卑长幼，但很多是居于自然的形态，如父子、夫妻、长幼，是一种自然地因时间性与性别差异形成的文化差序格局，民俗本身还有一种抹平现实差异的梦幻性存在，当然民俗的层次性隐含在温情的迷雾里。

　　在遗产旅游的产品叙事里，层次性表现得更加突出。旅游商品不能以平等性去争取市场份额，而是以差异性、优越性去表达自己的独特优势，以获得民众的认同。这种优越性的叙事成为遗产旅游叙事的显著特点。当我们将遗产旅游叙事的优越感与民俗叙事的质朴感比较起来，就会发现，以叙事的谱系视角才能够揭示旅游叙事的多样性及其魅力。民俗学的谱系学说在旅游民俗学的话语中，也是具有骨架般的价值与意义。程鹏的泰山遗产旅游研究，揭示了遗产的原生态叙事、遗产申报叙事以及申报成功后的遗产旅游产品叙事这样三种不同的内容谱系，展现了这种旅游叙事的多样的独特的形态。这对于揭示遗产旅游的规律，对于当下蓬勃兴起的遗产旅游的生产，具有十分重要的意义。

　　遗产旅游是一种民俗经济，民俗经济的显著特征是其在历史过程中，通过民俗叙事形成的民众的深刻的认同性，即高度的知名度与美誉度的统一性及其影响力。但是在遗产旅游中，我们发现这认同性被有选择地强化，并加入新的叙事元素且景观化生产，以构建新的更加强大的认同性。遗产的资质层次成为叙事的核心内容。这种叙事形成的认同，不是改变了认同，而是传统的认同性的强化。

民俗学领域的青年群体在民俗旅游的探索，让我们看到了旅游民俗学发展的曙光。我们要自觉地把民俗学的有价值的话语纳入旅游民俗学的理论框架，就像人类学把"涵化""族群""仪式"纳入旅游人类学一样，我们要把"叙事""华彩""谱系""认同""景观生产"等概念纳入旅游民俗学的构建中来，更重要的是，我们要有发现新问题、构建新话语的勇气。如民俗的观赏性问题，遗产旅游的层次性问题，民俗的优越性叙事，尤其当下以经济建设为中心的时代，考察民俗旅游的经济规律，丰富经济民俗学的内涵。诸多的学术发现，丰富的不仅仅是旅游民俗学的构架，对于民俗学学科本身也会带来革命性的变化。

这是一本研究遗产旅游的专著，是旅游民俗学学科的一块奠基石。希望程鹏博士与同龄青年一起，把旅游民俗学这个学科做起来，把国内的民俗旅游事业做起来。

2024 年 5 月 6 日于海上南园

前　言

　　遗产旅游是以自然、文化、非物质的等各类遗产为旅游吸引物，以到遗产地去深度接触遗产景观、体验和学习遗产文化为重心的一类旅游活动。世界遗产名录的建立，不仅推动了遗产旅游的发展，其象征意义与经济、社会、文化价值也使得许多国家和地区陷入狂热的遗产运动之中。在当前如火如荼的遗产运动与遗产旅游中，叙事在遗产申报、导游解说、景观生产和市场营销等方面发挥了重要作用。遗产旅游叙事在内容、形式、主体等方面不断发展扩大，需要多学科、多专业的参与和对话。以民俗叙事为基础的旅游民俗学，在遗产旅游叙事的研究方面可以提供独特的视角和思路。

　　本书立足旅游民俗学视野，对泰山的遗产旅游进行研究，探讨遗产旅游叙事的作用机制及内涵，考察在泰山申遗前后，怎样通过叙事挖掘、提升、建构、展示其遗产价值，并探讨民俗叙事的遗产化以及不同叙事主体与叙事媒介之间的互动关系，思考遗产旅游中民俗叙事的传承与保护等问题。

　　世界文化与自然双重遗产泰山，在漫长的历史发展过程中，积累了丰富的旅游资源和叙事资源。帝王的封禅祭祀、文人的吟咏题刻、百姓的朝山进香，共同缔造了泰山文化。在大众旅游发展过程中，民俗叙事由于通俗性、趣味性等特点而成为旅游叙事中的主要方式，官方叙事与文人叙事经由传说化也形成了丰富的民俗叙事资源。通过物象、行为与语言三位一体的叙事体系，泰山的神圣地位及其价值内涵不断得以提升，泰山神灵信仰远播海内外，泰山高大雄伟、厚重稳定的形象日益深入人心，使其成为中华民族的象征。

在泰山世界遗产申报书的撰写中，民俗叙事因其解释性、认同性、象征性、凝练性而发挥了重要作用。不仅通过传说赋予景观艺术化的解释，而且通过传统观念的讲述突出了泰山信仰及其神圣地位，充分挖掘了帝王的封禅文化和百姓追求平安的普遍愿望以及中华民族的民俗审美思想，从而凸显出泰山作为中华民族的象征所具有的符号意义及在亿万民众心目中的广泛认同性，使泰山成功跻身世界遗产之列。但由于遗产文本书写的科学性体例要求，使民俗叙事散落隐藏于文中，被淡化处理。

在泰山的遗产旅游发展过程中，多维的叙事体系在展示其遗产价值、提升神圣地位方面发挥了重要作用。泰山作为中华民族的象征与世界遗产的价值被不断地强调，泰山的封禅文化和平安文化作为叙事的重点，在文字叙事和口头叙事中都被凸显。突出泰山神圣性的天地广场和强调泰山神职的五岳真形图是当代景观生产的典型。表演叙事将神圣的封禅仪式与世俗的祈福活动相结合，并借助语言叙事的叠加和游客的体化实践，加深游客的认知。影像叙事选择平安许愿为主题，突出了泰山神祇的灵验与大众追求平安的普遍愿望，突显出泰山的平安文化。

在遗产旅游的发展过程中，民俗叙事在发挥重要作用的同时，也呈现出遗产化的倾向，并出现弱化与异化的现象。泰山导游词的撰写对其遗产价值和意义进行了充分的挖掘和展示。世界遗产解说的科学性要求，使得导游主动规避或规范神话传说等民俗叙事。在经济利益的驱使下，泰山的部分遗产资源在物象叙事方面出现挪用、混用与乱用，在语言叙事上也出现世俗化的倾向。而遗产旅游的市场化与产业化也加剧了仪式叙事的异化，政治功能与经济利益的双重压力，减弱了仪式的神圣与庄严，突出了仪式的表演性和舞台化。

民俗叙事，不仅可以有效地提升、建构、宣传遗产旅游地的价值，促成旅游者的消费意愿，而且在旅游中还可以提升旅游者的游览趣味，增强其对遗产旅游地的感知，并进一步实现重构记忆、提升自我价值的升华。作为文化遗产的民俗叙事本身应该被保护，以避免在遗产旅游中遗失、弱化或异化，而这需要民俗学者积极介入旅游民俗学的研究与实践之中。

民俗叙事的研究路径为旅游民俗学的发展开拓出一条道路，但旅游民俗学的研究任重道远，在语言叙事分析、景观叙事设计、表演叙事策划、影像叙事拍摄、口述史的运用等方面仍有很大的研究空间，需要我们不断努力！

目　录

1

绪　论

第一节　研究缘起及概念界定

随着遗产概念和内涵的不断扩大及商业化，遗产旅游应运而生并逐渐发展壮大。当代社会，遗产旅游已经成为旅游产业中的重要品牌，并日益系统化、规模化，满足着旅游者的文化与精神需求。在当前如火如荼的遗产运动与遗产旅游中，遗产成为不同地区、不同民族、不同文化间交流的媒介和场所，对于遗产地来说，怎样挖掘、提升、建构、展现其价值，是一个重要问题。遗产并不是单纯客观真实的存在，被列入遗产名录的遗产都是被主观选择的结果。遗产是一种表述（representation），这一过程充满了主观性、描述性、解释性。而在遗产旅游中，这一表现则更为明显。

遗产旅游本质上是一种认同性经济活动，它通过叙事①构建认

---

① 受西方叙事学的影响，国内学者在翻译使用 narrative 这一概念的时候，有的使用叙事，有的使用叙述，如赵毅衡在其《"叙事"还是"叙述"？——一个不能再"权宜"下去的术语混乱》中就指出了这一情况，并且倡议使用"叙述"一词。由于在民俗学领域一直沿用叙事一词，如民间叙事、民俗叙事，为避免引起混淆，所以本书统一采用叙事一词。

同，从而影响遗产地的生产实践和旅游者的消费意愿。遗产旅游叙事在传承历史文化、建构地域形象、增强群体认同、促进遗产的保护和管理等方面起着重要作用。在当前的遗产旅游中，旅游者未能正确认识遗产的价值，而日渐增长的旅游需求造成了对遗产的过度开发、不恰当利用及商业化泛滥，使遗产遭遇破坏和异化，严重影响其可持续发展。追根究底，遗产地在叙事上无法充分表达遗产价值，不能使旅游者产生"认同"的感官体验和重视珍惜的情感共鸣是主要原因。因此，从叙事入手研究遗产旅游也就尤为必要。

民俗叙事是负载传统文化、传承民族精神的重要方式，民俗借由叙事构建认同，通过叙事得以传承与传播，借由叙事实现教化、规范、维系、调节等功能。民俗叙事在构建地域与民族国家认同、发展民俗经济、建设公序良俗及提升日常生活境界等方面都发挥着重要作用。民俗叙事因具有广泛的认同性、较强的解释性和表现力等特点，在遗产旅游中发挥着重要作用。遗憾的是，目前学界的研究对此重视不足，而在国家权力的操控、主流文化和商业化的裹挟下，遗产旅游活动对民俗叙事的选择与商业化改造也改变和遮蔽了原生态的民俗叙事，从而造成了民俗叙事的弱化和异化等问题。作为文化遗产的民俗资源与民俗叙事，在助推遗产旅游的同时，也遭遇被选择与淡化处理。在遗产旅游中，怎样发挥民俗叙事的最大作用？怎样看待与应对民俗叙事的遗产化问题？怎样实现民俗与遗产的和谐发展？是需要研究的重要问题。

本书以泰山遗产旅游为例，对遗产旅游叙事的作用机制及内涵进行深入研究，考察在泰山申遗前后，怎样通过叙事挖掘、提升、建构、展示其遗产价值，并探讨民俗叙事的遗产化以及不同叙事主体与叙事媒介之间的互动关系等问题，同时思考在泰山遗产旅游的发展过程中，民俗叙事的弱化与异化问题。希望能对遗产旅游的发展提出有益的反思，对旅游民俗学的发展有所助益。

对于书中使用的重要概念，首先做如下界定。

一、旅游民俗学

旅游民俗学是以民俗学的视角对民俗旅游与旅游民俗进行科学研究、对民俗旅游产业和旅游民俗文化事业开展社会服务的一门科学。①

作为民俗学的一门分支学科，旅游民俗学还较为稚嫩。但民俗学对旅游中的民俗事象及旅游发展诸问题的关注，却有着较为久远的历史。在民俗学萌芽时期，记录异地民俗事象的游记成为重要的研究资料。如在日本，橘南溪的《东西游记》、古川古松轩的《东西游杂记》、菅江真澄的《游览记》等游记作品，都详细的记录了旅游地的民俗事象。在俄国，12世纪至14世纪出版的《圣徒行传》及一般游记中都记载了一些民俗资料，15世纪阿发纳西·尼基金（Афанасии Никитин）的《三海旅行记》则记述了其在印度旅行时所见到的民俗事象。

民俗学建立之后，对于旅游的关注就转向更深入的学术研究。1935年，中国民俗学家江绍原先生撰写了《中国古代旅行之研究》，这本书不仅被认为是中国旅游学研究的源头之一，也可以说是旅游

---

① 田兆元、程鹏：《旅游民俗学的学科基础与民俗叙事问题研究》，《赣南师范大学学报》2017年第1期，第49页。

民俗学的奠基之作。

1989年，何学威提出了"旅游民俗学"的概念，认为其是应用民俗学中功利性极强的一门分支。除了建议在全国范围内因地制宜设置几个极富代表性的"民俗旅游村"外，还对旅游民俗学的教育、科研方面提出了设想。

欧美等国由于大众旅游的发展较早，很早就开始关注旅游中的民俗事象。但受学科发展等因素的影响，大多集中于旅游社会学、旅游人类学等学科，并未开拓出旅游民俗学这一学科。日本的神崎宣武曾提出"观光民俗学"一词，指出其所关注的是"日本人有关旅行方面的习俗"。然而缺少后续的开拓和建构，也没有发展为成熟的分支学科。

进入21世纪之后，旅游民俗学的建构得到了进一步的探讨。概而言之，主要有两种研究取向，一种是宏观的整体的研究视角，将旅游视为民俗事象来进行研究，代表人物是刘铁梁。他认为"所谓旅游民俗学，就是从民俗学的角度来研究旅游现象的一种学问，是将旅游作为现代人的一种生活方式，一种显要的生活文化现象来研究的"。[①] 这种将旅游视为民俗的观念也影响了其学生，于凤贵在其学位论文《人际交往模式的改变与社会组织的重构——现代旅游的民俗学研究》中对旅游民俗学进行了更加全面的论述："旅游民俗学是以民俗学的视角，把现代旅游休闲作为民俗事象，对其发生、发展、原因及规律，基本事象分类及特点、人文意义及社会意

[①] 刘铁梁，《村庄记忆——民俗学参与文化发展的一种学术路径》，《温州大学学报》（社会科学版）2013年第5期，第9页。

义等进行分析、抽象、综合、概括的专门学科。"① 并且对旅游民俗学的理论工具和研究方法、研究宗旨和意义也进行了论述。而他关于"游缘"这种新型的人际交往模式的研究，正是将旅游视为民俗的一种研究路径。

另一种则是微观的具体的研究视角，将民俗叙事研究定位为旅游民俗学的学科基础和前提，代表人物是田兆元。他认为民俗的本质是一种以认同性为中心的集体文化形式，其核心属性是构建认同，没有认同就没有民俗。叙事是民俗的存在形式，民俗认同依赖民俗叙事，民俗叙事在民俗发生与发展中具有重要作用。② 民俗叙事研究是民俗学的长处，从搜集整理民俗叙事，到参与策划民俗旅游，再到民俗叙事的再生产（话语的语言文本再讲述、民俗叙事的表演再生产、民俗叙事的景观生产）都有与众不同的话语权力。民俗学的旅游研究，在民俗叙事研究与讲述、民俗的景观性生产与表演性生产中，可以找到自己的独特定位。以语言叙事、仪式表演行为叙事和景观叙事为一体的民俗大叙事观，是旅游民俗学的研究入口。③

本书所言之旅游民俗学所遵循的是后一种研究视角，是以民俗叙事作为研究入口，对其在泰山遗产旅游中的作用机制及内涵进行

---

① 于凤贵：《人际交往模式的改变与社会组织的重构——现代旅游的民俗学研究》，山东大学博士学位论文，2014 年，第 17 页。
② 田兆元、阳玉平：《中国新时期民俗学研究》，《社会科学家》2014 年第 6 期，第 3—6 页。
③ 田兆元、程鹏：《旅游民俗学的学科基础与民俗叙事问题研究》，《赣南师范大学学报》2017 年第 1 期，第 49 页。

考察，是旅游民俗学微观研究的实践探索。

二、遗产旅游

对于遗产旅游的概念，其主要分歧点在于是从需求角度（旅游者）还是从供给角度（旅游目的地）来定义。较早定义遗产旅游的耶鲁（Yale，P.）认为遗产旅游是"基于我们所继承的一切能够反映这种继承的物质与现象，从历史建筑到艺术工艺、优美的风景等的一种旅游活动"。[1] 这一概念从供给角度将遗产（我们所继承的一切）作为旅游吸引物来定义旅游，但与历史旅游之间的界限有些模糊，而亚尼夫·波利亚（Yaniv Poria）、理查德·巴特勒（Richard Butler）和戴维·艾里（David Airey）则从旅游者的角度进行阐释，认为遗产旅游是旅游的一种，其主要动机是基于对目的地的个人遗产归属感的感知。也就是说遗产旅游要满足两点，旅游者的旅游动机（是否是因为遗产的吸引）和对旅游地的感知（是否将该旅游地当作是自己的遗产）。并把遗产旅游者分为三种类型：认为遗产地与自己无关的游客；认为遗产是属于自己的游客；不知道这是遗产地的游客。[2] 但是这一定义只从需求角度考虑参与遗产旅游的消费者的立场，却没有从供应角度考虑提供遗产旅游产品的东道主的看法，这在实际操作中很难把握，而且旅游者对旅游地的归属感知在现实当中并没有太多意义，另外旅游者对遗产地的感知很容易受到广告营销

---

① Yale, P. *From Tourist Attractions to Heritage Tourism*, Huntingdon：ELM Publications. 1991.

② Yaniv Poria, Richard Butler, David Airey, "The core of heritage tourism", *Annals of Tourism Research*, 2003, 30 (1)：238—254.

的影响。而迪帕克・切布拉（Deepak Chhabra）、罗伯特・希利（Robert Healy）和艾琳・西尔斯（Erin Sills）的定义则不仅关注到了需求和供给两方面，而且还注意到了遗产旅游的经济意义。他们指出："遗产旅游代表了很多的当代旅游者直接体验过去的和现在的多样的文化景观、表演、饮食、工艺品和参与性活动的愿望。"①并从供给的角度指出，遗产旅游可以促进社区经济发展，所以往往得到当地政府和私人商业的支持。

本书使用的"遗产旅游"是世界旅游组织（UNWTO）的定义，它将"遗产旅游"界定为"深度接触其他国家或地区自然景观、人类遗产、艺术、哲学以及习俗等方面的旅游"。②从中可以看出"遗产"包容广泛，不仅包括不可移动物质遗产（例如古建筑、河流、自然景观等）和可移动物质遗产（例如博物馆中的展品、档案馆中的文件等），还包括非物质遗产（比如价值观、习俗、礼仪、生活方式、节庆和文化艺术活动等）③。其中的非物质遗产与民俗有着较大的重合性，相比起民俗学者较为熟悉的"民俗旅游"，遗产旅游的概念显然更为宽泛。对于民俗旅游的定义一般表述为"以民俗事象作为旅游资源的旅游活动"④，但因为大都未对

① Deepak Chhabra, Robert Healy, Erin Sills, Staged authenticity and heritage tourism, *Annals of Tourism Research*, 2003, 30（3）: 702～719.
② ［英］戴伦・J. 蒂莫西、斯蒂芬・W. 博伊德：《遗产旅游》，程尽能主译，旅游教育出版社，2007年，第1页。
③ ［英］戴伦・J. 蒂莫西、斯蒂芬・W. 博伊德：《遗产旅游》，程尽能主译，旅游教育出版社，2007年，第3页。
④ 相关概念参见：西敬亭、叶涛：《民俗旅游，一个尚待开拓的领域》，《民间文艺季刊》1990年第3期；刘其印：《让游客到民俗气氛中去感受异域风情团》，《民俗研究》1995年第1期；李慕寒：《试论民俗旅游的类型及其区域特征》，《民俗研究》1993年第2期。

"民俗"做界定，所以存在一定的模糊性①。根据已有的研究来看，民俗旅游大多采借传统的民俗事象，即使有的是"传统的发明"，也要特意标榜其传统性，所以从这个层面来说，遗产旅游与民俗旅游有着极大的重合性，大部分民俗旅游都属于遗产旅游，而少部分民俗旅游，如展示民俗事象的主题公园，则不属于遗产旅游的范畴。在当前的旅游发展中，许多民俗资源通过申遗而发生话语转变，民俗旅游经由遗产化而成为遗产旅游，所以一定程度上，遗产旅游可以说是民俗旅游的升级版。

虽然遗产旅游早在世界遗产名录诞生以前就已出现，但中国的遗产旅游却出现较晚，甚至直到 21 世纪众多旅游地被列入世界遗产名录后才开始重视这一旅游形式。所以狭义的遗产旅游，一般指的是以"世界遗产"为主要吸引物的旅游形式。本书选择的案例地泰山，早在被列入世界遗产名录之前就已经是举世闻名的旅游胜地，但本书所重点关注的是其申遗以后尤其是近年来以世界遗产为宣传重点的遗产旅游。

三、旅游叙事

叙事是旅游民俗学视角下遗产旅游研究的重要切入点，作为人类的基本行为之一，叙事无所不在，并在沟通交流、记录事件、塑造形象等方面都发挥着重要作用。旅游叙事，顾名思义即贯穿于旅游活动中，围绕旅游目的地或与其相关的叙事，包括了旅游东道主（主）、

---

① 陶思炎在其《略论民俗旅游》中就指出因为对民俗的概念和特征认识不清，导致民俗旅游的泛化问题。参见陶思炎：《略论民俗旅游》，《旅游学刊》1997 年第 2 期。

旅游者（客）和导游（中介）等主体的叙事，他们主观或客观上都对旅游地起到了一定的宣传作用，如旅游地的规划书、旅游指南、宣传册、导游词、旅游者的游记等都是旅游叙事的重要表现形式。

旅游叙事是大众旅游时代的一大特色，尤其是在以文化资源为主的旅游地表现更为明显。自然与文化资源并不能直接用于旅游业，当其被作为旅游资源进行开发时，需要对其价值进行挖掘、再造与阐释。尤其是当遗产被作为旅游资源进行开发时，需要怎样挖掘、提升、建构、展示遗产价值？所以在遗产旅游中，对遗产的表述也变得更加重要。正如博尼费斯（P. Boniface）和福勒（P. J. Fowler）所言，"遗产叙事是一种为了旅游目的而被选择的特殊表述方式。"① 所以，遗产旅游叙事即是围绕遗产旅游中的遗产表述所展开的各类叙事，其叙事主体既有当地政府、旅游部门，也有文化精英、导游，还有前来游玩的游客，包括了参与遗产旅游活动的全部人员——"旅游东道主、游客和中介"。当然叙事主体的界定有一定的相对性，此时此地的叙事受体，也许就是另一时空下的叙事主体。例如导游在学习导游词底本时，其是叙事受体，但当他在景区讲解时，他又成为了叙事主体；游客在景区听导游讲解时是叙事受体，而当回家向亲友讲述旅游经历时又成为了叙事主体，并且也会影响亲友对旅游目的地的选择，使他们成为潜在的游客。

在遗产旅游叙事中，遗产申报书、遗产旅游规划书、宣传册、导游词、景观标牌、影像脚本、遗产旅游者的游记等文字文本，以

---

① P. Boniface, & P. J. Fowler, *Heritage and Tourism in "the global village"*. London and New York: Routledge. 1993.

及围绕遗产的展演文本、行为文本、影像文本等内容构成了遗产旅游叙事文本，这些文本贯穿整个遗产旅游活动之中，其叙事内容，主要围绕着遗产价值的挖掘、提升、建构、展示及反馈展开。

在遗产旅游叙事中，导游是主要的叙事主体，也是本书的重要研究对象。在当代社会，导游已经成为民间叙事甚至民间文化的重要传承者和传播者。许多学者对此已经有所关注，如岳永逸在调查北京民间文学的传承现状时就认为"一名合格的导游也必须是北京文化的传播者和传承者"①。而杨利慧近年来对神话的研究，也开始关注遗产旅游中的导游，认为他们作为新时代的职业神话讲述人已经成为神话的传承者。② 导游作为叙事主体，具有一定的特殊性，无论是叙事目的、叙事内容还是学习方式等，他们都与传统村落中的民间叙事主体有着明显的不同，这也使得导游这一群体成为本书的重要研究对象，在此也有必要对其具体所指进行界定。

广义的导游可以包括所有从事这一活动的人，如泰山历史上的轿夫、香客店里的"小二"等都从事过导游的一些相关工作，但狭义的导游仅指当代旅游业中的一个职业群体，他们是通过考试获得导游人员资格证书，接受旅行社或导游服务管理机构委派，从事导游服务工作的人员，即在现代旅游业中一个职业化的群体。按其具体从事的工作内容不同，可以分为景区景点讲解员③、地接、全

---

① 岳永逸：《裂变中的口头传统——北京民间文学的传承现状研究》，《民族艺术》2010年第1期，第11页。
② 杨利慧：《遗产旅游语境中的神话主义——以导游词底本与导游的叙事表演为中心》，《民俗研究》2014年第1期。
③ 景区景点讲解员虽然不必通过导游资格证的考试，但其职责也是为游客提供引导讲解服务，并且受景区统一管理，所以也被纳入导游人员范畴。

陪、海外领队。其中全陪和海外领队主要是全程陪同客人负责组织、协调等服务的，而担任讲解任务的，主要是景区景点讲解员和地接导游。当然这种划分，只是其具体职责的划分，一个优秀的导游，有可能在不同时间担任不同的角色，这个旅游团的地接导游，下一个团也有可能以全陪或者海外领队的身份出现。此外，还有未经旅行社或导游服务管理机构委派，甚至并不具备相应从业资质、私自从事导游类业务的"野导"或"黑导"。与正规导游不同，他们往往缺乏管理和约束，其目的主要是以经济利益为主，所以在讲解上会存在许多编造的成分，不仅无法起到宣传景区或城市文化的效果，而且很有可能会让游客的财产造成损失，所以一直以来也是旅游执法部门打击的对象。在本书中，笔者的研究对象主要以泰安当地的导游和讲解员为主，他们是泰山文化主要的传播者，而其他地市的导游虽然也会带团到泰山来，但对泰山文化的知识储备和讲解水平都稍逊一筹。

四、民俗叙事

民俗学对叙事的研究，最早可以追溯到俄罗斯民俗学家符拉迪米尔·普洛普（Vladimir Propp）对民间故事形态的研究，他从故事中人物的功能入手分析民间故事的结构，开启了结构主义叙事研究的先河。受其影响，法国人类学家克洛德·列维-斯特劳斯（Claude Levi-Strauss）运用二元对立的神话素分析神话的结构。随着后经典叙事学的发展，许多学者认为不应将民间叙事的研究局限于民间文学作品。如罗兰·巴特（Roland Barthes）就认为任何手段都可以叙事，"叙事可以用口头或书面的有声语言，用固定的或活动的画面，用手势以及有条不紊地交替使用所有这些手段。叙事存在于神话、寓言、童话、小说、史诗、历史、悲剧、正剧、喜剧、哑剧、绘画、彩绘玻璃窗、电影、连环画、社会新闻当中"①。国内民俗学者对叙事的研究，也逐渐从民间文学作品的结构分析扩展到其他领域。如董乃斌、程蔷就将民间叙事划分为言语叙事与行为叙事，并将行为叙事进一步划分为仪式叙事和游戏叙事，其中的仪式叙事主要是指"祭祀、祷祝、祈求等民俗活动中的叙事"。②而彭兆荣更是借用人类学仪式理论、现象学间距理论等对仪式叙事进行了研究。他对瑶族"还盘王愿"仪式的研究，其实已经超越文本，上升到瑶族族源历史的文化层面。③田兆元早期对神话的研究，就指出"神话是口头表述、书面表述、物态呈现及其民俗仪式展演的综合整体，神话的民俗学研究，除了重视口头和书面的语言形式、图像等物态形式，更注重对于民俗仪式行为的叙述考察，达到对于神话的整体理解"④。继而又从民俗结构上进行了内容拓展，指出"民俗是一种叙事的形态，叙事性是其存在的重要方式"，并把民俗叙事分解为"语言（口头的、书面的）的叙事，仪式行为的叙事，物象（图像的、景观的———人造的和自然的）的叙事三位

---

① ［法］罗兰・巴特：《符号学美学》，董学文、王葵译，辽宁人民出版社，1987 年，第 108 页。
② 董乃斌、程蔷：《民间叙事论纲（下）》，《湛江海洋大学学报》2003 年第 5 期，第 48 页。
③ 彭兆荣：《论身体作为仪式文本的叙事——以瑶族"还盘王愿"仪式为例》，《民族文学研究》2010 年第 2 期，第 154 页。
④ 田兆元：《神话的构成系统与民俗行为叙事》，《湖北民族学院学报》（哲学社会科学版）2011 年第 6 期，第 104 页。

一体的构成"①。

从"民间叙事"到"民俗叙事"的概念变化，不仅是叙事方式由口头语言拓展到物象与行为仪式，也反映了关注点从叙事主体到叙事内容的变化。纵观众多学者关于"民间叙事"的概念，可以发现民间叙事的主体是广大中下层民众，如董乃斌、程蔷将其直接表述为"老百姓"，其叙事媒介是口头语言，所以具有易变、易散失等特点，从而有许多异文。② 然而将叙事主体做官方与民间的二元对立，不仅在界限上难以明确区分，而且两者之间经常互相采借并产生混融。尤其是在当下的遗产运动与旅游发展中，官方经常采借民间叙事，此时的叙事内容虽然是民间的，但从叙事主体来讲，其已经转化成了官方叙事。本书使用民俗叙事这一概念，从叙事内容和方式上进行界定。民俗叙事以叙事建构民俗传统，以叙事传承民俗精神，它既包括传统民间叙事类的民俗形式，如神话、传说、歌谣等，也包括信仰、节庆、习俗等各种民俗行为的叙事表达形式。民俗叙事，不仅包括通过民俗语言与行为仪式等来进行叙述这一方式，也包括对民俗事象的叙述这一结果。即民俗既指叙事内容，也指叙事方式，民俗叙事是以形式为基础的内容外显形态。官方、文人藉由民俗的方式或内容来叙事，也可以归入民俗叙事。在旅游中虽然前台所呈现出的民俗都是经过一定的加工和包装，有别于后台民众的自我日常生活，但这种带有民俗主义特色的呈现也是采用民

---

① 田兆元：《民俗学的学科属性与当代转型》，《文化遗产》2014年第6期，第6页。

② 相关概念参见以下论著——董乃斌、程蔷：《民间叙事论纲（上）》，《湛江海洋大学学报》2003年第2期；杨利慧：《表演理论与民间叙事研究》，《民俗研究》2004年第1期；江帆：《民间口承叙事论》，黑龙江人民出版社，2003年。

俗的方式，所以也是一种民俗叙事。本书在叙事前冠以民俗，强调的是民俗所具有的普世价值、独特性及认同性，思考怎样从地方的、民族的民俗中构建世界性的话语和认同。

表 0.1　民间叙事与民俗叙事概念对比

	民间叙事	民俗叙事
叙事主体	"老百姓"等广大中下层民众	可以是任何个人、集体或机构
叙事方式	主要为口头语言以及记录下来的文字	语言（口头的、书面的）、仪式行为、物象（图像的、景观的）
叙事内容	神话、传说、故事等民间文学作品	活态文化传统、民俗事象整体

民俗叙事在一定程度上是民俗的生成方式与存在形式，民俗藉由叙事构建认同，通过叙事得以传承与传播，借由叙事实现教化、规范、维系、调节等功能。民俗叙事是包含语言叙事、物象叙事、行为叙事三位一体的叙事体系，其在旅游中的表现，即旅游地通过多重叙事建构自我，以区别于其他同类旅游地，使游客获得独特的体验。而游客在视觉、听觉、触觉与体验的身心感受正源自旅游资源的物象叙事、语言叙事与行为叙事。在旅游场域中，不同叙事主体之间掌握的权利资本、文化资本与经济资本不同，其所采用的叙事方式也有较大差异。同时，三种叙事形式，又可以分为原生、次生与再生三种形态。语言叙事、物象叙事、行为叙事在原生形态上表现为单纯的叙事方式，即口头语言、图像与行为动作；次生形态的叙事基本上是集合了两种以上的叙事形式；而再生形态的叙事，

则是集三维叙事于一体。三种叙事形态之间虽有区别，但又联系密切，相互辅助和配合，共同构成民俗叙事体系。

民俗叙事具有较强的解释性，常以传统性（如冠以"俗话说得好""传说啊""老一辈人都是这样的""我们这的习俗""习以为常"等）来谋求合理性与合法性。并且具有凝练性的特点，短小精悍的俗语是其重要的叙事形式。民俗叙事具有广泛的认同性，民俗的普世价值是民俗叙事构建认同性的重要基础。民俗叙事还具有较强的可感知性或表现力，其物象、语言和行为的叙事形式，涵盖了受众的视觉、听觉、触觉与体认感。民俗叙事的这些特点，是其在旅游中被广泛使用的重要原因。官方叙事与文人叙事在旅游发展中也逐渐传说化而呈现出民俗叙事的方式，在具体讲解时也多采用通俗的民俗语言。例如泰安市旅游局主编的 2010 年版的泰山导游词就是以民俗叙事为主体，其撰写者大多是来自旅游一线、深度接触大众游客的导游，而非传统的地方文化精英，在语言上较多的采用口语化语言，并且使用了大量的俗语（谚语、歇后语、顺口溜）和民俗曲艺（山东快书）等形式。

第二节　国内外研究现状

一、旅游民俗学的研究

概而言之，旅游民俗学的研究大致可以分为两类：一是侧重旅游，主要研究民俗旅游的发展、规律及问题等内容，即研究民俗旅游；二是侧重民俗，主要探寻旅游活动中的民俗事象及其发展规律，即研究旅游民俗。

（一）民俗旅游的研究取向

这一取向是伴随着大众旅游的发展而逐渐兴起的，其研究视角大体可以分为以下几点。

（1）发展应用：民俗与旅游的联姻。伴随着大众旅游的兴起和发展，民俗也成为吸引游客的重要旅游资源。围绕作为旅游资源的民俗文化特征、属性及开发价值等问题，国内外许多民俗学者都展开了相关研究。由于各国旅游业发展的情况不同，各国学者的介入时间也有差异。如日本的宫本常一早在20世纪六七十年代就已对旅游有所关注[1]，而中国的学者则主要是在20世纪80年代以后伴随着大众旅游的发展而介入，如莫高[2]、陆景川[3]、刘丽川[4]、陶思炎[5]、叶涛[6]等学者都有相关的著述，《民俗研究》还曾为此开设专栏[7]。

（2）文化变迁：旅游对民俗的影响。随着旅游业的发展，旅游对民俗的影响日益显现，相应的研究也逐渐具体化至某个开展民俗旅游的社区。而且受旅游社会学和旅游人类学的影响，研究者往往将民俗文化置于旅游发展的场域之中，侧重于考察民俗文化的资本化和民

---

[1] ［日］宫本常一：《宫本常一著作集——旅と観光18》，未来社，1975年。

[2] 莫高：《民俗与旅游》，《民俗研究》1985年试刊号。

[3] 陆景川：《民俗旅游发展浅探》，《民俗研究》1988年第2期。

[4] 刘丽川：《民俗学与民俗旅游》，同济大学出版社，1990年。

[5] 陶思炎：《略论民俗旅游》，《旅游学刊》1997年第2期。

[6] 叶涛：《关于民俗旅游的思考》，《东岳论丛》2003年第3期。

[7] 如1995年，国家旅游局在全国开展"95中国民俗风情游活动"，《民俗研究》在第一期上刊发了一组围绕"民俗与派游"这一专题撰写的文章。

俗文化的变迁等问题。如桥本祐之对观光影响民间艺能的研究①、俵木悟对观光中的民俗艺能实践与文化财保护政策的研究②、周星对贵州黔东南苗族民俗旅游村的研究③、徐赣丽对桂北壮瑶三村的研究④、祝鹏程对京东高碑店村民俗旅游饮食的研究⑤等。

（3）民俗主义：旅游民俗本真性的探讨。民俗主义的概念最早由德国民俗学者汉斯·莫泽（Hans Moser）提出的，后经赫尔曼·鲍辛格（Hermann Bavsinger）的批判性发展，成为民俗学研究尤其是民俗旅游研究中的一个重要内容。对于民俗主义及民俗文化的本真性及伪民俗等问题，也有多位学者进行研究。如陈勤建对民俗旅游开发时伪民俗问题的思考⑥、徐赣丽关于民俗旅游歌舞表演的考察⑦、张敏和方百寿对旅游工艺品商品化与真实性的探讨⑧、森田真也对民俗学主义与观光之间的关系等问题的研究⑨等。

① ［日］桥本祐之：《保存と観光のはざまで》，载山下晋司编《観光人類学》，新曜社，1996 年。
② ［日］俵木悟：《民俗芸能の実践と文化財保護政策——備中神楽の事例から》，《民俗芸能研究》1997 年第 15 期。
③ 周星：《旅游场景与民俗文化》，《西北民族研究》2013 年第 4 期。
④ 徐赣丽：《民俗旅游与民族文化变迁——桂北壮瑶三村考察》，民族出版社，2006 年。
⑤ 祝鹏程：《民俗旅游影响下的传统饮食变迁：前台与后台的视角——以京东高碑店为例》，《民间文化论坛》2013 第 6 期。
⑥ 陈勤建：《文化旅游：摒除伪民俗，开掘真民俗》，《民俗研究》2002 年第 2 期。
⑦ 徐赣丽：《生活与舞台：关于民俗旅游歌舞表演的考察和思考》，《民俗研究》2004 年第 4 期；徐赣丽：《民俗旅游的表演化倾向及其影响》，《民俗研究》2006 年第 3 期。
⑧ 张敏、方百寿：《旅游工艺品商品化与真实性探讨》，《民俗研究》2006 年第 2 期。
⑨ ［日］森田真也：《民俗学主义与观光——民俗学中的观光研究》，［日］西村真志叶译，《民间文化论坛》2007 年第 1 期。

（4）文化政治：民俗旅游的意识形态。从政治学角度对民俗旅游进行的研究相对较新，成果也相对较少。刘晓春是较早关注于此的学者之一，其《民俗旅游的文化政治》①《民俗旅游的意识形态》② 都是对这一问题的重要研究成果。此外，有些学者在自己的研究中也涉及了国家（官方）权力通过民俗旅游对民间社会的渗透，如岳永逸对梨区的铁佛寺庙会的研究③、安德明对广西中越边境旅游强化"国家"意识和认同的研究④、李靖关于云南景洪市傣历新年节旅游化的民族志个案⑤等。国外有些学者也关注到了观光对地域社会所产生的影响，如日本的森田真也⑥、安藤直子⑦、川森博司⑧等。

（二）旅游民俗的研究取向

这一研究取向，重在民俗，主要是从旅游民俗的视角来考察旅游活动中的民俗事象及其发展规律，即通过旅游研究民俗。

（1）旅游中的民俗事象。无论是旅游的最早发展形态，还是当

---

① 刘晓春：《民俗旅游的文化政治》，《民俗研究》2001 年第 4 期。

② 刘晓春：《民俗旅游的意识形态》，《旅游学刊》2002 年第 1 期。

③ 岳永逸：《传统民间文化与新农村建设——以华北梨区庙会为例》，《社会》2008 年第 6 期。

④ 安德明：《体验国家的边界——以广西中越边境地区的旅游为个案》，《民俗研究》2014 年第 1 期。

⑤ 李靖：《印象"泼水节"：交织于国家、地方、民间仪式中的少数民族节庆旅游》，《民俗研究》2014 年第 1 期。

⑥ ［日］森田真也：《観光と「伝統文化」の意識化——沖縄県竹富島の事例から》，《日本民俗学》1997，209.

⑦ ［日］安藤直子：《地方都市における観光化に伴う「祭礼群」の再構成——盛岡市の六つの祭礼の意味付けをめぐる葛藤とその解消》，《日本民俗学》2002 年，第 231 页。

⑧ ［日］川森博司：《現代日本における観光と地域社会——ふるさと観光の担い手たち》，《民族学研究》2001 年，第 66 页。

今蓬勃发展的大众旅游业，都贯穿着民俗的身影，这些存在于旅游活动中的民俗事象是旅游民俗研究的主要关注对象。1935年，江绍原先生撰写的《中国古代旅行之研究》，以民俗学的视角对汉前的旅游环境、旅游心理、旅游风俗及旅游设施、设备等进行了初步研究。与之相似，日本的神崎宣武曾提出"观光民俗学"一词，指出其所关注的是"日本人有关旅行方面的习俗"① 作为日本观光民俗研究的代表人物，神崎宣武的研究方向有两个：对各地的节日活动、名胜古迹的介绍，这种场合可以利用民俗学的知识进行线路景点等的策划；对旅游团体人群心理侧面的挖掘，包括对特定环境下激发的文化碰撞，特定的旅游民俗体系的尝试。②

（2）旅游中的神话主义。除了旅行的相关习俗，旅游发展中的神话传说等民俗文本也是民俗学者关注的重要对象。近年来，以杨利慧为代表的一些学者对遗产旅游中的神话主义进行了研究。如杨利慧对河北涉县娲皇宫景区导游词底本以及导游个体叙事表演的分析③，高健以佤族司岗里为个案对遗产旅游语境中神话神圣性再造的研究④，以及对云南少数民族节庆旅游中神话时间叙事的分析⑤，还有张多对红河哈尼梯田遗产地神话重述的研

① 神崎宣武：《観光民俗学への旅》，河出書房新社，1990年。
② 转引自郭海红：《继承下的创新轨辙——70年代以来日本民俗学热点研究》，山东大学博士学位论文，2009年，第140页。
③ 杨利慧：《遗产旅游语境中的神话主义——以导游词底本与导游的叙事表演为中心》，《民俗研究》2014年第1期。
④ 高健：《遗产旅游语境中神话的神圣性再造——以佤族司岗里为个案》，《广西民族大学学报》（哲学社会科学版）2021年第1期。
⑤ 高健：《神话主义与模棱的原始性——云南少数民族节庆旅游中神话的时间叙事》，《西北民族研究》2023年第4期。

究①、王志清对旅游情境中后稷感生神话的研究②等。

（3）旅游民俗的整体关照。这种研究视角是将旅游行为作为一种民俗从整体上进行研究。如山本圭造在《日本观光论——现代日本的庆祝活动》中曾经指出"现代日本的旅游观光现象已经不再是一时的流行热潮，而是可以称之为'恒常的观光指向'的社会现象"。并对近年来观光产业复兴的背景原因作了分析，并且根据观光对象的不同把观光行为分为了 10 种类型。③

刘铁梁也认为"旅游本身就是民俗，而不只是在利用民俗"。④他所提出的旅游民俗学"是将旅游作为现代人的一种生活方式，一种显要的生活文化现象来研究的"。⑤ 而于凤贵关于"游缘"这种新型的人际交往模式的研究，则是将旅游视为民俗的"旅游民俗学"探索之作。⑥

（4）旅游中的民俗叙事。这一研究视角是将民俗叙事研究定位为旅游民俗学的学科基础和前提。⑦ 田兆元从神话的叙事入手，逐

① 张多：《遗产化与神话主义：红河哈尼梯田遗产地的神话重述》，《民俗研究》2017 年第 6 期。

② 王志清：《从后稷感生神话到后稷感生传说的"民俗过程"——以旅游情境中的两起故事讲述事件为研究对象》，《青海社会科学》2014 年第 6 期。

③ 转引自郭海红：《继承下的创新轨辙——70 年代以来日本民俗学热点研究》，山东大学博士学位论文，2009 年，第 140 页。

④ 刘铁梁：《村庄记忆——民俗学参与文化发展的一种学术路径》，《温州大学学报》（社会科学版），2013 年第 5 期，第 9 页。

⑤ 刘铁梁：《村庄记忆——民俗学参与文化发展的一种学术路径》，《温州大学学报》（社会科学版），2013 年第 5 期，第 9 页。

⑥ 于凤贵：《人际交往模式的改变与社会组织的重构——现代旅游的民俗学研究》，山东大学博士学位论文，2014 年，第 17 页。

⑦ 田兆元、程鹏：《旅游民俗学的学科基础与民俗叙事问题研究》，《赣南师范大学学报》，2017 年第 1 期，第 49 页。

渐扩展到旅游中的民俗叙事。近年来，许多学者在民俗叙事尤其是景观叙事等领域已经取得了许多研究成果，如姜南的云南诸葛亮南征传说研究①、张晨霞的晋南帝尧传说研究②、雷伟平的上海三官神话与信仰研究③、高海珑的豫东北火神神话研究④、余红艳的白蛇传景观叙事研究⑤，都涉及景观叙事和景观生产。游红霞通过民俗叙事对普陀山观音圣地的朝圣旅游进行了研究，探讨了朝圣旅游中信仰与旅游、神圣性与世俗性互动交织、相互裹挟的关系。⑥ 这些论文都是民俗叙事研究的重要实践，推动了旅游民俗学的发展。

　　总体而言，无论是民俗旅游的研究，还是旅游民俗的研究，都推动了旅游民俗学的发展。然而早期学者在研究中主要围绕着民俗旅游的开发、利用和保护等问题，而对其他类型的旅游或旅游的其他方面则涉及较少。在研究方法上，借鉴旅游社会学、旅游人类学的理论方法较多，既没有凸显出民俗学的特色，也缺少发展旅游民俗学的思维。旅游民俗的研究视角更为侧重民俗，其立足民俗学学科立场，所运用的理论方法也体现了民俗学的专业特色。相关研究不仅拓宽了民俗学的旅游研究道路，而且也促进了民俗学自身的发

---

① 姜南：《云南诸葛亮南征传说研究》，民族出版社，2012 年。
② 张晨霞：《帝尧传说与地域文化》，学苑出版社，2013 年。
③ 雷伟平：《上海三官神话与信仰研究》，华东师范大学博士学位论文，2013 年。
④ 高海珑：《当代火神神话研究——对 1978 年以来豫东、北火神神话重构的考察》，华东师范大学博士学位论文，2014 年。
⑤ 余红艳：《景观生产与景观叙事——以"白蛇传"为中心》，华东师范大学博士学位论文，2015 年。
⑥ 游红霞：《民俗学视域下的朝圣旅游研究——以普陀山观音圣地为中心的考察》，华东师范大学博士学位论文，2018 年。

展，使其由关注文化变为对人的关注、由聚焦过去转向关注当下，促使旅游成为民俗学又一重要研究领域，推动了旅游民俗学的发展。然而目前的研究才刚刚起步，相关的理论方法还有待进一步开拓。

本研究从旅游民俗学视野入手，选取遗产旅游叙事进行考察，是对旅游民俗研究取向的一次探索性实践，它突破了以往单一文本的研究，选取了申报书、旅游指南、导游词、景观、影像等多种文本，从多维叙事体系进行分析，在研究对象和视角上都是一种创新，可以进一步推动旅游民俗学的发展。

二、旅游叙事研究

旅游与叙事关系密切，在旅游业中，叙事扮演了重要的角色，并且在经济、社会和文化方面都有着重要的意义。研究旅游叙事，可以明晰叙事的表现特征与作用机制，从而更好地应用于旅游业；同时，还可以促进民俗叙事的传承传播和有序发展。回顾国内外旅游叙事的研究实践，主要集中在以下领域：

（一）经济应用：广告宣传与旅游策划

民俗学对叙事的应用研究，可以追溯到学者对大众媒体或广告如何利用神话、传说、童话故事等民间叙事、民俗传统与创新等问题的探讨。早在 1954 年，朱利安·梅森（Julian Mason）就发表了《广告中民俗的应用》，讨论在广告中运用的民俗。而阿兰·邓迪斯（Alan Dundes）在其《广告与民俗》中则研究了广告中新生的民俗。自 20 世纪 60 年代以后，汤姆·伯恩斯（Tom Burns）、琳达·戴格（Linda Dégh）等学者都陆续关注过这一问题。

在旅游研究中，大多数学者也是主要关注民俗叙事如何应用于广告宣传、旅游策划等方面。如希拉·博克（Sheila Bock）就研究了拉斯维加斯的旅游广告怎样利用传统的民间叙事形式来再生产叙事，从而将拉斯维加斯建构成一个旅游胜地。① 相对于严谨科学的叙事，民俗叙事的神秘有趣显得更为通俗易懂和易于接受，所以经常成为旅游战略、宣传广告等的重要内容。坎迪斯·斯莱特（Candace Slater）在分析了阿拉里皮盆地地质公园的民间叙事后，指出民间叙事在制订可持续发展的旅游战略时既能保护该地区的地质和文化遗产，还能为当地居民带来经济利益。② 马克·莫拉维克（Mark Moravec）考察了澳大利亚鬼火故事的叙事主题和形式，并统计了产生的解释和信仰，探讨了现代社会语境下地方性知识如何用于旅游推广。③

随着后经典叙事学的发展，对旅游中的民俗叙事也涉及到其他媒介，尤其是景观的叙事功能日益受到学者关注。余红艳通过对法海洞和雷峰塔的研究，指出"景观越来越多地承担起讲述传说、传承传说价值的叙事功能"，④ 并且提出景观叙事在提升地域形象、

---

① Sheila Bock. "What happens here, stays here" selling the untellable in a tourism advertising campaign, *western folklore* 73. 2/3 (spring 2014).

② Candace Slater. Geoparks and Geostories Ideas of Nature Underlying the UNESCO Araripe Basin Project and Contemporary "Folk" Narratives, *Latin American Research Review*, SpecialIssue. 2011.

③ Mark Moravec, Strange Illuminations: 'Min Min Lights — Australian Ghost Light Stories * Paper presented at the 13th conference of the International Society for Folk Narrative Research, July 16—20, 2001, Melbourne, Australia.

④ 余红艳：《走向景观叙事：传说形态与功能的当代演变研究——以法海洞与雷峰塔为中心的考察》，《华东师范大学学报》（哲学社会科学版）2014 年第 2 期。

发展旅游经济等方面发挥着重要作用。

(二) 身份认同: 民族国家与地域群体

叙事之所以能在诸多领域发挥功能,一个重要的原因在于其所具有的构建认同的作用,一些学者就关注了叙事在构建民族、国家、地域等群体认同方面的作用。如朴亨禹 (Hyung yu Park) 利用分类民族志方法,讨论了遗产旅游体验作为一个象征性机制,以重建和传达国家归属感的方法,强调了个人阐释和非官方叙事在明确和肯定民族主义情绪方面的重要性①。贡多尔夫·格拉姆尔 (Gundolf Graml) 则通过研究与旅游相关的文化文本,如从影像、指南、政府备忘录到教育小册子和报纸上的文章,将形成的旅游话语与对国家认同的解释连接起来,重新审视了 1945 年后旅游在重建奥地利民族国家认同中的作用②。弗洛里·安·曼索尔·金 (Flory Ann Mansor Gingging) 研究了旅游对猎头叙事的再造,以及这些叙事怎样影响沙巴的原住民面对他们以前被西方殖民的历史,怎样想象和协调在马来西亚政府约束下的身份认同。③

当代传说作为民俗叙事中的一个重要体裁,在旅游业中也有着重要影响,有些学者也对其进行了研究。比尔·埃利斯 (Bill Ellis)

---

① Hyung yu Park. Heritage Tourism: Emotional Journeys into Nationhood, *Annals of Tourism Research*, Vol. 37, No. 1, 2010.

② Gundolf Graml. "We Love Our Heimat, but We Need Foreigners" Tourism and the Reconstruction of Austria, 1945—1955, *Journal of Austrian Studies*, Vol 46, No. 3. 2013.

③ Flory Ann Mansor Gingging, "I Lost My Head in Borneo": Tourism and the Refashioning of the Head hunting Narrative in Sabah, Malaysia, *Cultural Analysis*, 2007 (6).

研究了一则与美国日常饮食方式相关的冰淇淋危险的当代传说，认为民族所有的冰淇淋店是一个相互作用的阈限区，单身女性参与烹饪之旅的方式会被视为危及她们的民族认同。①

在景观叙事方面，张晨霞通过对山西南部区域的帝尧传说景观化过程的研究，指出地方政府的景观生产意在建构本地的神圣地域空间和地域认同。②

（三）遗产保护：历史传承与文化发展

民俗叙事不仅可以促进当地旅游的发展，还能推动历史文化遗产的传承和保护。如伊丽莎白·弗尼斯（Elizabeth Furniss）通过研究昆士兰公共历史景观，来探讨澳大利亚农村移居者的历史性叙事。这些在语言上具有保守特点的叙事，被不断重塑，并且延伸到新的语境，成为政治动员的重要元素。③ 而托马斯·豪维（Tuomas Hovi）则考察了在罗马尼亚的德古拉旅游中所使用和强调的叙事及选择的原因。当地为吸引游客将小说与历史相结合，将小说虚构的西方吸血鬼德古拉伯爵与 15 世纪罗马尼亚的统治者弗拉德两个角色混为一谈，甚至刻意伪造成一个德古拉形象。④

杨利慧通过对中国、德国和美国的三个个案的考察，抽绎出遗

---

① Bill Ellis, Whispers in an ice cream parlor: Culinary Tourism, Contemporary Legends, and the Urban Interzone, *Journal of American Folklore* 2009（122）.

② 张晨霞：《帝尧传说、文化景观与地域认同——晋南地方政府的景观生产路径之考察》，《文化遗产》2013 年第 1 期。

③ Elizabeth Furniss, Timeline History and the Anzac Myth: settler narratives of local history in a north Australian town, *Oceania*, 2001（71）.

④ Tuomas Hovi, The Use of History in Dracula Tourism in Romania, *Folklore: Electronic Journal of Folklore*, 2014（57）.

产旅游成为成功保护民间文学类非遗途径的"一二三模式",并且认为该模式各要素的重要性是依次递减的,运用时要注意灵活性。① 而她对河北涉县娲皇宫景区导游词底本以及导游个体叙事表演的分析,则详细展示了遗产旅游语境中神话主义的具体表现,并且指出导游也是当代口承神话的重要承载者。② 杨泽经对娲皇宫的五份导游词进行了历时分析,发现其中蕴含着丰富的女娲神话知识,是神话当代传播与传承的重要媒介。③

纵观国内外的研究,对旅游叙事的关注始于大众媒体的广告时代,有着多方位的研究视角。不仅注意到其在广告设计、旅游宣传推广等经济方面的意义,还关注了其在构建民族国家认同、历史传承、文化保护等方面的作用。在材料选择上,不仅传统的神话、传说、童话故事等成为分析的对象,现代的广告文案、旅游指南、都市传说等也被纳入研究者的视野。在叙事媒介上,虽然以文本和口头叙事为主,但也有一些学者关注到了图像、景观等介质。但总体说来,目前的研究基本都是局限在某一学科,缺少学科交叉领域的探索。无论是与叙事学、旅游学还是民俗学相比,这一研究领域仍只是这些学科中的很小一部分,研究成果还较少,在研究广度和深度上,都有待加强。而且无论是从研究视角、内容还是方法来说,都还有很大的发展空间。在研究视角上,目前的研究主要立足于民

---

① 杨利慧:《遗产旅游与民间文学类非物质文化遗产保护的"一二三模式"——从中德美三国的个案谈起》,《民间文化论坛》2014年第1期。

② 杨利慧:《遗产旅游语境中的神话主义——以导游词底本与导游的叙事表演为中心》,《民俗研究》2014年第1期。

③ 杨泽经:《从导游词底本看女娲神话的当代传承——河北涉县娲皇宫五份导游词历时分析》,《长江大学学报》(社科版),2014年第5期。

间叙事的研究基础，从神话主义、景观叙事等角度展开，而对旅游发展等现实问题则深入不够；研究内容上，更多地聚焦于生产端，偏重于作为旅游资源的神话、传说等传统民间叙事文本，而对旅游发展中产生的新叙事则关注不足，如消费端的旅游者所生产的游记博客、笑话段子等文本；研究方法以文本分析为主，基本上很少采用定量研究，缺少数据的统计分析。

本研究以泰山遗产旅游叙事为研究对象，涉及叙事主体、叙事文本和叙事媒介等方面，不仅考察旅游地形象及认同的构建过程，也探讨叙事媒介间的合作、叙事主体间的互动及当代民间叙事的传承与传播规律，希望可以对学科理论发展和现实旅游应用有所助益。

三、对泰山的研究综述

泰山作为自然与文化双遗产，除了雄伟壮丽的自然景观外，其悠久丰富的历史文化更是令人叹为观止。有关泰山的研究不仅历史悠久，数量上也可谓是汗牛充栋，而近现代针对泰山的研究，更是几乎涉及人文社科和自然科学的各个领域。限于篇幅，在此仅就与本书相关的研究做一梳理。

（一）史籍志书类

东汉时期应劭所著《泰山记》为泰山专著之始，可惜早已失传，只在《艺文类聚》《初学记》等古籍中留下片断。其后一千余年，均无泰山志书记载。但在明清时期泰山志书的编撰却大为兴盛，有大量著述涌现。明代汪子卿的《泰山志》，是现存最早的泰山志书，首次对泰山的历史风物等内容做了全面记述。查志隆的

《岱史》所选录的资料翔实丰富，被认为是第一部内容堪称完备的泰山志书。宋焘的《泰山纪事》还收录了许多的民间传说。另外，还有萧协中的《泰山小史》、张岱的《岱志》都是较为著名的泰山志书。而清代更是达到全盛时期，并且在收录内容、研究层次和学术水准等方面都较前朝有所提高。朱孝纯的《泰山图志》，在山言山，体裁悉当。唐仲冕的《岱览》编排内容完备，搜集史料详细，文笔生动传神。金棨的《泰山志》序述赅备，体例严谨。另外还有宋思仁的《泰山述记》十卷、聂钐的《泰山道里记》、孔贞瑄的《泰山纪胜》等多部著述问世。民国时期，王价藩、王次通父子编辑的《泰山丛书》，历时四十余年，辑录丰富，可谓是古代至近代泰山著述的集大成者。在当代，《山东省志·泰山志》资料翔实，取材可靠，具有丰富的史料价值。刘秀池主编的《泰山大全》卷帙浩繁、图文并茂、涉猎内容非常全面。曲进贤主编的《泰山通鉴》用编年纪事与文末叙事相兼相辅之体例，全面展现了泰山的历史文化。

这些史籍志书，虽然繁简不一，体例略异，但对泰山的自然、人文、历史和风土等内容都做了客观记述，是研究泰山历史文化的重要参考资料。

（二）游记指南类

有关泰山的游记不仅历史悠久，而且数量丰富。它们大多散见于古代文人的诗词歌赋之中。东汉时期，汉官马第伯从光武帝登泰山，撰《封禅仪记》，是迄今发现最早的泰山游记文学。其后历代文人墨客登临泰山多有吟咏，留给后人数量繁多的泰山诗。明清时期，受文学体裁的发展影响，有关泰山的散文游记大量出现。仅明朝时期，就有王世贞、于慎行、王思任撰写过《登泰山记》。清代姚鼐的《登泰山记》，简洁生动，更是中国文学史上脍炙人口的游记佳作。此外，民国时期，陈衍的《登泰山记》、张晋璜的《泰山游记》写景述游亦是相当精彩。

值得一提的是，随着近代东西文化的交流与发展，一些外国友人也在游览过泰山之后，以游记等形式将泰山介绍到西方国家。如十七世纪之俄罗斯帝国大臣尼·斯·米列斯库（N. Spataru. Milescu）所著《中国漫记》、荷兰纽霍夫（J. Nieuhoff）1665 年所刊《德·戈耶尔和德·凯塞荷兰遣使中国记》、韦廉臣（Alexander Williamson）《中国北方游记》（1869）、伊莎贝尔·韦廉臣（Isabelle Williamson）《中国古道：1881 韦廉臣夫人从烟台到北京行纪》、帕·贝尔让（Pa Berjean）《中国史记——一个旅游者在泰山》、瓦·安泽（Wa Anze）《中国苏北到山东的冬季之旅》等，都有关于泰山的介绍。这些文章内容详略不一，从不同角度介绍了泰山的风光和历史文化，对泰山的宣传起到了一定作用。

在当代，许多著名作家撰写的泰山游记同样精彩。如杨朔撰写的散文《泰山极顶》、李健吾撰写的《雨中登泰山》都是泰山游记的典范之作。学者王克煜将姚鼐的《登泰山记》、杨朔的《泰山极顶》、李健吾的《雨中登泰山》、冯骥才的《挑山工》并称为现代泰山四大著名散文。而这四篇文章又都曾入选语文课本，可以说是家喻户晓的杰作。

随着泰山旅游业的发展，相关的旅游指南、游览手册、导游词等文本开始不断出现。民国时期，王连儒的《泰山游览志》、胡君复的《泰山指南》编写体例上与前代志书类似，又重点介绍风景名胜，图文并茂，可以说是此类文本的滥觞之作。20 世纪 80 年代开始，此类介绍泰山风景名胜的文本层出不穷，如《泰山风景》《泰山名胜介绍》《东岳泰山》《泰山游览手册》《泰山游览指南》《泰山导游》等，但这些游览手册大多较为简略，只能作为应对游客的一般文本。相比较而言，李继生的《东岳神府：岱庙》和《古老的泰山》则要详细许多，由此也成为许多导游整理导游词的底本。而之后泰安市旅游局编写的两本导游词都是针对导游学习和培训所用，内容上更加丰富，尤其是 2010 年由谢方军、韩兆君、王立民三位资深老导游参与编写的《畅游泰安——新编导游词》，语言上通俗易懂、朗朗上口，实用性较强。这些游记、旅游指南和导游词虽不能说是严格意义上的研究之作，但却对研究泰山的旅游发展至关重要，同时也是本书的重要研究对象。

（三）旅游开发与管理

有关泰山的旅游研究，是在 20 世纪八九十年代后大量涌现的。研究视角主要集中在旅游规划、旅游资源开发、旅游目的地管理、市场分析等方面。如对于旅游资源开发的问题，就有崔凤军等人对宗教旅游的研究、阚文文对茶文化旅游资源的研究、吕继祥对泰山民俗文化和民俗旅游资源开发的研究、马兆龙从旅游经济的角度展开对泰山文化资源的研究等多项成果，此外还有针对体育旅游、生态旅游等的研究。而对旅游市场的分析方面，也有多篇论文涉及，如李殿杰对泰山入境旅游特点及其发展趋势的研究①，王雷亭对泰山国内旅游市场结构特征分析②，还有崔凤军从泰山旅游需求状况

---

① 李殿杰.《开发泰山国际入境旅游的对策研究》，《借鉴学刊》1997 年第 1 期。
② 王雷亭.《泰山国内旅游市场结构特征分析》，《泰安师专学报》1997 年第 2 期。

入手对其时空分布规律及旅游者行为特征的研究①，另外还有针对老年市场、大学生群体、朝圣旅游者的研究。

　　从遗产旅游的角度对泰山进行研究，几乎都是在 21 世纪之后，这也从一个侧面显示出我国遗产旅游研究的滞后。对泰山遗产旅游的研究，主要集中在以下几个方面：

　　（1）遗产旅游地与社区居民关系。如孟华就对世界遗产地旅游发展对社区居民的影响、社区居民参与旅游发展等多个问题进行过研究，而其博士论文《中国山岳型"世界自然—文化遗产"的人地和谐论》则从另外一个角度论证了泰山的人地关系处于和谐状态②。另外还有陈方英对世界遗产地居民对旅游节庆的感知与态度的研究、王雪对世界遗产旅游目的地居民感知度的研究等。

　　（2）世界遗产的开发。曲忠生、丛莎莎、高洁、孙硕等多位硕士生都以泰山为例讨论世界遗产的旅游开发与规划管理，还有金磊对泰山遗产内涵与泰山旅游可持续发展的研究、高峰对基于文化遗产保护的文化旅游开发策略的研究等。

　　（3）世界遗产的真实性与完整性原则。如张成渝、谢凝高以泰山为例，阐述了世界遗产"真实性与完整性"原则在中国的实践和

---

① 参见崔凤军、张建忠、杨永慎：《泰山旅游需求时空分布规律及旅游者行为特征的初步研究》，《经济地理》1997 年第 3 期；崔凤军、杨永慎：《泰山旅游环境承载力及其时空分异特征与利用强度研究》，《地理研究》1997 年第 4 期。
② 参见孟华：《"世界遗产地"利益相关者图谱构建——以泰山为例》，《泰山学院学报》2008 年第 5 期；孟华、范方塈：《世界遗产地旅游发展对社区居民的影响研究——以泰山为例》，《泰山学院学报》2010 年第 5 期；孟华：《中国山岳型"世界自然-文化遗产"的人地和谐论》，河南大学博士学位论文，2006 年。

发展①；吴丽云用真实性、完整性原则分析泰山世界遗产资源保护中的问题等研究②。

（4）对旅游者的研究。如宋振春、陈方英和宋国惠基于旅游者感知的世界文化遗产吸引力研究③、马永勇对遗产型景区游客行为管理的研究等。此外，还有针对世界遗产旅游地的法律保护研究、旅游文本翻译研究。

总体看来，对泰山旅游的研究，虽然成果丰硕，但研究角度单一，研究内容相对狭窄，在学科上来说主要以旅游管理和人文地理为主，而从社会学、人类学、民俗学等视角进行研究的却几乎没有。对泰山遗产旅游的研究，大多还停留在表面层次，研究深度不够，而且重复研究较多，缺乏创新。本研究立足于旅游民俗学立场，以民俗叙事的视角切入，考察在泰山遗产旅游中民俗叙事的作用机制，具有一定的创新性。

第三节 研究内容、方法及意义

一、研究内容

本书以泰山遗产旅游为例，对遗产旅游叙事进行研究，综合使

---

① 张成渝、谢凝高：《"真实性和完整性"原则与世界遗产保护》，《北京大学学报》（哲学社会科学版）2003年第2期。

② 吴丽云：《真实性、完整性原则与泰山世界遗产资源保护》，《社会科学家》2009年第4期。

③ 宋振春、陈方英、宋国惠：《基于旅游者感知的世界文化遗产吸引力研究——以泰山为例》，《旅游科学》2006年第6期。

用文本分析和田野调查等方法，对民俗叙事在泰山遗产旅游中的作用机制及遗产化问题进行分析，重点考察在泰山申遗前后，怎样通过叙事挖掘、提升、建构、展示其遗产价值，怎样面对遗产化问题，并探讨不同叙事主体与叙事媒介之间的互动关系及当代民俗叙事的传承与传播规律等问题。主要围绕以下几个部分展开。

（1）泰山民俗叙事资源的积累。主要依照时间顺序从物象、语言和行为三个维度入手，探讨泰山在成为世界遗产之前其旅游发展的历史及民俗叙事资源的积累。一是从封建社会时期的特殊旅行——帝王的巡守封禅祭祀、文人墨客的登临游玩、平民百姓的朝山进香三个方面入手，探讨泰山上所积累的旅游资源，包括大大小小的景观、相应的传说故事与谚语俗语、流传至今的仪式行为等。分析泰山怎样从一个普通的山岳发展为五岳独尊的圣山。二是对清末民初开始出现的大众旅游进行研究，探讨这一时期各种旅游活动及其资源积累。三是研究申遗前泰山民俗叙事资源的积累情况，并分析其核心资源，以了解泰山申报世界遗产前的背景。

（2）泰山申遗历程及申报文本分析，主要探讨泰山申遗时怎样利用泰山的民俗叙事资源展开论述，对其申报文本进行分析，深入探讨世界遗产申报书的叙事规则。对当代的申遗活动进行分析和思考，探讨在当下申遗过程中，官方怎样俯身向下采借民俗叙事资源。同时，对申遗文本中民俗叙事的淡化问题予以关注。

（3）泰山遗产旅游多维叙事体系研究。主要从文本、口头、行为、景观、表演、影像等多个维度入手，研究不同叙事方式的发展历史及作用机制，考察在当代的遗产旅游中泰山怎样通过多维的叙事体系建构起神山圣山的形象，探讨不同媒介叙事间的互动、转换与合作。

（4）泰山遗产旅游叙事的消费与再生产。从游客角度研究泰山遗产旅游叙事的消费，分析游客的叙事文本，从旅游前、旅游中、旅游后三个阶段考察其对泰山遗产叙事的感受与认知，并考察游客对泰山遗产旅游叙事的再生产，研究不同叙事主体间的相互影响。

（5）泰山民俗叙事的弱化与异化。主要从语言、物象、仪式等方面分析在泰山遗产旅游中民俗叙事的弱化、异化等问题，思考保护民俗叙事遗产的观念与应对措施。重点考察作为泰山遗产旅游叙事主体的导游，分析其遗产化的叙事特点与规律，反思学界关于导游作为当代民间叙事的传承者与传播者的观点。同时思考遗产旅游的民俗叙事这一研究取向，对旅游民俗学的未来发展进行探讨。

二、研究思路

本书以泰山的遗产旅游叙事为研究对象，重点探讨民俗叙事对遗产旅游的推动以及在遗产旅游中民俗叙事的遗产化问题。通过梳理泰山积累的民俗叙事资源，分析这些民俗叙事资源是如何被利用和转化以推动泰山遗产旅游的发展；思考在泰山申报遗产及之后的遗产旅游中，民俗被遗产遮蔽而呈现遗产化的问题；研究旅游者对泰山遗产旅游叙事的感知与再生产。

本书按照申报前的民俗叙事资源积累、申报阶段民俗叙事的运用、申报后民俗叙事的展示这一顺序，考察民俗叙事怎样挖掘、提升、建构、展示其遗产价值。思考在泰山这一记忆之场中，如何对文化记忆进行符号象征的提炼和升华，经由专家学者的叙事，建构世界认同话语，并在随后的遗产旅游中通过多维叙事体系重构圣地形象，在游客群体中增加认知构建认同。本书从语言、物象、行为三维体系入手，解构民俗叙事在遗产旅游中的作用机制和遗产化问题，寻找其中的规律和特点。希望对民俗叙事的理论发展和旅游民俗学的建构有所推动，并有助于解决遗产旅游价值的阐释与展示等现实问题。

三、田野点的选择及研究方法

本书选择泰山为研究个案，具有一定的典型性和范例意义。五岳之首的泰山，融雄伟的自然风光与厚重的人文历史于一体，不仅是中国第一个世界文化与自然双重遗产，而且拥有世界地质公园、国家级风景名胜区等桂冠，更是中国的"国山""圣山"。历代帝王的封禅祭祀、文人墨客的吟咏题刻、平民百姓的朝山进香，在泰山上留下了丰富的人文遗迹。泰山丰厚的历史文化遗产蕴含着大量民俗事象，在其遗产旅游发展中发挥了重要作用。伴随着建设"四重遗产"的口号，泰山也陷入了狂热的遗产运动之中。泰山是中国文化的缩影，而"遗产旅游热"下的泰山可以说是中国遗产运动与遗产旅游的典型代表。另外，泰安是笔者的家乡，笔者多年来一直对泰山文化关注较多，曾做过泰山石敢当等相关研究，积累了一定的研究资料。而家乡的人脉关系、情感和语言也是笔者顺利投身田野的保障，本书选择的主要研究对象——导游，又是笔者曾经从事过的职业，感同身受的共情力使得笔者与访谈对象有许多共同语言。当然，为避免家乡民俗学局内人的视野所限，笔者也在不断去熟悉化，在习以为常中追问，力求"跳出泰山看泰山"。

作为世界遗产的泰山，其范围非常广阔（东经 116°50′—

117°12′, 北纬 36°11′—36°31′, 总面积 250 平方公里), 包括了整个的泰山山脉, 除了主体泰山旅游风景区外, 还包括灵岩寺与齐长城。然而灵岩寺位于济南长清区, 在行政管辖上属于济南市, 而齐长城同样距离主体景区有一定距离, 并且尚未作为大众旅游的目的地进行开发。所以本书的调查地点只限于泰安市区内的泰山旅游风景区 (包括山下的岱庙等与泰山相关的景区景点)。

本研究主要采取以下两种研究方法: 一是对泰山遗产旅游文本的搜集、整理、分析, 包括对申报书、不同版本的导游词、旅游指南、影像脚本、游记等的搜集和整理分析 (相关搜集成果见附录); 二是田野调查法, 综合使用参与观察、深度访谈等多种手段进行研究, 如对导游进行跟团调查、在景区对不同导游的讲解进行观察和记录, 有计划的访谈申报书、导游词的撰写者、导游、游客等个体。另外, 受益于现代化的通讯设备, 在与访谈对象建立了良好的关系之后, 在异地还可以通过电话、微信、QQ、邮箱等方式追加访谈。

在本书中, 导游是一个重要的研究对象。质性研究在选取样本上注重典型性, 本书所选取的访谈对象具有一定的代表性和典型性。这些导游都具有较长的从业年限和丰富的经验, 其中五位已经是旅行社的总经理或导游部经理, 长期负责社里导游的培训等业务。五位被国家旅游局授予 "全国优秀导游员" 称号, 并担任着泰安市导游协会会长、副会长等职务, 承担过泰安导游的岗前、年审培训授课任务, 三位还曾参与泰安市旅游局组织的《畅游泰安——泰安市新编导游词》的编写工作。他们不仅是泰安导游最优秀的代表, 而且其叙事内容和技巧对泰安导游有着很大的影响。导游虽然在讲解风格上有所差别, 但其讲解内容却是以政府编写的导游词为底本。笔者在调研过程中发现泰安导游的讲解内容大同小异，甚至讲解技巧也有很多相似之处，故基本断定已经达到信息饱和。

笔者对导游的研究，首先是深度访谈，详细了解其从业经历、叙事结构与逻辑、讲解风格等内容。其次是跟团，听其在景区的现场讲解，并与访谈内容进行对照，在其讲解间隙，也采用访谈的形式与其交流叙事内容和技巧。此外，笔者还在岱庙、天地广场、天街、碧霞祠、玉皇顶等地采用参与观察的方法观察记录了其他导游的口头与行为叙事。为保证调研的信度和效度，在每个景点的参与观察以听完导游的完整讲述为一次，每个景点都采取多次参与观察的方法。同时，还随机简单采访了参与观察的导游及跟团的游客，分析导游与游客之间的互动。

通过访谈、跟团及参与观察，前后共整理录音材料27万余字，本书正是基于这些调查材料展开的分析和研究。

四、研究意义

本研究是中国民俗学对遗产旅游叙事研究的一项探索实践，具有重要的理论和实践意义。

（一）理论意义

（1）民俗学方面。由于研究视角的局限性，长期以来，民俗学对旅游的关注主要集中在民俗旅游方面，无法对旅游进行整体的把握，未能形成系统、科学的理论体系和方法论，而且在研究的广度和深度上都深感不足。本研究回归民俗学对民间叙事的研究传统，从旅游民俗学的角度对遗产旅游叙事进行研究，走出了民俗学式的旅游研究道路，既体现了旅游民俗学的学科特色，也拓展了旅游民俗学的研究内容和思路。

（2）旅游学方面。目前的遗产旅游研究，在内容和视角上都存在一定的局限性。与本书相关的解说研究较少涉及解说内容，尤其是对民俗文化等非物质形态的文化遗产更是很少提及。在解说媒介上，较多的聚焦在非人工媒体上，对导游等人工媒体的研究还很少，而且主要采用问卷调查与数据分析等定量研究，定性研究不足。另外，目前关于导游及导游词的研究大多聚焦于导游薪酬体系及管理、导游词的翻译等方面，研究视野和深度都亟待拓展。兼具人文与社科特点的旅游民俗学，侧重于对人的关注，研究上多采用定性的方法，可以对这些问题进行有效补充。本研究从遗产旅游叙事入手，侧重于对遗产旅游文本及文本的撰写者和讲述者进行关注，从不同的视角研究遗产的表述和旅游解说问题，对旅游学的发展也有重要意义。

（3）叙事学方面。民间叙事的研究，早期主要是利用叙事学理论对民间文学的文本进行结构分析，侧重于对文本进行结构形态的考察。随着后经典叙事学的兴起以及"语境"和表演理论的影响，民间叙事研究也从静态文本分析的视角转向对其动态演习的考察。并且随着叙事学对女性叙事、身体叙事的深入探讨，对民间叙事的研究也逐渐突破文学层面。然而随着民俗学研究对象及相关概念在当下的发展，"民间叙事"这一概念逐渐显示出其局限性，在叙事主体的界定上具有一定的模糊性。本书从叙事内容和叙事方式切入，采用民俗叙事这一概念，考察申报书、宣传册、旅游指南、导游词、游记等遗产旅游文本怎样利用民俗进行叙事。遗产旅游文本在内容上不同于传统的单一叙事，而是一种复合的叙事体系，不仅包含了许多传统民间叙事的文类，如关于景点景观的神话、传说、民间故事等内容，同时还有一些新生的民间叙事作品，如笑话、谣言、谚语等内容，并且还在不断地再生产。在叙事方式上也不同于传统的平面叙事，而是采用立体多维的叙事形式，除了口头与文本的叙事，还有景观叙事、行为叙事等方式。本研究从整体上对遗产旅游文本的撰写、再加工、口头叙事表演和听众的互动反馈等过程进行考察，将叙事文本的形式、内容、意义与表演结合起来，在"文本化"的过程中探求其意义，同时对叙事方式及形态的划分和不同叙事形式之间的互文性进行考察。因此，这一研究不仅具有特殊的案例意义，而且可以在学理上促进叙事学的发展。

（二）现实意义

本研究对于遗产的申报与保护、民俗的传承与利用、旅游文化产业的发展等问题也有着重要的现实意义。

遗产旅游文本的重要性不言而喻，本研究对遗产旅游叙事规律的探讨和研究，可以为遗产申报书、遗产旅游地的宣传文本、旅游指南及导游词的撰写提供指导，满足其提升遗产价值、展示文化形象等需求。在遗产旅游的开展中，不仅可以为文化遗产的保护提供建设性意见，还可以为景观生产提供指导，为演艺项目的开展建言献策，对于民俗叙事资源的开发、应用及保护有着深远意义。

在当代的遗产旅游中，民俗文化的资源化转换及在此过程中的传承保护是一个重要问题，之前已经有学者对民俗文化在旅游中的涵化、变迁等问题有所探讨，也注意到导游对于传承与传播民俗文化的作用，本研究在前人基础上对这些问题进行了更深入和细致的思考，可以为遗产旅游的发展和管理提供一些可资参考的建议，也可以为当地民俗文化的传承传播及文化产业的发展提供一些思路。

第一章

旅 游 民 俗 学 视 野 下 的 遗 产 旅 游

　　旅游民俗学以民俗叙事研究作为学科基础，对于探究文化认同、遗产保护等问题具有独特优势。从民俗叙事入手是旅游民俗学视野下遗产旅游研究的一个重要视角。这一跨学科路径融合了民俗学、旅游学、叙事学等学科的理论方法，从不同的视角关注遗产的表述和阐释问题，为遗产旅游研究关于文本、话语、建构、管理、认同、传承等论题提供了新的维度。

　　遗产旅游与民俗叙事关系密切，在当前如火如荼的遗产运动中，民俗藉由遗产化而被列入不同级别的遗产名录，同时也成为遗产旅游中重要的叙事资源。遗产旅游的民俗叙事是一种容易引发游客认同与共鸣，并激发其互动与联想的阐释策略。民俗叙事不仅助推了遗产旅游的发展，在遗产申报、导游讲述、景观生产、仪式展演和市场营销等方面发挥着重要作用，而且对于遗产的活态保护和可持续发展也有着重要意义。在当下的遗产保护与遗产旅游中，民俗叙事应该得到更多的关注和研究。

第一节　遗产生产与遗产保护

　　研究遗产旅游，首先需要明晰"遗产"的概念、内涵、发展历程等问题。遗产是一个由后世对历史进行建构和解读的概念，现代意义上的遗产，经历了从"私义"到"公义"的变化。从遗产到"世界遗产"，名称变化的背后，是内涵的不断拓展。了解清楚遗产在发展过程中各个关键环节的概念、内涵、变迁等内容，才能更有效地把握这一概念所辐射的认知体系。

一、从遗产到"世界遗产"

　　中文的"遗产"一词最早出自《后汉书·郭丹传》："丹出典州郡，入为三公，而家无遗产，子孙困匮。"其意思是去世的祖先留下的财产。英文的"遗产"（heritage）一词大约产生于20世纪70年代的欧洲，最初源于拉丁语，其含义与"继承"（inheritance）一词紧密相连，通常是指继承自祖先的东西，有着讲述历史的功能。遗产不仅包括继承物，还包括继承法则以及相应的权利和义务等内容。20世纪80年代中期以后，遗产的含义不断扩展，地方文脉、历史人物等也都被认作是遗产，并越来越多地被用作商业用途。80年代晚期，遗产进入大众化阶段，一些民间艺术、民间建筑也被认为是遗产。在历史发展过程中，"遗产"的概念不断扩展，其主体经历了从个人到民族、从地方、国家到世界不断扩展的过程。在全球范围内，人们对遗产认知的变化，实际上受到西方遗产话语的影响，被遗产运动裹挟其中，而"世界遗产"则是最突出的表现。

"世界遗产"是指被联合国教科文组织世界遗产委员会确认的在世界范围内具有突出意义和普遍价值的文化景观、文物古迹、自然景观及人类口头和非物质遗产，是大自然和人类祖先留下的全球公认的、无法替代的财富，具有极高的历史、科学与艺术价值。世界遗产的发展源于对濒危文化资源地和自然的保护。1960 年联合国教科文组织发起的"努比亚行动计划"，在世界范围内筹措资金用以保护因修建阿斯旺大坝而濒临破坏的阿布辛拜勒神殿和菲莱神殿等古迹。这次行动的成功，展现了世界合作力量的伟大，并促成了其他类似的保护行动。这些国际合作的成功，也使得起草一份宪章以保护世界珍贵文化遗产的建议被提上日程。1965 年，建立"世界遗产信托基金"（World Heritage Trust）的建议，在华盛顿举行的国际保护组织会议上获得通过。1966 年，意大利的威尼斯遭受洪水灾害，联合国教科文组织又发起了拯救威尼斯的国际行动，再一次将一国的文化遗产保护变成一项人类共同的事业。在联合国教科文组织第十四届大会上通过了《国际文化合作原则宣言》（*Declavation of Principles of International Cultural Co-operation*），为各国在国际层面保护文化遗产的合作奠定了基础。1968 年，国际自然保护联盟（IUCN）提出加入信托基金的愿望，使得自然遗产和文化遗产一起被纳入共同保护的体系成为可能。1972 年，在巴黎举行的联合国教科文组织第十七届会议上，通过了《保护世界文化和自然遗产公约》（*Convention Concerning the Protection of the World Cultural and Natural Heritage*），明确了文化遗产和自然遗产的定义：

第 1 条　在本公约中，以下各项为"文化遗产"：

文物：从历史、艺术或科学角度看具有突出的普遍价值的建筑物、碑雕和碑画、具有考古性质成分或结构、铭文、窟洞以及联合体；

建筑群：从历史、艺术或科学角度看在建筑式样、分布均匀或与环境景色结合方面具有突出的普遍价值的单立或连接的建筑群；

遗址：从历史、审美、人种学或人类学角度看具有突出的普遍价值的人类工程或自然与人联合工程以及考古地址等地方。

第2条 在本公约中，以下各项为"自然遗产"：

从审美或科学角度看具有突出的普遍价值的由物质和生物结构或这类结构群组成的自然面貌；

从科学或保护角度看具有突出的普遍价值的地质和自然地理结构以及明确划为受威胁的动物和植物生境区；

从科学、保护或自然美角度看具有突出的普遍价值的天然名胜或明确划分的自然区域。①

从这一定义中，可以发现遗产的概念已经有了巨大的扩展，与人们日常生活中所理解的遗产有很大区别。《保护世界文化和自然遗产公约》成立之后，先后有大约 180 个国家加入。1976 年，世界遗产委员会成立，并在第二年，正式召开会议，开始评审世界遗产，建立《世界遗产名录》（*The World Heritage List*）。1978 年，世

---

① 北京大学世界遗产研究中心编：《世界遗产相关文件选编》，北京大学出版社，2004 年，第 4 页。

界遗产委员会评选出第一批共 12 处世界遗产。

随着世界遗产相关活动的展开，关于遗产的形态及价值等问题受到广泛关注。除了文物、建筑群和遗址等有形物质类的文化遗产，民俗等无形的文化遗产也因破坏和消失而受到关注。1973 年，玻利维亚政府在其《关于保护民间文艺国际文书的提案》（*Proposal for International Instrument for the Protection of Folklore*）中，建议为 1971 年的《世界版权公约》（*Universal Copyright Convention*）增加一项关于保护民俗（Folklore）的议定书。虽然该提案当时没有被采纳，但却引起了人们对民俗等非物质遗产的关注。1982 年 7 月 26 日至 8 月 6 日，世界文化政策会议（MONDIACULT）在墨西哥城召开。成果文件《墨西哥城文化政策宣言》（*Mexico City Declaration on Cultural Policies*）提出了全新的"文化"和"文化遗产"的定义，将非物质因素涵盖其中，并且多处述及"非物质遗产"。1982 年，联合国教科文组织成立保护民俗专家委员会，并设立了"非物质遗产处"（Section for the Non-Physical Heritage），专门处理相关的事务。

1989 年 11 月 15 日，联合国教科文组织第 25 届大会通过了《保护民间创作建议案》（*Recommendation on the Safeguarding of Traditional Culture and Folklore*）①，其中关于民间创作的定义如下：

---

① 联合国教科文组织的工作语言有六种，如果按照英文版的名称"Recommendation on the Safeguarding of Traditional Culture and Folklore"可直译为《保护传统文化和民俗建议案》，法文版的名称"Recommandation sur la sauvegarde de la culture traditionnelle et populaire"则直译为《保护传统和民间文化建议案》，但汉语一般译为《保护民间创作建议案》。

本建议认为："民间创作（或传统的民间文化）是指来自某一文化社区的全部创作，这些创作以传统为依据、由某一群体或一些个体所表达并被认为是符合社区期望的作为其文化和社会特性的表达形式；准则和价值通过模仿或其他方式口头相传。它的形式包括：语言、文学、音乐、舞蹈、游戏、神话、礼仪、习惯、手工艺、建筑术及其他艺术。"①

虽然建议案未使用"非物质文化遗产"的概念，但从"民间创作"的定义来看，其基本涵盖了"非物质文化遗产"的内涵。建议案对保护传统民间文化的倡议，使得国际社会对"非物质文化遗产"的关注进一步增加。

实际上，在东亚一些国家，对于无形文化的保护已有先例。1950年日本颁布了《文化财保护法》，不仅提出了"无形文化财"的概念，而且还为保护"重要无形文化财持有者"建立了"人间国宝"保护体系。韩国在1964年借鉴了这一举措，并建立了自己的保护系统。1993年，韩国向联合国教科文组织执行局建议创立"人类活瑰宝"（Living Human Treasures）体系，教科文组织执行局第142届会议做出决议，鼓励各成员国建立类似的保护体系。

1997年6月，教科文组织与摩洛哥国家委员会在马拉喀什（Marrakesh）组织"保护大众文化空间"的国际咨询会，"人类口头和非物质遗产"的概念被正式使用，并开始启动相关的保护项

---

① 联合国教科文组织官网，https：//unesdoc. unesco. org/ark：/48223/pf0000092693？3 = null&queryId = d33f1222-8291-4ad3-aac7-347d8c213c3c。

目，次年正式通过决议设立"非物质文化遗产"的评选，以便保护文化的多样性，激发创造力。1998 年 11 月，联合国教科文组织第155 届执行局会议上又通过了《宣布人类口头和非物质遗产代表作条例》，其中"人类口头和非物质遗产"的定义几乎就是原封不动照搬原来"民间创作"的定义。2001 年 5 月，第一批共 19 项"人类口头和非物质遗产代表作"诞生，标志着人类遗产体系的进一步完善。同年 11 月，联合国教科文组织大会第三十一届会议上，通过了《世界文化多样性宣言》（ *Universal Declaration on Cultural Diversity* ），希望在承认文化多样性和发展文化间交流的基础上开展更广泛的互助合作。2002 年 9 月在联合国教科文组织召开的第三次国际文化部长圆桌会议上，通过了保护非物质文化遗产的《伊斯坦布尔宣言》（ *Istanbul Declaration* ），《保护非物质文化遗产公约》（ *Convention for the safeguarding of the Intangible Cultural Heritage* ）开始起草，并最终于 2003 年 10 月 17 日联合国教科文组织第 32 届全体大会上获得通过。《保护非物质文化遗产公约》中"非物质文化遗产"的定义是：

> "非物质文化遗产"，指被各社区、群体，有时是个人，视为其文化遗产组成部分的各种社会实践、观念表述、表现形式、知识、技能以及相关的工具、实物、手工艺品和文化场所。
>
> "非物质文化遗产"包括以下方面：1. 口头传统和表现形式，包括作为非物质文化遗产媒介的语言；2. 表演艺术；3. 社会实践、仪式、节庆活动；4. 有关自然界和宇宙的知识

和实践；5. 传统手工艺。[①]

非物质文化遗产的定义，弥补了只关注有形遗产的缺漏，将诸多无形的民俗事象也纳入遗产的范畴。非物质文化遗产是各地民众在与自然环境的互动中所创造的民俗文化，它历经岁月的发展变迁，造就了诸多物质文化遗产，也以口传心授、口耳相传的形式将历史传承下来，带给社区和群体以认同感和延续感。对非物质文化遗产的保护，可以展现文化的多样性和人类的创造力，对于世界的和平与和谐发展有着重要意义。

保护非物质文化遗产的发展历程，反映了联合国教科文组织在遗产的认识和立法保护等方面是一个不断发展和完善的过程。在这一过程中，先后有不同形态和性质的遗产加入这一体系。根据《实施〈世界遗产公约〉操作指南》（*The Operational Guidelines for the Implementation of the World Heritage Convention*）的定义，世界遗产大体分为文化遗产、自然遗产、文化和自然混合遗产、文化景观四类。随着记忆遗产、非物质文化遗产、"线性文化遗产"、"农业文化遗产"、"湿地遗产"等概念先后被提出，广义的世界遗产也包括了这些形式的遗产。遗产在类型上的扩展，实际上也反映了遗产话语从欧洲中心主义向世界范围的发展，人们的遗产价值观也在经历全球化的过程。

回顾世界遗产的保护历程，可以发现这是一个不断发展和完善

---

① 中华人民共和国文化和旅游部国际交流与合作局编：《联合国教科文组织〈保护非物质文化遗产公约〉基础文件汇编（2016 版）》，内部资料，2019 年，第 9—10 页。

的过程。从单纯的自然、文化到混合遗产，从有形到无形，从物质到精神，从静态到活态，人们对于遗产的认知，在不断拓展和进步。对于身边旧有的文物古迹、自然风貌，人们也在不断挖掘和建构其遗产价值。从为申请世界遗产名录做准备而建立"预备遗产名录"，到构建起较为完备的国家、省、市、县四级非遗名录体系，中国也已经建立起了庞大的遗产体系。在当代社会，"遗产"已经成为一个热点词汇，遗产保护也成为人们关注的重要话题。

二、遗产的生产与保护

遗产是自然演进与人类文明发展过程中历经岁月积淀的精华，然而并非所有的历史精华都能够成为遗产。那些被列入各级名录的遗产，都经历了文化的生产与再造。遗产本质上是一种文化生产与再生产的过程，遗产的生产指的是其"遗产化"的过程，是遗产被选择、被命名的过程，即将历史上存在的一些具有重大或突出价值的遗迹或遗存等，经过选择、组合、论证、申报，通过官方或权威机构评定，最后列入各级遗产名录进行保护的全过程。燕海鸣将遗产分为两种：本质遗产（heritage in essence）与认知遗产（heritage in perception）。前者关涉遗产本身的历史和艺术内在价值；后者则是在当代遗产标准框架下"认定"的遗产。遗产化即是从本质遗产成为认知遗产的过程。①

作为一种社会实践，遗产生产的实质是隐藏在遗产话语背后的

---

① 燕海鸣：《"遗产化"中的话语和记忆》，《中国社会科学报》，2011 年 8 月 16 日第 12 版。

权力和意识形态将价值和意义赋予给遗产，是知识话语在遗产领域的介入过程。遗产是社会文化再生产的产物，具有符号资本的特征。遗产的再生产是指遗产不断建构的过程，是利用遗产的资本属性来满足各类群体的需要而谋求利益的过程，一般是通过遗产旅游、遗产消费来实现的。遗产始终处于不断生产制造的过程中，是文化生产和再生产实践的结果。从遗产的生产与再生产中，可以管窥作为过去的遗产对于现世的功能价值所在。

遗产源自过去，具有特定的历史内涵和历史意义。然而遗产并不等同于历史，历史指向过去，而遗产则立足当下，更面向未来；历史是客观真实的过去，而遗产则包含了情感与价值诉求，是为当下而表述过去，为未来而反思现在。遗产可以称作是"活的历史"（living history），它不同于文字记载的书写历史，是通过口头、物象、行为仪式的叙事方式来讲述历史，这些叙事方式生动灵活但却长期被遮蔽、被忽视。作为"活态历史"的遗产，使历史的呈现和表述呈现出多样化的形态，为人们理解历史提供了新的可能，并且在官方与民间、精英与草根、大传统与小传统之间重建了平等对话的可能。遗产是活在当下的历史，是在不断演化和变迁之中的，它不同于死去的固化的历史，揭示出的是一种鲜活的"生命态"传统，是千百年来民众创造、传承着的活的历史与文化，是今天现实生活中不可分割的重要组成部分。遗产之所以重要，是因为其不只是人类所创造的对象化成果，而且是与人类自身的存在直接相关，从本质上体现了人类的一种历史存在样态。遗产的保护和传承，需要满足活态存续的原则，采取活态传承。既不能将遗产事象定格在历史进程中某个时间点上使其"凝固化"（crysallize），也不能将遗产事象从具体历史语境中抽取出来使其"民俗化"（folklorization）。①

作为历史的一部分，遗产是被选择的，是经过历史的大浪淘沙所沉淀下的精华所在。从本质上讲，遗产是人们根据当前的目的与价值观对历史的选择性再现。② 本质遗产经过社会、文化、经济的筛选才成为具有价值的认知遗产。作为一种特殊的财富，遗产具有资源性的特征，人们可以根据不同社会和群体的需要进行发掘、开发、利用、交换和交易。今天的遗产经过了筛选、定义、分解、描述、诠释等一系列信息编码过程，孕育出了新的生命意义和价值属性。所以，遗产并不是单纯的物理存在，而是一个文化过程，是一种为了实现当代目的而对历史进行选择性阐释的实践，"是在不同的历史背景下，人们根据不同的分类原则和标准所进行的选择性划分、主观性描述、经验性解释和目的性宣传的产物"③。

遗产是权力的产物，具有历史文化价值的本质遗产有很多，哪些被选择？经由什么标准被认定？怎么取舍、替换、组合？这一过程实际上是权力与话语博弈的结果，影响着遗产的选择与生产、保护与利用、阐释与展示。由于对遗产的认知和理解存在一定差异，在遗产申报过程中为了符合评价标准而削足适履，有选择的进行申报，舍弃标准之外的部分及独特的价值和意义。为应对"凯恩斯决定"申报数量的限制，主动或被动地运用世界遗产公约的完整性原则，挖掘扩展项目，提高申报成功率。这些申报的策略，是遗产观

---

① 彭兆荣：《文化遗产学十讲》，云南教育出版社，2012年，第61页。
② Olsen D H, Timothy D J, Contested religious heritage: Differing views of mormon Heritage, *Tourism Recreation Research*, 27（2），2002，pp. 7—15.
③ 彭兆荣：《遗产：反思与阐释》，云南教育出版社，2008年，第20页。

和权力话语的反映。以欧洲为中心的西方遗产话语体系在现代遗产运动中占据着主流话语权，在遗产的选择与认定、保护与利用、阐释与展示等方面构建了众多理论和规则，并通过联合国教科文组织等机构的一系列文件及相关实践而成为"权威化遗产话语"（authorized heritage discourse）。① 权威化遗产话语的加入和知识话语的大量生产，加快了遗产化的进程，而遗产的生产正是一个权力话语的生成。这套遗产话语体系虽然在国际层面上推动了遗产的保护，然而也存在一定的矛盾与局限。例如世界遗产对"突出普遍价值"（outstanding universal value）的要求，使得解释为何其具有全球重要性成为关键，但这与世界文化的多样性和地方文化的特殊性存在着天然的矛盾。而且不同个体和群体对遗产的理解不同，任何遗产都无法代表所有人类的价值观与体验感。权威遗产话语预设了遗产意义和本质的认识论框架，用统一的标准将遗产被简化成了保护管理的技术性问题；忽视了遗产理解的多元化和参与群体的多样性，尤其是当地社区对遗产的理解；过于强调物质性，割裂了人与遗产的互动联系；加剧了不同文明之间的不平等关系，不利于文化间的深层交流和理解。② 虽然不同的文化背景与历史语境孕育了不同的"地方性知识"，但在当前国际遗产话语体系的背景下，各个国家和地区正在淡化历史语境下的地方性。在权威遗产话语的框架下，地方性与少数族群的遗产往往很难得到世界其他地区不同文化

① 劳拉简·史密斯：《遗产本质上都是非物质的：遗产批判研究和博物馆研究》，张煜译，《文化遗产》2018 年第 3 期。
② 于佳平、张朝枝：《遗产与话语研究综述》，《自然与文化遗产研究》2020 年第 1 期，第 21 页。

价值观人群的理解与认可。即使被列入遗产名录，也很难在全球遗产话语实践趋同下保留本民族遗产特有的历史性、地方性与多元性文化符号。

随着遗产保护和相关研究的推进，对权威遗产话语的批判和反思，也推动了相关国际文件的陆续出台，不断调整修改遗产的评价标准。如自然遗产与文化遗产除了需要满足其各自的标准外，还需要满足原真性和完整性的原则。在 1976 年的《内罗毕建议》① 中，就出现了关于原真性与完整性的表述。1997 年版的《实施〈世界遗产公约〉操作指南》中提出了原真性与完整性的要求，并与文化遗产和自然遗产分别对应。2005 年，修订后的《实施〈世界遗产公约〉操作指南》提出文化遗产的认定除了依然需要满足"原真性"要求外，也需要和自然遗产一样，满足完整性要求。

对于遗产的完整性，目前的思维仍局限于其物质遗存，而对遗产本身所附着的非物质文化却认识不够。实际上，无论是自然遗产还是文化遗产，都有非物质形态的文化附着其上，其所蕴含的传说故事、信仰、精神内涵、地方性知识等内容，也是体现其突出普遍价值的重要载体。考虑遗产的完整性，必须考虑其所附着的非物质文化。对于遗产的原真性，则涉及遗产生产的本质等问题。美国民俗学家芭芭拉·基尔森布拉特-基姆布拉特（Barbara Kirshenblatt-Gimblett）指出遗产不是对传统真实性的固守，而是当下文化生产的一种模式（mode of cultural production in the present），它依赖过去，

---

① 又名《关于历史地区的保护及其当代作用的建议》（Recommendation Concerning the Safeguarding and Contemporary Role of Historic Areas）。

通过遗产表演者、工艺合作社、文化中心、艺术节、博物馆、展览、唱片、档案、文化课程等多种手段，创造着一些新的东西，赋予遗产以第二次生命，使那些面临传统消失危险的地区和行为实现增值。① 此外，对于原真性的考查，不能简单将其套用到所有的遗产当中，尤其是对于广大非物质文化遗产来说，其仍然处于演进的活态发展之中，不能单纯的以固化的思维考虑其原真性。正如劳拉简·史密斯（Laurajane Smith）所言：遗产是动态的，而非凝固在物质形态中的东西。它包括一系列发生在特定地方或空间的行为。遗产地为在这里发生过的事情制造了意义，承载了人们的记忆，提供了场景感与真实感。遗产是建构或重构文化社会价值和意义的时刻或过程，从这个意义上说，所有的遗产本质上都是非物质的。② 单纯注重遗产外在的物质形态，不仅不利于遗产的保护，而且也无法使他者真正了解完整真实的遗产，博物馆化的固态静态保护带来的是遗产的碎片化。对于遗产来说，背后的人文内涵要比面前的物质形态更加重要。即使是自然遗产，也绝不是脱离人类世界单独存在的。自然遗产既是自然的，也是文化的，任何遗产都是人与自然和谐共生的产物。一座山成为"名山"，成为自然遗产，而另一座则不能，主要原因并非其地形、地貌，而是"从审美或科学角度"体认的结果。遗产需要人类精神的附会，人类情感的渗透，人类审

---

① Barbara Kirshenblatt — Gimblett, Theorizing Heritage, *Ethnomusicology*, Vol. 39, No. 3, 1995, pp. 367—380.

② 劳拉简·史密斯：《遗产本质上都是非物质的：遗产批判研究和博物馆研究》，张煜译，《文化遗产》2018 年第 3 期。

美的参与，以及人类认知的体验。① 将遗产做自然/文化、物质/非物质的二元划分，不仅割裂了遗产的完整性，而且也不利于遗产的整体性保护。这种思维反映在职能机构方面，就呈现出明显的"条块分割"、冲突重叠的特点。中国目前的遗产保护体系就缺少系统管理遗产的专门机构，不同的遗产分属不同的机构管理：世界自然遗产、自然与文化双遗产以及涉及风景名胜区的文化景观由住房和城乡建设部负责，世界文化遗产、文化与自然双重遗产中的文化遗产部分由国家文物局主管，而非物质文化遗产相关事务则归国务院文化主管部门。

　　世界遗产有着多重性、多元化的价值要素，除了其自身所蕴含的历史价值、艺术价值和科学价值等内在价值外，还有着重要的情感价值和象征价值等附加价值，对于民众的文化认同、精神归属、情感需要有着重要意义。萨尔瓦多·穆尼奥斯·比尼亚斯（Salvador Muñoz Viñas）在讨论遗产被构建为保护对象时，指出其意义主要体现在四个方面："（1）高文化意义（hi-cult meanings）；（2）具有群体识别性的意义（group identification meanings）；（3）思想性的意义（ideological meanings）；（4）情感意义（sentimental meanings）。"② 世界遗产的情感与象征价值，实际上包含了文化认同感、国家和民族归属感、历史延续感、精神象征性、记忆载体等价值要素，其核心是文化认同功能。③ 遗产是一种认同，是国家、民族或者某一区

---

① 彭兆荣：《文化遗产学十讲》，云南教育出版社，2012 年，第 82 页。
② ［西］萨尔瓦多·穆尼奥斯·比尼亚斯：《当代保护理论》，张鹏、张怡欣、吴霄婧译，同济大学出版社，2012 年，第 45 页。
③ 林源：《中国建筑遗产保护基础理论》，中国建筑工业出版社，2012 年，第 83 页。

域特定群体的文化记忆。共同的遗产意味着共同的祖先，可以凝聚一个民族的情感，成为民族认同的重要符号。正如彭兆荣所言："人类的文化遗产之所以得以遗留，是基于特定人群的认同，并在此基础上进行选择、保护并传承下来。没有任何一个民族、族群会创造他们不认同、不认可却能长久性传承下来的遗产。"① 遗产的生产是一种建立认同的过程，是以当代的价值体系筛选、组合、解释遗产使其满足当代社会所需。遗产的情感与象征价值是有形实体以外的无形文化所表现出来的，是物质遗产通过非物质性所表述的意义。遗产无关有形或无形，物质与非物质性不是二元对立的结构，遗产重点在其被赋予的意义（meaning）和表征，即人们投射其上的观念和价值观。② 所以遗产保护，不仅是要保护外在的物质实体，更要保护其无形的文化财富。

具有重要价值的遗产需要得到保护，但随之而来的则是谁来保护的问题。遗产概念的扩展所带来的一个关键问题就是其主体性的问题，即"谁的遗产？谁来保护？"在经历"遗产化"的过程中，遗产的保护主体也在不断扩展。从私有到公有，从个体到国家，从地方到世界，"遗产"概念的引申和扩展，反映了遗产主体性的扩展所带来的相关权利与义务的问题。"世界遗产"的意义，在于它使遗产突破国界走向世界，在为人类所共享的同时，也使保护由一国之力发展为国际合作。正如联合国教科文组织在《保护世

① 彭兆荣：《生生遗续 代代相承——中国非物质文化遗产体系研究》，北京大学出版社，2018年，第19页。
② 张朝枝、屈册、金钰涵：《遗产认同：概念、内涵与研究路径》，《人文地理》2018年第4期，第21页。

界文化和自然遗产公约》中所言："考虑到现有关于文化和自然遗产的国际公约、建议和决议表明，保护不论属于哪国人民的这类罕见且无法替代的财产，对全世界人民都很重要，考虑到部分文化或自然遗产具有突出的重要性，因而需要作为全人类世界遗产的一部分加以保护。"[①] 世界遗产的桂冠，意味着其遗产价值得到世界的认可，其所具有的世界性意义与人类普世价值得以彰显和承认。在《实施〈世界遗产公约〉操作指南》的绪言中就指出"文化遗产和自然遗产不仅对每一个国家，而且对整个人类来说都是无价之宝，无可取代"[②]。所以正如奥运会的奖牌榜一样，入选世界遗产名录，也被认为是民族国家软实力的象征，可以极大地激发民族的自豪感，因此申遗也就成为一项国家实力及话语权竞争博弈的运动，引得众多国家趋之若鹜，甚至不惜成本。国家选择申报的遗产，不仅是国内众多遗产的佼佼者，在一定程度上更是民族国家的象征，可以构建民族认同，强化国民意识，增强凝聚力。而申遗成功不仅对国家意义重大，对遗产地来说更有着重要的现实意义。"世界遗产"的名片，使遗产地作为经济资本和文化资本的符号价值大大增加，各地争先恐后的申遗正是对这种符号资本的争夺。世界遗产可以为全人类共享的价值，主要体现在教育、研究、欣赏等层面，其所自带的"世界性"价值，使其更快速的进入大众化阶段，并被用作商业用途，而最主要的一个表现就是被作为旅游目的地的重要资源来

---

① 北京大学世界遗产研究中心编：《世界遗产相关文件选编》，北京大学出版社，2004年，第3页。
② 北京大学世界遗产研究中心编：《世界遗产相关文件选编》，北京大学出版社，2004年，第14页。

加以开发宣传，世界级景点的象征资本为遗产地带来的是大量的游客和经济收益。

在今天的申遗热潮中，人们高举着保护"世界遗产"的大旗，将原本只属于某一地区、民族或国家的遗产升级为全人类的共同遗产，却模糊了遗产的社会归属权，许多遗产的真正主体却处于失语的状态。同时，当遗产被列入世界遗产名录之后，对其的保护虽然成为一个国家或民族的重任，然而在现实当中实际的责任和义务问题并没有解决，尤其是当世界遗产被作为全球游客共享的旅游胜地时，外来游客往往对其保护意识淡漠，对其保护和管理的重担仍主要由遗产地承担。遗产旅游的发展，为遗产的保护和可持续发展带来了新的问题。

第二节　遗产旅游与遗产消费

无论是在理念层面，还是实践层面，对于遗产的保护，都是一个不断发展创新的过程。遗产的概念和保护的方式在不断扩展，保护不仅仅是保存、修缮和环境整治，还包含了保护性利用、阐释、复兴、活化等更宽泛的内涵，是一项综合性的活动。虽然遗产概念中的传统、历史等因素常将其导向需要保护的过去之物，但只有将其与时俱进融入现代社会，才能更好地存活下去。遗产不仅仅是记载历史的文物，也是一种可以服务现代生活和可持续发展的文化资源和文化资本。对于世界遗产而言，现代保护已经不仅仅局限于单一的国家和地区，而成为人们对人与地球可持续发展共同关注下的联合行动。正如尤嘎·尤基莱托（Jukka Jokilehto）所言，"现代保护不是要回到过去，而是需要勇气，结合现实和潜在的文化、物质和环境资源，承担起人类可持续发展的重任"①。在多元化的现代保护下，遗产旅游成为保护性利用的一种重要方式。

一、遗产旅游的发展历程

实际上，遗产旅游的出现要远早于世界遗产运动，甚至可以追溯到古埃及时期，人们前往观赏金字塔的活动。而近代流行于欧洲上流社会，以欣赏各种宏伟的建筑、大教堂以及艺术品等为目的，借以提高教育与文化修养的旅游活动，可以说是遗产旅游的早期形式。遗产旅游的发展与遗产概念和内涵的不断扩大及商业化紧密相关，一般认为 1975 年欧洲的"建筑遗产年"是遗产旅游成为大众消费需求的标志，在这一年里，介绍城市历史的"遗产中心"大量涌现，遗产旅游得以推广。遗产旅游的发展，经历了两个重要的转型：遗产的性质从"私有化"向"公有化"转变；遗产旅游的主要群体从"精英"向"公众"转变。遗产旅游的兴起，与后现代主义的发展有着密切联系。后现代主义对精英主义的反叛，使得人们的旅游动机从对宏大叙事的追求转向民间叙事，旅游行为也由单纯观光向深度体验发展。人们将到目的地的旅游休闲活动与代表过去、记忆的遗产联系起来，遗产被附加上对过去的想象、对他者的想象，成为游客思古怀旧、确认和反省自己的媒介。旅游地的遗产可以激起游客的想象，回忆过去的美好生活，逃避现实的生活压力，

---

① ［芬兰］尤嘎·尤基莱托：《建筑保护史》，郭旃译，中华书局，2011 年，第435 页。

憧憬美好的未来。所以，遗产不仅是回顾过去，也是关切当下，更是面向未来。

随着世界遗产名录的出现和发展，以自然文化遗产资源为主要旅游吸引物、满含怀旧之情的遗产旅游逐渐在全世界流行开来。在现代化的大众消费领域，遗产旅游已经成为旅游产业中的一个重要品牌，并日益系统化、规模化，满足着旅游者的文化与精神需求。遗产旅游赋予了遗产新的功能和价值，为遗产提供了展示场景、功能需求和活态使用者，使遗产从单纯的保护对象变为可资利用的旅游资源、可供消费的对象。同时，遗产旅游还可以传播遗产价值，推动遗产的可持续发展。而遗产旅游对世界遗产的展示和阐释，可以沟通人类共通的情感和追求，为世界的和平与和谐发展做出贡献。

虽然中国的旅游活动出现较早，但现代意义上的大众旅游则是较为晚近的事情，并且由于战争等原因，一直发展缓慢。新中国建立后，早期的旅游更多是被作为外事接待任务，而后随着"文化大革命"的发生，旅游业几乎中断，直到改革开放后才逐渐得以复苏。回顾中国早期的旅游发展，几乎没有发现"遗产"一词，取而代之的是"名胜""名胜古迹""文物"等词。遗产既没有成为吸引游客前来的重要资源，也没有成为旅游目的地宣传的关键词。从某种意义上说，中国的遗产旅游开展的较晚，直到 20 世纪 80 年代末甚至 90 年代末才逐渐兴起。

1985 年，中国正式加入《保护世界文化和自然遗产公约》，成为缔约国。并且从 1986 年开始就积极进行世界遗产的申报工作，并由国家文物局、林业部和建设部三方分别牵头组织相关工作。

1987 年 12 月，中国的故宫、长城、敦煌莫高窟、秦始皇陵及兵马俑、周口店北京人遗址、泰山六项遗产被列入《世界遗产名录》，成为我国的第一批世界遗产。然而，国内对世界遗产的宣传介绍却非常少。直到 1987 年 12 月 27 日，《人民日报》第三版才发表以《泰山被接纳为世界自然遗产》为题的文章，在 12 月 30 日发表的题为《我与联合国教科文组织多方合作》的文章中，才对故宫、长城等被列入《世界遗产名录》有所介绍。随后几年时间里，世界遗产一词也只是偶尔见诸报端，并未获得广泛的社会关注。

中国的遗产旅游是随着各个遗产地被列入世界遗产名录而逐渐发展起来的，1987 年泰山被列入世界遗产名录之后，就按照世界遗产的保护原则对泰山风景名胜区进行规划开发。1990 年，黄山成为世界遗产之后，也面向全球建设世界级的旅游胜地。中国早期的世界遗产，大都已经是较为著名和成熟的旅游地，且资源丰富、名号众多，"世界遗产"并没有成为旅游宣传的重点。而后来，九寨沟、黄龙、平遥古城、丽江古城等地先后入选世界遗产名录，则使这些昔日名不见经传的景点一朝天下闻，为世界所瞩目，由此"世界遗产"也成为这些景区宣传的重要噱头。

1998 年 5 月 25 日，在北京人民大会堂隆重举行了世界遗产证书、"中国世界遗产标牌"颁发仪式，标志着中国世界遗产管理工作开始逐渐规范化、科学化。"中国世界遗产标牌"图案由蓝色线条勾勒出的代表大自然的圆形与人类创造的方形组成，上面刻有"世界遗产"的中英文字样，是"中国世界遗产"的标志。"中国世界遗产标牌"在各个已经列入世界遗产名录的景区树立，使得"世界遗产"一词得以广泛流传并日益深入人心。

虽然中国早在 1985 年就加入了《保护世界文化与自然遗产公约》，并且已经有一大批世界遗产，但真正的遗产旅游却直到 2000 年才展开。2000 年，中国国家旅游局推出了"神州世纪游"主题，把"中国的世界遗产——21 世纪的世界级旅游景点"作为中国的拳头产品推向国际旅游市场，把当时国内的 23 项世界遗产作为主打产品向国内外游客推介，使之成为中国旅游的一个新卖点。因此，2000 年的"神州世纪游"主题年活动可以说是中国开始普及和推广遗产旅游的标志。而 2001 年，四川省四大著名世界遗产地联合打造世界遗产最佳旅游精品线四川之旅，则是国内遗产旅游区域推介的典范之作。随着非物质文化遗产保护工作的推进，以非物质文化遗产为主要资源的非遗旅游也逐渐兴起。近年来，非遗研学、"博物馆热"持续升温，参观世界遗产、名胜古迹、博物馆被纳入国民教育体系，日益受到人们重视。遗产旅游的发展，大大推动了历史文化的普及，为增强中华文明的认同做出了重要贡献。

由于被列入世界遗产名录之后，不仅可以得到世界的关注和保护，寻求到国际援助，而且可以极大地提高知名度，成为世界级旅游景点。其所附带的巨大政治文化价值和经济意义，促使世界各国积极申报世界遗产，中国也同样进入到如火如荼的遗产运动当中。遗产运动在当下的兴盛，不仅反映了政治生态的变化，也反映了中国谋求国际地位、树立"国家形象"的需求。由此对地方行政体系的考评以及旅游经济的诱惑，更为遗产运动推波助澜。就旅游而言，申遗热背后有着明显的旅游发展动机，因为世界遗产对当地旅游经济的促进是显而易见的。"山西平遥古城在 1997 年入选世界遗产名录后，1999 年其门票收入从 1998 年的 18 万元升至 500 余万；

黄山在 1990 年被列为世界文化与自然双重遗产后，至 2000 年黄山的入境旅游者人数已经占安徽全省的 25.2%，旅游外汇收入占到安徽全省的 47.1%，黄山一年游客的总数甚至达到黄山市总人口的 1.5 倍。"① 面对巨大的经济效益，全国各地都在积极申报世界遗产。截至 2023 年 9 月，中国已有世界文化遗产 39 项（含世界文化景观 5 项）、世界自然遗产 14 项、世界文化与自然双重遗产 4 项、人类口头和非物质文化遗产 43 项、世界记忆遗产 13 项。然而世界遗产的保护要求在官方主导的发展话语格局中始终处于两难境地，出现的"重申报，轻保护"的现象以及大量游客涌入给遗产地所带来的破坏也成为严峻的现实。泰山修筑索道、张家界建观光电梯、武当山火灾、水洗三孔，这些对遗产的破坏时而发生，令人触目惊心。而发展旅游所带来的商业行为更是严重威胁着遗产地的环境，大量的宾馆、饭店、商店、人造景点等充斥景区，不仅破化了遗产地的生态环境，也使遗产地的美学价值大为降低。除了景观的破坏和环境的污染之外，遗产地的人工化、商品化、城市化，当地居民与外来游客的关系等问题也不容乐观。联合国教科文组织专家在对遗产进行检查时，曾对这些现象提出了尖锐的批评，甚至一些遗产地还被亮黄牌警告。

随着中国加入《保护非物质文化遗产公约》和国内非物质文化遗产各级名录体系的建立，非物质文化遗产也被越来越多的作为旅游资源进行开发。非物质文化遗产旅游虽然可以在旅游经济上获得

① 参见晁成虎、李咏咏、黄国平，《中国世界遗产地保护与旅游需求关系》，《地理研究》2002 年第 5 期，第 623 页。

巨大收益，并且一定程度上有利于非物质文化遗产的展示和传播，有助于提高民众的保护意识，但盲目过度开发对非物质文化遗产所造成的冲击和威胁也是有目共睹的。旅游开发过程中，过度的商业化和功利化倾向，严重影响了非遗的原真性和完整性；非遗进景区及景区的景观生产，破坏了非遗的原生环境，使其呈现出脱域的状态；规模化生产和标准化操作，严重削弱了非遗的个性化和传统文化内涵；为迎合游客凝视，而对非遗的随意改编，则造成了非遗的异化。

无论是从世界范围来看，还是就中国一国而言，遗产旅游的迅速发展，都带来了许多问题。面对热火朝天的申遗运动和如火如荼的遗产旅游，如何应对才能更好地保护遗产？遗产保护与旅游发展之间的矛盾该如何调和？怎样达到保护与利用的平衡？这些问题都需要不断地探索和研究。但要解决这些问题，首先需要了解遗产旅游的消费本质。

二、遗产的消费与再生产

现代遗产的"生产"过程是分两个历史阶段完成的：过去和现在。过去"生产"出价值，现在"制造"出使用价值或符号价值。[1] 我们今天所面临和认识的"遗产"正是"过去生产的遗产＋现代制造"的产物。所谓现代遗产，不过是人为性、审美性、选择性、策略性和操作化的结果。[2] 遗产的申报与评选制度，实际上就

---

[1] 彭兆荣：《文化遗产学十讲》，云南教育出版社，2012年，第136页。
[2] 赵红梅：《论遗产的生产与再生产》，《徐州工程学院学报》（社会科学版）2012年第3期，第31页。

是一项挖掘、包装、阐释遗产价值的工作。遗产的本质价值在于其所内蕴的意义，遗产的生产是对其内涵意义的加工和阐释。托丽娜·露兰斯基（Tolina Loulanski）认为遗产具有两个层面的意义：一方面，遗产是为了了解文化与地景，保留人们所需的归属感与认同感，并传承到下一代；另一方面，遗产是一种经过试验后的遗产工业，为了商业目的，对过去进行开发与操控。[①] 这两个层面的意义显示的正是遗产所具有的文化资本与经济资本的属性。遗产之所以可以被列入遗产名录，是其自身价值在当代社会可以延续并且具有可用性，能够参与当下社会建构，影响人们的日常生活、精神世界、价值观。被列入遗产名录的遗产极大地增加了作为文化资本和经济资本的符号价值，而各地为争夺这种社会稀缺的符号资本也陷入到狂热的申遗运动之中。

遗产不仅是一个价值实体，也是一项社会实践，是社会文化再生产的产物，具有符号资本的特征，是一个具有鲜明话语特征的权力化的资本符号，遗产的符号性通过再生产活动得以彰显。遗产的再生产就是利用遗产的资本属性来满足当代社会的政治、经济、文化需求的过程，通过遗产开发、遗产旅游、遗产消费可以获得现实的经济利益。大规模的群众旅游活动是推动遗产再生产的重要动力，而遗产旅游就是遗产再生产的重要表现形式。它既可以实现遗产的经济价值，又可以表达传播遗产文化，为不同文化间的交流沟

---

① Loulanski, Tolina, "Revising the Concept of Cultural Heritage: The Argument for a Functional Approach", *International Journal of Cultural Property*, 2006（13），pp. 209. 转引自赵悦：《从"遗产化"看遗产的生产与再生产——以老司城为例》，《中央民族大学学报》（哲学社会科学版）2019 年第 1 期。

通提供渠道。当遗产地成为游客的访问对象时，遗产也就成为旅游资源。为了增强遗产地的吸引力，人们往往赋予遗产独特的价值，将遗产地建构为旅游胜地。在遗产旅游中，遗产成为了人们的消费对象，在一定的空间和时间内形成了消费资本，它既是文化的资本化过程，同时也是遗产作为历史的物质载体向消费者传达其文化价值，提示和强化人类个体或群体的存在意义，唤醒和强化个体和群体的认同感，因此又是资源的文化化过程①。

作为旅游资源的遗产，既保留着历史文化的烙印，又有着现代发展的需求。遗产是对历史的选择性建构，遗产旅游地选择展现什么样的历史内容，通过何种形式展现，将会影响旅游者的体验和感知，从而影响其消费行为。在当前狂热的遗产运动背景下，遗产旅游地不只是为了发展遗产旅游而宣传，还特别注意遗产相关历史文化的阐释与展示，尤其是遗产对国家认同、民族认同以及民族自豪感的促进作用。作为"一种表达情感和感同身受的旅游展演"，它促进了人们与历史的沟通，不仅公开了过去可知晓、可理解的记录，而且，能触动游客心弦的遗产旅游可让人们重新改写或证实某种历史叙事。② 游客在参与遗产旅游、投入情感的过程中，可以增强对其民族国家历史文化的认同。

遗产旅游的驱动力是当代人们普遍存在的怀旧心理。怀旧心理是人们对过去的人、事、物所怀有的眷恋之情。遗产的存在契合了

---

① 张朝枝、李文静：《遗产旅游研究：从遗产地的旅游到遗产旅游》，《旅游科学》2016 年第 1 期，第 41 页。
② 劳拉简·史密斯：《游客情感与遗产制造》，《贵州社会科学》2014 年第 12 期，第 16 页。

当代社会人们对过去的想象和怀念，遗产旅游满足了人们这种怀旧的文化消费心理。文化消费者通过到遗产旅游地亲身感受和体验，可以更深入地理解遗产的人文内涵与精神价值，也更容易产生情感共鸣和文化认同。文化认同可以推动遗产旅游的发展，有利于遗产地构建文化品牌、发展文化经济，而文化体验则是游客产生情感共鸣和文化认同的重要前提。所以，遗产旅游应当以游客体验为中心，在遗产的生产和再生产过程中，重构人与遗产之间的情感关系，为遗产创造新的价值，焕发遗产的"第二次生命"。

遗产消费，从供给角度讲，是遗产地将遗产包装成产品进行销售的过程。从消费角度讲，是旅游者对遗产产品进行观赏等消费的过程。旅游者参与遗产旅游，消费的是遗产的符号价值。当代社会，人类已经进入鲍德里亚所言的"消费社会"，其显著特征是"符码操纵和制造消费"。在消费关系中，消费者的需求瞄准的"不是物，而是价值，需求的满足首先具有附着这些价值的意义"[1]。也就是说，在今天的消费中，吸引消费者的不是物品本身的功能，而是某种被制造出来的符码意义。而遗产正是具有这种符号价值的消费品，是符号与意义编织的网。遗产旅游消费的是意义系统，是符号的编码、解码、阐释的过程。一切遗产皆由对过去的"记忆、保存、想象"三个层面构成，其本体无甚使用价值，价值又无可追溯，却被人们乐于交换，在此遗产被交换的是符号价值，亦即信息、体验、想象之类的东西。[2] 从消费者角度而言，遗产旅游者在

---

① ［法］鲍德里亚：《消费社会》，刘成富、全志钢译，南京大学出版社，2001年，第59页。

② 彭兆荣：《文化遗产学十讲》，云南教育出版社，2012年，第133页。

消费过程中购买的是遗产地的游历体验，在旅游过程中对遗产价值的感知是衡量遗产旅游产品成功与否的重要指标。如何通过遗产的阐释与展示，提升游客的体验与感知，是需要研究的重要问题。

从长远来看，遗产保护与旅游利用的目标存在一致性，"遗产保护的目的应是更优化的利用，利用的目的则应是更强化的保护"，"保护可以为利用提供更优质的资源和更大的潜力，利用则为保护提供经济资源、公众参与、舆论引导等层面的综合性自我保护能力"①。遗产保护不是将其固态的保存再传之后世，而是通过遗产旅游让人们理解历史与当下，提升对自我文化的认同和对他者文化的认可。遗产从何而来？为何会有这样的形态特征？它与这个地方、民族、国家有着怎样的联系？通过遗产的阐释，可以找出相关的答案，学会尊重自己和他者的文化，通过遗产的传说故事，寻找作为民族国家的根脉，增强文化自信和自豪感。旅游者根据当下存在的遗产，对比专家学者构建的正统文字历史，可以重新思考过去的世界。在对遗产的分析中，了解古人的智慧，分析遗产与地理环境、风土人文的关系，从遗产中了解世界。

当然，遗产保护与旅游利用的平衡与可持续发展是一个综合性的复杂问题，不仅贯穿从规划、开发到宣传、解说等一系列过程，而且也牵涉到遗产地政府、社区民众、旅游者等相关主体的多方利益。从遗产到遗产旅游的发展过程中，遗产的主体也在发

---

① 王京传、李天元：《世界遗产与旅游发展：冲突、调和、协同》，《旅游学刊》2012年第6期，第5页。

生变化。外来的旅游者进入遗产地对遗产进行文化消费，如果没有认识到遗产价值又缺乏必要的道德素质，则很容易对遗产造成损害。此外，遗产地为应对旅游者的凝视而进行的不当阐释，为迎合旅游者的消费需求而对遗产的改造与再生产，都对遗产的保护与发展造成破坏。所以，对于遗产与遗产旅游研究来说，关键在于怎样阐释遗产。谁来阐释遗产？向谁阐释遗产？如何阐释遗产？阐释遗产哪些内容？也便成为遗产旅游研究的重要问题。

第三节　遗产阐释与民俗叙事

遗产具有丰富的文化内涵及教育价值，它承载着一个民族的认同感和自豪感。对遗产的保护和传承，首先需要认清其价值。遗产的核心价值是其开展旅游的基础，而其所展现出来的经济价值、社会价值则是在此基础上的延伸。对于遗产价值的认识尚未厘清，就将其投入到大规模的旅游发展之中，不但有违遗产保护的理念，也有悖于遗产旅游的本质。遗产旅游的重要性在于通过开展旅游的方式，从不同视角、运用不同方式对遗产进行多元阐释，启发和提升公众对遗产的认识、理解与欣赏，使人们对遗产的文化和价值有更为深刻的理解，进而提高其认知和保护意识。

一、遗产阐释

对遗产的阐释和展示，是让游客了解遗产价值的重要途经。当遗产被作为旅游资源进行开发时，遗产的完整性也便成为一种悖论。先暂且不论世界遗产在地理空间上的广阔及联合申遗项目的行政区隔，即使是对空间范围较小的遗产地来说，作为教育展示的所在，虽然有责任和义务让人们全面了解遗产的价值；然而作为旅游目的地，面对旅游消费者，其又不得不有选择的将某些部分用以阐释与展示，以凸显某些价值而遮蔽另外一些，这就改变了遗产原生性的整体形态。从大众旅游的角度来讲，游客的消费是有选择的、零星片面的，大多数游客仍然是浅层的观光者，其对遗产的认识比较浅显，大都处于"符号消费"阶段，"是基于那些代表性或指示性符号的吸引而产生旅游动机，进而在充斥符号的世界中体验并且获得意义的"①。在此背景下，符号怎样被提炼、被表述、被运用、被消费，也就关系到遗产旅游的发展。

遗产旅游作为一种特殊的旅游形式，虽然强调游客的个人感受，但其本质上是一种认同性经济。"遗产的理念包含了有关我们过去的知识和表述，以确定文化认同在未来发展的样式。"② 陈志明（Sidney C. H. Cheung）在其关于中国香港的个案研究中也指出"遗产旅游是靠宣扬同一观念将人们汇集到一起的一种方式"③。在遗产旅游中，要实现经济利益的转换，需要使游客产生一定的文化认同，宣扬的观念便是遗产表述的重点。在遗产旅游中，遗产不是静止

① 邓小艳：《符号消费背景下非物质文化遗产旅游开发的路径选择》，《广西社会科学》2010 年第 4 期，第 39 页。

② M. Laenen，"Looking for the Future Through the Past"，D. L. Uzzell，. (eds.) *Heritage Interpretation*. Vol/I The Natural and Built Environment. London & NewYork：Belhaven Press. 1989.

③ Sidney C. H. Cheung, The meanings of a heritage trall in Hong Kong, *Annals of Tourism Research*，1999，26（3）：570—588.

静态的存在，是以阐释（interpretation）和展示（presentation）① 的形式存在的，在多元的阐释与展示体系中，遗产的价值与意义才得以呈现。而遗产旅游的意义正在于通过对遗产的阐释和展示，使公众了解遗产的价值，进而推动遗产的保护。正如弗里曼·提尔顿（Freeman Tilden）所言，"通过阐释而了解，通过了解而欣赏，通过欣赏而保护"②。总之，对遗产的阐释与展示，可以推动民众对遗产的理解和保护。对于遗产地而言，阐释与展示赋予了遗产文化资本和经济资本的价值，可以促进旅游经济的发展，实现遗产保护与旅游利用的双赢。在族群内部，遗产是构建文化认同的依据和维系成员关系的纽带。通过遗产的阐释与展示可以提升成员情感上的共鸣与认同，有助于凝聚社会力量、构建民族国家文化认同。对于族群外部人群而言，遗产的阐释与展示，可以让其对他者文化有更深的理解，有助于提升对人类文化多样性的认知，对推动世界的和平与和谐发展有着重要意义。

早在 1972 年的《保护世界文化和自然遗产公约》，就提出各缔约国有对本国领土内的文化和自然遗产进行确定、保护、保存、展

---

① 国内对于 interpretation 和 presentation 有着多种译法，如"阐释与展示""诠释与展陈"等，尤其是 interpretation，在旅游学界一般被译为解说，如将 Freeman Tilden 的《Interpreting Our Heritage》译为《解说我们的遗产》；而在遗产保护领域则多译为阐释，如中国古迹遗址保护协会对相关文件的翻译。徐嵩龄提出，interpretation 究竟译为阐释还是解说，需视语境而定：学术语境下可译为阐释；而强调服务于游客时，则可译为解说。本书遵从中国古迹遗址保护协会的翻译，将其译为"阐释与展示"。

② Freeman Tilden, Interpreting Our Heritage, Chapel Hill, The University of North Carolina Press, 1957: 38.

出和遗传后代的责任。① 1990 年，由国际古迹遗址理事会颁布的《考古遗产保护与管理宪章》（*Charter for the Protection and Management of the Archaeological Heritage*）也对考古遗产的展出进行了强调，并且将展出和信息资料看作是对当前知识状况的通俗解释，必须经常予以修改。② 2008 年 10 月 4 日，在加拿大魁北克国际古迹遗址理事会（ICOMOS）第 16 届大会上通过的《文化遗产地阐释与展示宪章》（*The ICOMOS Charter for the Interpretation and Presentation of Cultural Heritage Sites*，以下简称"宪章"），是全球第一份针对文化遗产阐释和展示的宪章，明确指出阐释与展示是遗产保护的必要组成部分，是增进公众理解和欣赏文化遗产地的重要方法。宪章中将两者定义为：

> 阐释：指一切可能的、旨在提高公众意识、增进公众对文化遗产地理解的活动。这些可包含印刷品和电子出版物、公共讲座、现场及场外设施、教育项目、社区活动，以及对阐释过程本身的持续研究、培训和评估。展示：尤其指在文化遗产地通过对阐释信息的安排、直接的接触，以及展示设施等有计划地传播阐释内容。可通过各种技术手段传达信息，包括（但不限于）信息板、博物馆展览、精心设计的游览路线、讲座和参

---

① 北京大学世界遗产研究中心编：《世界遗产相关文件选编》，北京大学出版社，2004 年，第 4 页。

② International Council on Monuments and Sites. *Charter for the Protection and Management of the Archaeological Heritage*，1990.

观讲解、多媒体应用和网站等。①

2022 年 3 月，国际古迹遗址理事会（ICOMOS）《国际文化遗产旅游宪章》（2021）（*ICOMOS International Charter for Cultural Heritage Tourism*，以下简称"新宪章"）草案通过审议，进一步提出文化遗产旅游的准则之一即"通过易于公众理解的文化遗产阐释和展示，提高公众意识和游客体验"。并指出"文化遗产的解说和展示为公众提供教育和终身学习的资源。它能够增进人们对文化及遗产的认识和理解，促进文化间的包容与对话并提高原住民社区的能力。"新宪章还提出了文化遗产阐释和展示的具体准则，指出：

> 负责任的旅游和文化遗产管理应提供对文化遗产准确且尊重的阐释、展示、推广和交流的平台；应为原住民社区提供亲自展示其文化遗产的机会；还应提供有价值的游客体验，以及发现、充分享受和学习的机会。遗产的展示和推广应该诠释并传达物质和非物质文化价值的多样性和互连性，以提高公众对其重要性的认识和理解。

对于阐释主体，新宪章指出"遗产从业者和专业人士、遗址管理者和社区共同承担着解说和宣传遗产的责任"，并指出文化遗产

---

① 国际古迹遗址理事会（ICOMOS）：《文化遗产地阐释与展示宪章》，2017 年 4 月 10 日，https；//www.icomos.org/images/DOCUMENTS/Charters/interpretation_cn.pdf。

的阐释和展示"必须具有代表性，并承认该遗产的历史和记忆中具有挑战性的部分"，"应该以跨学科研究为基础，涵盖最新的科学知识及当地人和社区的知识"。①

　　为了达到有效的信息交流和价值传达目标，遗产阐释不仅需要多个学科和专业的涉入，更需要多元主体共同参与。在传统的遗产保护中，很多时候，遗产的主体与阐释的主体存在"分离—倒错"现象。"遗产的主体，即遗产的创造者与'发明者'在很大程度上并没有成为代表遗产'发声'的主体，却经常处于对'自己的财产'丧失发言权的情状之中"②，而政治权力和研究学者经常纷纷出场代言。一般说来，遗产的创造者本应最具有阐释的发言权，然而现代遗产制度体系却将阐释的主要权力赋予官方政府，无论是《保护世界文化和自然遗产公约》的缔约国，还是当下非遗申报制度中的各级地方政府，都掌握着遗产阐释的权威话语。当然，遗产在生产与再生产过程中，离不开专家学者的专业实践。学者代表的是科学性、专业性和学术品位，注重阐释遗产的历史价值和科学价值，在对遗产的挖掘、界定、保护中起着重要作用。"最终位列名录的遗产项目，是假借学者之眼所见，经学者的发现和表述，按照学者的理解重新建构起来的"③。作为遗产生产主体的广大民众，

① 中国古迹遗址保护协会、国际古迹遗址理事会（ICOMOS）：《文化遗产旅游国际宪章》（2021）中英对照 2022 年 3 月 28 日，http：//www. icomoschina. org. cn/Upload/file/20220328/20220328135843 _ 6303. pdf.
② 彭兆荣、吴兴帜：《客家土楼：家园遗产的表述范式》，《贵州民族研究》2008 年第 6 期。
③ 娥满：《学者在场与遗产制造》，《云南师范大学学报》（哲学社会科学版）2010 年第 3 期，第 72 页。

也拥有自己的阐释话语——民俗叙事。民俗叙事是当地民众、遗产主体所创造的、最能代表遗产的声音，它让遗产的创造者也有了发言的机会。实际上，官方叙事、学者叙事、民俗叙事并非泾渭分明，三者处于不同的维度，互有影响。当民俗叙事被官方机构或专家学者采借，相应的遗产叙事也披上了一层民众之声的外衣，更容易获得认可和认同。在当代，遗产保护已经成为有广泛社会参与力量的综合性活动，遗产阐释的主体及其知识背景日益多元，遗产保护和阐释的专业边界越来越模糊。遗产阐释成为一项综合性和开放性过程，同时也是一种公共行为。尤其是在当代的遗产旅游中，游客将对遗产的感知，进行生产创作分享，也成为遗产的阐释者。遗产阐释可以帮助游客理解和欣赏不同背景下的遗产。当然，遗产不是一个用于科学知识普及的产品，遗产阐释不是权威话语下单向的遗产教育，而是游客与遗产地之间的互动感知，是不同群体之间进行对话的媒介，可以推动不同文化间的理解和认同。

　　阐释是将遗产的内涵和价值传达给目标人群的实践。遗产的阐释包括遗产自我的阐释和借助他者的阐释，遗产自我的阐释是指通过遗产自身的物象景观或仪式行为所传达出的信息，而借助他者的阐释则主要是指通过语言及现代科技等手段来对遗产进行诠释，包括导游运用口头语言在旅游过程中为游客讲解，旅游指南、宣传册等运用书面语言的介绍，以及利用电子语音导览器、数字多媒体技术等设备设施进行解说和展示。

　　作为历史的载体与证据，遗产是重要的历史教育资源，它可以生动直观地讲述历史。遗产的阐释关乎历史的传承、文化的传播、族群的教育，对建构人们的历史观、维系族群联系、提升文化认同起着重要作用。在旅游发展过程中，以经济效益为重、迎合游客的凝视、服务于政治经济等权力话语，都有可能使遗产的阐释误入歧途。无论是歪曲、改造历史，还是生搬硬造神话传说，都是不可取的。遗产的阐释应该秉持真实的原则，避免受众对遗产地历史文化产生误解。

遗产是为了满足当代社会所需而在选择性地使用和阐释过去，所以满足当前和未来的现实需要成为重要指标，在对遗产资源的选择和阐释上更加契合现实需求。在遗产旅游中，一切以遗产产品为中心的要求，使得叙事内容的选择既要有历史感，又要有趣味性和吸引力。正如华莱士·马丁（Wallace Martin）所言："叙事一个传统故事，它既不是历史的，也不是制造的，而是再造的，它所忠于的不是事实、不是真理，而是现实本身，是事实的叙事与虚构的叙事的嫁接与综合。"① 所以，遗产的历史叙事，并不是单一维度的绝对本质真实。遗产是一个具有强烈时间属性的客观存续现象，但同时也是一种全新的历史表述方式。在不同的时代语境中，即使是面对同一项遗产，人们也有可能会发现它背后历史的不同侧面，解读出不同的历史意义，表达出不同的立场与观点。而面对不同的旅游者，为满足不同的需求，遗产的阐释也有着多重维度。朱煜杰在其专著《遗产旅游：从争论到可能》（*Heritage Tourism: From Problems to Possibilities*）中提出遗产阐释（heritage interpretation）的五层阶梯：娱乐消费、知识分享、理解认同、想象与反思、和解与治愈。越深入的维度需要越深度的合作和对群体的认同，这样才能

---

① 转引自彭兆荣：《文化遗产学十讲》，云南教育出版社，2012年，第117页。

使遗产旅游发挥更有意义的社会功能，包括对种族差异的抗争、对历史创伤的反思、对少数群体增权的支持、促进社区建设中自我肯定和自我价值的认同。[①] 从基础的娱乐消费，到最高层的和解与治愈，呈现出的是类似于马斯洛需求层次理论的变化，而越高层次的需求，对遗产的阐释要求越高。大众旅游者的娱乐消费，需要遗产阐释具有趣味性；而旅游者对知识的渴求，则需要遗产阐释具有知识性、教育性；为了旅游者的理解认同，遗产的阐释还需要贴近其生活，与其熟悉的遗产进行类比；在面对遗产背后的历史时，充满想象力的描述与批判性的反思则让遗产阐释更添魅力；而立足人类文化的整体时空坐标，在遗产的阐释中则可以见天地见众生，与过去和解，治愈自我。

二、民俗叙事

在遗产的阐释与展示过程中，叙事发挥着重要作用。"叙事是人类传递信息的一种基本方式，旨在把客观世界纳入到一套言说系统中来加以认识、解释，典型的形式就是讲述故事。"[②] 作为遗产存在的一种重要方式，叙事是遗产文化意义和社会价值生成的重要媒介。传统的遗产阐释和展示往往"见物不见人"，只聚焦于物质遗产本身，而不注重受众的体验与感知。遗产叙事则更强调受众在遗产环境中的具身化体验，关注受众与遗产之间的互动实践及对阐

---

① Zhu，Y，*Heritage Tourism: From Problems to Possibilities*. Cambridge University Press：Cambridge. 2021.

② 秦红岭：《论运河遗产文化价值的叙事性阐释——以北京通州运河文化遗产为例》，《北京联合大学学报》（人文社会科学版），2017 年第 4 期，第 23 页。

释内容的接受程度。它注重通过多样化的"讲述故事",或由时间轴串连不同事件构成的主题性结构媒介,将较为抽象的知识转换成感性的、有意义感的信息,从而有效地传达文化遗产的价值。① 也就是说,遗产价值的建构与传播,需要经过"叙事化"的过程。正如罗文索(David Lowenthal)在《过去宛如异乡》中所言,过去的遗存既是"历史上的他者",又是"文化上的他者","过去不确定又不连续的事实只有交织成故事才能被理解"②。

遗产是一个地域或民族文化记忆的载体,遗产叙事是对遗产的追忆性解读,是表达某种主题、意义或价值的叙事系统。通过挖掘遗产价值并赋予国家或社会层面的主题,遗产叙事可以极大的激发民众的文化自信心、民族自豪感和爱国情,充分发挥遗产的教育功能。遗产旅游叙事在遗产保护的基础上提升旅游体验,在遗产旅游过程中传播遗产价值,使遗产保护与旅游发展相得益彰,切实做到在保护中发展、在发展中保护。

遗产负载了特定的历史内容、历史记忆和历史观念。历史价值因而也成为遗产最为重要的价值之一。这在人们对历史遗迹的迷恋中可见一斑——即便是那些最鄙陋的建筑,只要它述说了某些故事,或者承载了某些事实,也要比华丽而无意义的建筑更好。③ 费尔登·

① 彭兆荣、秦红岭、郭旃等:《笔谈:阐释与展示——文化遗产多重价值的时代建构与表达》,《中国文化遗产》2023 年第 3 期,第 8 页。

② David Lowenthal, *The Past is A Foreign Country*, Cambridge:Cambridge University press,1985:218.

③ John Ruskin,"The Lamp of Memory", Laurajane Smith Edi. *Cultural Heritage: Critical Conceptsin Media and Cultural Studies*. London and New York:Routledge, 2007. P99.

贝纳德（Bernard M. Feilden）、朱卡·朱可托（Jukka Jokilehto）也指出："每个世界遗产地都有不止一个重要的故事来说明其历史：它们是如何被建造的或如何被破坏的、曾经生活在那里的人、曾经发生过的活动和事件、遗址以前的用途和关于这些著名珍宝的传说。在展示和解释遗址的历史故事时，有必要选择性地找出那些最能令遗址吸引参观者兴趣的元素；关于人类意义的故事往往是最受欢迎的。"①

遗产旅游叙事的本质是"讲好遗产地的故事"，即通过多样化的叙事形式，将抽象、枯燥的知识转换成感性的、有温度的信息表述出来，从而有效地将遗产价值呈现出来，激发公众的记忆、想象和兴趣，使遗产变得"鲜活起来"。在当代，遗产旅游叙事从对遗产物质本体的历史阐释，逐渐转向关注遗产与人的关系。通过对遗产所承载的传说、故事、事件乃至个人记忆的追溯，挖掘遗产与人物或事件的关联性社会价值，以多种叙事策略，将遗产所承载的文化内涵、精神价值和集体记忆生动呈现出来，从而唤起共同体的历史记忆，强化一种身份认同感。

遗产旅游叙事是一个不断发展扩大的过程，从叙事内容上来说，遗产的价值是复杂多元的，可以从不同视角进行挖掘；从叙事形式上来说，科学技术的进步和社会的发展，为遗产旅游叙事提供了多维的叙事形式，从景观、语言、仪式到图像、表演、影视，都已成为遗产旅游的重要叙事形式；从叙事主体来说，既可以是遗产

---

① ［美］费尔登·贝纳德、朱卡·朱可托：《世界文化遗产地管理指南》，刘永孜、刘迪等译，同济大学出版社，2008 年，第 116 页。

领域的专家学者，也可以是旅游行业的导游、讲解员等从业人员，甚至参与遗产旅游的每位游客都有权利成为遗产叙事者。遗产旅游叙事的这种发展趋势，需要多学科、多专业的参与和对话。旅游民俗学因为对民俗的聚焦和对民俗叙事的关注，而在遗产旅游研究方面有着独特的视角和优势。

民俗因为具有构建认同、区别文化身份及政治、经济、社会、文化方面的重要意义，所以很早就被许多国家视为文化遗产加以保护，并在 20 世纪六七十年代发展到国际层面。如 20 世纪 60 年代联合国教科文组织就建议非洲地区立法保护其民俗和文化的完整性。1971 年联合国教科文组织首次开始民俗保护的研究，完成了《运用国际文书保护民俗可行性报告》。虽然 1972 年通过的《保护世界文化和自然遗产公约》并未有关于民俗的讨论，但 1973 年玻利维亚政府的一份提案（提请在《世界版权公约》中加入保护民俗的条款）掀起了保护民俗的讨论，并最终于 1989 年联合国教科文组织第 25 次大会上通过了《保护传统文化与民俗建议案》。这些全球性的保护运动，也进一步推动了各国对民俗文化的重视。中国对民俗文化的重视，始于改革开放后传统文化的复兴，而在非物质文化遗产保护运动兴起后达到高潮，大量的民俗事象经由遗产化被列入非物质文化遗产名录。然而在中国设立的非物质文化遗产名录，却将民俗作为其中的一个小的类别，使之狭隘化。① 国家权力操控

---

① 参见田兆元：《关注非物质文化遗产保护背景下的民俗文化与民俗学学科的命运》，《河南社会科学》2009 年第 3 期；田兆元：《中国"非遗"名录及其存在的三大问题》，载杨正文、金艺风主编《非物质文化遗产保护"东亚经验"》，民族出版社，2012 年。

下，民俗遗产化的现象较为突出，虽然在一定程度上提升了民俗文化的原有地位，却也遮蔽了民俗话语，并带来了原有主体失语、表演化等问题，使民俗徒具遗产之壳。

民俗除了单独被作为文化遗产以外，还广泛渗透到其他类型的遗产中，在当下的各类遗产中都或多或少的附着一定的民俗事象。在当代的遗产旅游中，这些民俗事象也往往成为叙事的重点。如平遥古城和丽江古城，都是在 1997 年被列入世界文化遗产名录的。除了两地的重要文化遗存，与古城居民相伴而生的民俗文化也是其重要的文化遗产。平遥古城不仅是山西票号的发祥地，清朝中叶重要的"金融中心"，其明清时期的晋中民居风貌也是展现当地民俗的重要内容，而城中的寺庙宫观也与居民的信仰活动紧密相关。丽江古城，作为纳西族的聚焦地，有着深刻的民俗烙印，东巴文化、纳西古乐都是其不可分割的部分，感受纳西民俗文化也成为广大游客到此旅游的目的，为应对游客凝视，民俗叙事也成为其遗产旅游叙事的重点。即使是世界自然遗产九寨沟，在展示其美丽的自然景色时，也会利用流传于当地的神话传说来进行解说，此外，当地特色浓郁的藏族文化也是其重要的组成部分，多年来，当地村寨的藏民正是运用其"地方性知识"来维护当地的生态系统，与大自然和谐共存。在今日的遗产旅游中，当地的藏族文化也成为重要吸引力之一，村寨原有的建筑形式和格局是藏族文化的物象景观叙事所在，藏羌歌舞表演也是展示其文化的重要叙事形式，而藏民家访则可以让旅游者更近距离的感受当地民众的口头与行为叙事，亲身体认感受其文化。

在当前的世界遗产话语体系中，遗产叙事一般代表的是以欧洲为中心的西方发达国家的价值取向，关于遗产保护与管理的文本是在西方权威遗产话语下建构而成的。如《保护世界文化和自然遗产公约》虽然在唤醒全人类遗产保护意识与实践的贡献巨大，但其代表的遗产文化价值体系、知识与意识形态正在以遗产话语实践的方式引导着全球遗产的社会建构，并深刻影响着社会价值观。① 民俗叙事代表的是本土的话语，是遗产主体所创造、传承和阐释的自我实践。在当下的遗产保护与遗产旅游中，民俗叙事应该得到更多的关注和研究。

民俗叙事与民众的生产生活、宗教信仰、节日仪礼、文学艺术等活动密切相关，具有贴近生活和世俗心理的特点，亲和力与熟识度很强，容易唤起游客的生活经验、情感体验和价值认同。遗产旅游的民俗叙事是一种容易引发游客认同与共鸣，并激发其互动与联想的阐释策略。它可以让游客进入叙事主体的故事情境，从而引发共鸣。民俗的认同性特征，是民俗叙事在遗产旅游中被采借的重要原因。民俗叙事具有极强的解释性，常常利用传统的力量赋予叙事对象以合法性与合理性。民俗叙事不仅可以讲述历史，也可以传承文化，将当代的故事讲给后人。可以帮助旅游者获得过去、现在和未来如何勾连在一起的知识，强调对其关系和过程的诠释。同时，民俗叙事还可以建构地域形象，增强群体认同，提升遗产地的价值，建立独特的优势，从而促进遗产的保护和管理，使其得到可持续发展。在从遗产地到世界遗产再到遗产旅游地的发展过程中，民

---

① Smith L，*Uses of heritage*，London and New York：Routledge，2006. 转引自潘君瑶：《遗产的社会建构：话语、叙事与记忆——"百年未有之大变局"下的遗产传承与传播》，《民族学刊》2021 年第 4 期，第 46 页。

俗叙事一直贯穿始终。然而当下的遗产语境中，民俗叙事呈现遗产化的趋向，在国家权力的操控、主流文化和商业化的裹挟下，传统的民俗叙事逐渐被遗产叙事所替代。符号消费背景下的遗产旅游，民俗叙事并未发挥出其重要作用。

小　结

　　遗产概念从个人到集体、从地方到民族国家、从历史性到纪念性，其内涵不断扩展。世界遗产是遗产公共化的体现，它将遗产的享有放置于世界的层面，也使遗产的保护享受到国际力量的援助。

　　遗产的公共化，使之可以与商业行为相联系，其纪念性意义成为遗产旅游产生的重要契机。旅游目的地以遗产为吸引物，游客以观赏遗产为主要旅游动机，遗产旅游的发展促进了世界遗产的申报热潮。"虽然在联合国教科文组织的定义中，遗产已经从地缘的、世系的（lineage）、宗教的等范围上升到所谓'突出的普世价值'（outstanding universal value）的层面，成为'地球村'村民共享的财产，但这并不妨碍任何一个具体遗产地的发生形态和存续传统的历史过程和归属上的正当性。"[1] 世界遗产所带来的政治、经济、社会与文化效益，使得各地争先恐后踏上申遗之路。中国虽然起步较晚，但后续势头强劲，尤其是 20 世纪 90 年代后，面对遗产旅游所带来的巨大经济收益，各地都开始积极申报世界遗产。然而随之

---

① 　彭兆荣：《"遗产旅游"与"家园遗产"：一种后现代的讨论》，《中南民族大学学报》（人文社会科学版），2007 年第 5 期，第 19 页。

出现的众多问题也日益严峻,"重申请,轻保护",大量旅游接待设施的修建,大规模的游客涌入,这些都对遗产地造成了严重的破坏。

遗产旅游的重要性在于通过开展旅游的方式,以易于为旅游者理解的叙事方式,使旅游者对遗产的文化和价值有更为深刻的理解,进而提高其认知和保护意识。在遗产旅游中,遗产不是静止静态的存在,是以阐释和展示的形式存在的,在多元的阐释与展示体系中,遗产的价值与意义才得以呈现。而在遗产的阐释与展示过程中,叙事发挥着重要作用。遗产旅游叙事是对遗产的追忆性解读,是表达某种主题、意义或价值的叙事系统。通过挖掘遗产价值并赋予国家或社会层面的主题,遗产旅游叙事可以极大地激发民众的文化自信心、民族自豪感和爱国情,充分发挥遗产的教育功能。遗产旅游叙事在遗产保护的基础上提升旅游体验,在遗产旅游过程中传播遗产价值,使遗产保护与旅游发展相得益彰,切实做到在保护中发展、在发展中保护。遗产旅游叙事是一个不断发展扩大的过程,需要多学科、多专业的参与和对话。以民俗叙事为基础的旅游民俗学,在遗产旅游叙事的研究方面可以提供独特的视角和思路。

遗产旅游的民俗叙事是一种容易引发游客认同与共鸣、并激发其互动与联想的阐释策略。它可以让游客进入叙事主体的故事情境,从而引发共鸣。民俗的认同性特征,是民俗叙事在遗产旅游中被采借的重要原因。民俗叙事具有极强的解释性,常常利用传统的力量赋予叙事对象以合法性与合理性。同时,民俗叙事还可以建构地域形象,增强群体认同,提升遗产地的价值,建立独特的优势,从而促进遗产的保护和管理。然而当下的遗产语境中,民俗叙事呈现遗产化的趋向，在国家权力的操控、主流文化和商业化的裹挟下，传统的民俗叙事逐渐被遗产叙事替代。

　　下面本书就以世界文化与自然双重遗产泰山为例，通过对其遗产叙事的分析，探讨其遗产化及遗产旅游发展之路，思考在其遗产旅游发展过程中民俗叙事的作用机制及遗产化等问题。

第二章

泰山旅游的发展史与叙事资源的积累

清代经学家、史学家阮元在《泰山志序》中曾说过："山莫大于泰山，史亦莫古于泰山。"从洪荒远古到现代社会，帝王将相、文人墨客及平民百姓都在泰山上留下了自己的印迹，共同缔造了博大厚重的泰山文化。虽然他们到泰山的目的与当代的大众旅游者有很大不同，但其活动却是泰山旅游的萌芽形态，不仅积累了大量的旅游资源，形成今日泰山的旅游格局，而且推动了泰山旅游的发展，甚至民众的朝山进香活动仍是当代泰山旅游的一种重要形式。

旅游本身是一项精神文化活动，当我们追溯泰山旅游的萌芽时，可以发现泰山最早的游览活动与信仰等精神文化活动密切相关，无论是远古时期的山岳崇拜，还是封建社会帝王的封禅活动，抑或是老百姓的朝山进香，都是基于信仰的一种精神文化活动。这种信仰行为也一直是泰山旅游的主体，即使是当代社会，大批的香客信众依然是泰山游客的重要组成部分。当然，在信仰仪式行为之外，人们也会游山玩水、观花赏景，所以同样作为一种精神文化活动的旅游可以说源出于信仰，是信仰行为的一个附属产品。

刘锡诚曾指出旅游实际上就是民俗旅游，刘铁梁更直接指出旅游本身就是民俗。① 虽然对于民俗的概念和内涵，学者们仍有分歧，但却都将精神信仰纳入民俗的范围，最早如英国的博尔尼（Char Lute Sophia Burne）直接将民俗限定在精神文化领域。在其《民俗学手册》中，指出"民俗包括作为民众精神秉赋的组成部分的一切事物，而有别于他们的工艺技术"②。并将传统信仰、古老习俗、仪式仪礼、艺术文学等精神创造与活动表现确定为民俗学的研究主题。在各国民俗学发展的早期，大家都侧重于搜集研究民间口头文学创作、民间艺术、信仰仪式等精神文化产物。在日本，柳田国男确立了民俗资料三部分类法，即将民俗资料分为三部分：有形文化（目睹的）、语言艺术（耳闻的）、心意现象（意会的）③。钟敬文在其主编的《民俗学概论》中，则将民俗事象进一步概括分为四个部分：物质民俗、社会民俗、精神民俗、语言民俗④。虽然各个学者对民俗的界定略有差异，但却都将精神信仰归为民俗，甚至归为民俗的核心内容。吕继祥在其《试谈泰山民俗文化与民俗旅游资源的开发》一文中，曾将泰山的民俗分为信仰民俗、封禅礼仪、社会民俗、经济民俗、民间游艺竞技民俗等，而信仰民俗更是居于首位。⑤

① 参见刘锡诚：《民俗旅游与旅游民俗》，《民间文化论坛》1995 年第 1 期；刘铁梁：《村庄记忆——民俗学参与文化发展的一种学术路径》，《温州大学学报》（社会科学版）2013 年第 5 期。

② ［英］查·索·博尔尼：《民俗学手册》，程德琪等译，上海文艺出版社，1995 年，第 1 页。

③ 参见［日］柳田国男：《民间传承论与乡土生活研究法》，王晓葵、王京、何彬译，学苑出版社，2010 年。

④ 参见钟敬文主编：《民俗学概论》，上海文艺出版社，1998 年。

⑤ 吕继祥：《试谈泰山民俗文化与民俗旅游资源的开发》，《民俗研究》1990 年第 3 期，第 104 页。

在梳理泰山的旅游活动及其所积累的民俗资源时，我们可以先理出一条主线，即泰山的旅游活动源自对泰山的信仰崇拜，各个阶层的信仰活动所留下的遗迹形塑了泰山的旅游景观，而留下的仪式与传说，则不断地强化着其神圣性。泰山信仰经历了从原始崇拜到制度化宗教与民间信仰的转化，泰山旅游也经历了从小众到大众化的发展，在这一过程中，积累了大量的民俗叙事资源，而民俗叙事也在推动泰山信仰活动和旅游活动的发展。这些民俗叙事资源，除了普通民众的朝山进香等民俗活动形成的以外，有关帝王封禅祭祀与文人登临题刻的诸多官方叙事和文人叙事，经过不断的传说化也呈现为民俗叙事资源。这些民俗叙事资源围绕着泰山的精神信仰，以语言、物象、仪式三种形式存在。下面就通过梳理泰山旅游的发展过程，来分析泰山民俗叙事资源的积累情况。

第一节　泰山古代旅游活动的兴起

泰山能成为中国第一个自然与文化双遗产，绝不是偶然，"其历史之久远，山体之宏大，景观之雄伟，赋含精神之崇高，在中国乃至世界都绝无仅有；其历史价值、美学价值、科学价值、社会价值及它的丰富性、连续性、永久性，更是令世上诸峰难以望其项背"[1]。可以说，泰山是中国文化的缩影，是中华精神的象征。追根溯源，我们可以将古人在泰山的活动分成三部分：其一是帝王的巡守封禅祭祀，其二是文人仕宦的登临游历咏怀，其三是平民百姓

---

[1]　曲进贤主编：《泰山通鉴·卷首语》，齐鲁书社，2005年，第1页。

的朝山进香活动。三者虽然在目的性上与现代定义的"旅游"有着较大差异，但其活动的异地性却可被视为近代旅游活动的萌芽，并且帝王将相、文人墨客与平民百姓在泰山上的活动共同营造出今日泰山旅游资源的分布格局，积累起丰富的民俗叙事资源。

一、帝王的巡守封禅祭祀

泰山地区作为中华民族古代文明的发源地之一，早在远古时期的新石器时代就有人类在此繁衍生息。距今约 6 300～4 500 年的大汶口文化和距今约 4 600～4 000 年的龙山文化曾先后在泰山地区被发现，证明早在新石器时代晚期这里已有先民在此居住。先民们生活于艰苦恶劣的自然环境之中，出于自身的生存需求而产生了原始的自然崇拜，天地日月、山河草木无不成为崇祀的对象。泰山作为华北大平原中部的最高山脉，其拔地通天之势、高大雄伟之姿，使其成为中国较早的山岳崇拜的代表，成为黄河下游的先民们祭祀天地的神坛。

泰山之名，最早见于《诗经·鲁颂》："泰山岩岩，鲁邦所詹。奄有龟蒙，遂荒大东。至于海邦，淮夷来同。莫不率从，鲁侯之功。"[①]这篇最早描述泰山高大雄伟的文章，也成为旷世经典，被后人多加引用。而对泰山崇拜较为详细的记述则见于《礼记·王制》中：

> 天子五年一巡守。岁二月，东巡守，至于岱宗，柴而望祀山川，觐诸侯，问百年者就见之。命太师陈诗，以观民风；命

---

① 《十三经注疏·毛诗正义·鲁颂》，中华书局，1980 年，第 671 页。

市纳贾，以观民之所好恶，志淫好辟；命典礼考时月，定日同律，礼乐、制度、衣服正之。山川神祇，有不举者为不敬，不敬者君削以地；宗庙有不顺者为不孝，不孝者君绌以爵；变礼易乐者为不从，不从者君流；革制度衣服者为畔，畔者君讨；有功德于民者，加地进律。五月，南巡守，至于南岳，如东巡守之礼。八月，西巡守，至于西岳，如南巡守之礼。十有一月，北巡守，至于北岳，如西巡守之礼。归假于祖祢，用特。①

对于巡守制度的描述，在《尚书·舜典》中，也有同样的记述：

岁二月，东巡守，至于岱宗，柴，望秩于山川。肆觐东后，协时月正日，同律度量衡，五礼，五玉，三帛，二生，一死，贽，如五器，卒乃复。五月南巡守，至于南岳，如岱礼。八月西巡守，至于西岳，如初。十有一月朔巡守，至于北岳，如西礼，归，格于艺祖，用特。②

从中我们不仅可以了解巡守制度的全貌，还可以发现东岳泰山与南岳、西岳、北岳在巡守制度中的地位相同，所用礼仪完全一样，只是巡守的时间不同。巡守是上古时期君王对各地的武装巡视活动，有着威服四方、强化联盟、巩固王权的政治军事意义。巡守

① 《十三经注疏·礼记正义·王制第五》，中华书局，1980 年，第 1328 页。
② 《十三经注疏·尚书正义·舜典》，中华书局，1980 年，第 127 页。

中对四岳进行祭祀，行柴望之礼。柴望是远古先民在高山上祭祀神祇、乞求天地诸神佑安之仪，主要包括柴与望两部分，柴即在山顶燔柴以祭天，望即遥祭山川群神。柴望之礼是古时候山岳崇拜的典型表现，不仅将其作为神灵崇祀，而且借高增高，将山岳作为能与上天对话的祭台。"山岳则配天。物莫能两大，陈衰，此其昌乎！"① 足见山岳对于祭祀礼仪之重要。在巡守中泰山虽尚未形成"五岳独尊"的地位，但每一次巡狩，必先始于东岳泰山。而在日后的封禅制度中，泰山的地位更进一步得到提升，直至巅峰。

对于"封禅"的详细记述，最早见于《管子·封禅篇》，里面记述了春秋时期齐相管仲论封禅一段话，说齐桓公称霸后想行封禅之祀，管仲反对，认为古代封泰山、禅梁父的有七十二代的帝王，著名的有无怀氏、伏羲、神农氏、炎帝、黄帝、颛顼、帝喾、尧、舜、禹、汤、周成王等十二个，都是受命之后才举行封禅仪式的。他们那时候封禅，有嘉禾生出，凤凰来仪，种种祥瑞不召而至。这些祥瑞之兆又称"符瑞""符应""符命"，是帝王受命于天的凭证，借此可以至泰山行封禅之礼，否则便没有资格。而不能封禅于泰山，也就不能名正言顺的统治天下。齐桓公未得"符瑞"征兆，只好放弃了封禅的妄想。此文虽早已佚失，但司马迁在《史记·封禅书》中曾引用并演释这一内容，而且记载了舜、禹、秦始皇、汉武帝举行封禅的经过。此外，还有东汉班固所记《汉书》中的《祭祀志》等为数不多的篇目。

后来，唐代张守节在《史记正义》中对"封禅"进行了释义：

---

① 《十三经注疏·春秋左传正义》，中华书局，1980 年，第 1775 页。

此泰山上筑土为坛以祭天，报天之功，故曰封。此泰山下小山上除地，报地之功，故曰禅。言禅者，神之也。《白虎通》云："或曰封者，金泥银绳，或曰石泥金绳，封之印玺也。"《五经通义》云："易姓而王，致太平，必封泰山，禅梁父，何？天命以为王，使理群生，告太平于天，报群神之功。"[1]

从中我们可以知道何为封禅以及封禅的仪式，即在泰山顶上筑坛以祭天，在泰山脚下的小山上除地以祭地。也即《史记·封禅书》中的"登封报天，降禅除地"。其中还有将封禅所用的文书以"金泥银绳"或"石泥金绳"封之，埋于地下的仪式过程，也即《史记·封禅书》中的"飞英腾实，金泥石记"。同时，我们还可以看出封禅的目的是"报天之功""报地之功""报群神之功"以强调君权神授。所以自先秦以来，各朝均有帝王或亲临泰山封禅，或遣官员代祭。从巡守到封禅再到祭祀，对泰山的崇拜与信仰始终存在，而这些信仰下的祭祀活动也就成为了今日泰山旅游的滥觞，同时也为后世留下了诸多名胜古迹与传说故事。

公元前 221 年，秦始皇统一六国，在全国推行郡县制，在泰山附近设立"济北郡"，除了设置郡守外，还设置了泰山司空，管理泰山的祭祀工程。在完成统一大业之后的第三年（前 219），秦始皇率群臣东行郡县，祠驺峄山，颂功业。并召集齐、鲁之儒生博士七十人，至于泰山下，商议封禅望祭山川之事。诸儒生或议曰："古

---

① （汉）司马迁撰，（宋）裴骃集解，（唐）司马贞索引，（唐）张守节正义：《史记》，中华书局，2014 年，第 1631 页。

者封禅为蒲车，恶伤山之土、石、草、木；扫地而祠，席用苴秸，言其易遵也。"① 秦始皇认为难以施用，遂除车道，自泰山阳至巅，立石颂德，明其得封也。并从阴道下，禅于梁父。刻所立石，其辞曰：

> 皇帝临位，作制明法，臣下修饬。二十有六年，初并天下，罔不宾服。亲巡远方黎民，登兹泰山，周览东极。从臣思迹，本原事业，祗诵功德。治道运行，诸产得宜，皆有法式。大义休明，垂于后世，顺承勿革。皇帝躬圣，既平天下，不懈于治。夙兴夜寐，建设长利，专隆教诲。训经宣达，远近毕理，咸承圣志。贵贱分明，男女礼顺，慎遵职事。昭隔内外，靡不清净，施于后嗣。化及无穷，遵奉遗诏，永承重戒。②

秦始皇登封泰山，中途遇暴风雨，休于大树下，因而"封其树为五大夫"爵，从而留下了"五大夫松"的传说，而五大夫松也成为泰山上著名的景点。③

公元前 209 年春，秦二世胡亥继位，不久之后即东巡郡县，并命丞相李斯在秦始皇原刻石上再行刻辞。"二世元年，东巡碣石，

---

① （汉）班固撰，（唐）颜师古注：《汉书》，中华书局，2012 年，第 1096 页。
② （汉）司马迁撰，（宋）裴骃集解，（唐）司马贞索引，（唐）张守节正义：《史记》，中华书局，2014 年，第 312 页。
③ 对于秦始皇登山及避雨之处，《史记》与《汉书》记载有出入之处。《史记》载从阴道下，禅梁父途中遇雨，如此则五大夫松应在泰山北侧，然今之"五大夫松"在泰山南侧，故笔者更认同《汉书》记载，"始皇之上泰山，中阪遇暴风雨，休于大树下。"

并海，南历泰山，至会稽，皆礼祠之，而胡亥刻勒始皇所立石书旁，以章始皇之功德。"① 在泰山上的这块秦刻石，又称"李斯篆碑"，留存至今，仅剩残石两片，虽然只能辨认"斯……臣去疾……昧死……臣请……矣。臣"十字，但却是我国现存最古老的石刻之一，可谓是书法界的稀世珍宝，历经周折的秦刻石如今已经成为岱庙中的重要文物，游客至此都要一睹真容。

雄才伟略的汉武帝刘彻，在位期间曾八至泰山，五次修封泰山，是登封泰山次数最多的一位帝王。如此频繁的登封泰山，可谓对泰山情有独钟。

汉武帝第一次登封泰山，是在元封元年（前110），割泰山前赢、博二县奉祀泰山，名为奉高县。三月，汉武帝东上泰山，因泰山草木未生，乃令人上石立之泰山颠。四月，由海上返至奉高，"封泰山下东方，如郊祠泰一之礼。封广丈二尺，高九尺，其下则有玉牒书，书秘。礼毕，天子独与侍中奉车子侯上泰山，亦有封。其事皆禁"②。封禅结束后汉武帝在明堂接受群臣的朝贺，并改年号元鼎为元封。

第二次于元封二年（前109），过祠泰山。

第三次于元封五年（前106），"四月，至奉高修封焉"。古时天子封禅，在泰山东北建有明堂，处险不敞。汉武帝欲治明堂于奉高旁，但并不知晓其形制，济南人公玉带上黄帝时明堂图。

---

① （汉）班固撰，（唐）颜师古注：《汉书》，中华书局，2012年，第1099页。
② （汉）班固撰，（唐）颜师古注：《汉书》，中华书局，2012年，第1124页。

明堂中有一殿，四面无壁，以茅盖。通水，水圜宫垣。为复道，上有楼，从西南入，名曰昆仑，天子从之入，以拜祀上帝焉。于是上令奉高作明堂汶上，如带图。及是岁修封，则祠泰一、五帝于明堂上如郊礼。毕，燎堂下。而上又上泰山，自有秘祠其颠。而泰山下祠五帝，各如其方，黄帝并赤帝所，有司侍祠焉。山上举火，下悉应之。还幸甘泉，郊泰畤。春幸汾阴，祠后土。①

从这一记载中，可以发现汉武帝此次修封泰山，可谓声势浩大，不仅重新修建了明堂，而且从"山上举火，下悉应之"，也足见其规模之大。

第四次于太初元年（前104），再次巡幸泰山，"以十一月甲子朔旦冬至日祠上帝于明堂，［毋］修封。……十二月甲午朔，上亲禅高里，祠后土"。②

第五次于太初三年（前102），"复还泰山，修五年之礼如前，而加禅祠石闾"。③

第六次于天汉三年（前98），"其后五年，复至泰山修封，还过祭恒山"。④

第七次于太始四年（前93），"后五年，复至泰山修封。东幸琅邪，礼日成山，登之罘，浮大海，用事八神延年。又祠神人于交门

---

① （汉）班固撰，（唐）颜师古注：《汉书》，中华书局，2012年，第1131页。
② （汉）班固撰，（唐）颜师古注：《汉书》，中华书局，2012年，第1131—1132页。
③ （汉）班固撰，（唐）颜师古注：《汉书》，中华书局，2012年，第1131页。
④ （汉）班固撰，（唐）颜师古注：《汉书》，中华书局，2012年，第1134页。

宫，若有乡坐拜者云"①。

第八次于征和四年（前89），"后五年，上复修封于泰山。东游东莱，临大海。是岁，雍县无云如雷者三，或如虹气苍黄，若飞鸟集木或阳宫南，声闻四百里"②。

汉武帝在泰山上频繁的封禅祭祀活动，也给泰山留下了众多名胜古迹。如相传为汉武帝亲手所植的岱庙汉柏，虽已千年，至今仍流翠吐黛、葱茏苍郁。立于岱顶玉皇庙前的无字碑，作为封禅的封坛封石，已成为泰山封禅的重要标志。③ 而位于汉水之侧的汉明堂基址，虽只剩断壁残垣、瓦砾满地，但仍可想象当年的辉煌景象。另外，还有新甫山之甘露堂、望仙台、迎仙殿、侯城、汉武帝庙等遗迹，都吸引着无数后人前往观瞻凭吊。

图 2.1　泰山无字碑④

东汉时期，光武帝刘秀，于建武三十年（54）三月经过泰

---

① （汉）班固撰，（唐）颜师古注：《汉书》，中华书局，2012年，第1134页。
② （汉）班固撰，（唐）颜师古注：《汉书》，中华书局，2012年，第1134页。
③ 关于无字碑何时、何人所立，历代都有不同的说法，有秦始皇说、汉武帝说等观点，笔者较为认同是汉武帝封禅泰山时的"纪号碑"，参见刘慧《泰山"无字碑"考异》，http://www.mount-tai.com.cn/7963.shtml。
④ 泰山无字碑，左侧为郭沫若所题诗刻，上有"摩抚碑无字，回思汉武年"之句。拍摄者：程鹏，拍摄时间：2014年9月21日，拍摄地点：山东省泰安市泰山旅游风景区岱顶。

山，命官员祭祀泰山，建武三十二年（56）二月时，又亲自封禅泰山。

> 二月，上至奉高，遣侍御史与兰台令史，将工先上山刻石。……二十二日辛卯晨，燎祭天于泰山下南方，群神皆从，用乐如南郊。诸王、王者后二公、孔子后褒成君，皆助祭位事也。事毕，将升封。或曰："泰山虽已从食于柴祭，今亲升告功，宜有礼祭。"于是使谒者以一特牲于常祠泰山处，告祠泰山，如亲耕、貙刘、先祠、先农、先虞故事。至食时，御辇升山，日中后到山上更衣，早晡时即位于坛，北面。群臣以次陈后，西上，毕位升坛。尚书令奉玉牒检，皇帝以寸二分玺亲封之，讫，太常命人发坛上石，尚书令藏玉牒已，复石覆讫，尚书令以五寸印封石检。事毕，皇帝再拜，群臣称万岁。命人立所刻石碑，乃复道下。二十五日甲午，禅，祭地于梁阴，以高后配，山川群神从，如元始中北郊故事。①

从《后汉书》中的记载来看，光武帝刘秀此次封禅泰山，可谓是声势浩大、规模空前，众多的随祭人员中，不仅有汉宾二王与孔子后代，还有藩王十二也来助祭。其中汉官马第伯从光武帝登泰山，撰写了《封禅仪记》，对景物风俗有着详细的描述，是目前发现最早的泰山游记，也是中国最早出现的游记文学之一。除此之外，元和二年（85）二月，章帝东巡至泰山，举行柴祭，并于明堂

---

① （南朝宋）范晔撰，（唐）李贤等注：《后汉书》，中华书局，2012 年，第 2552 页。

祭祀。东汉延光三年（124）二月丙子，安帝东巡至泰山，也举行了柴祭。

魏晋南北朝时期，政局动荡，战乱频繁，没有大一统的太平盛世，也就没有举行大规模的封禅活动，取而代之的是帝王或亲至或遣使举行的一些小型祭祀活动。如北魏魏太平真君十一年（450）十一月，太武帝率军南下伐宋，经过泰山，行祭礼。魏孝文帝大和四年（480）七月巡行泰山。隋开皇十五年（595）正月，隋文帝东巡至泰山，柴燎祭天。

唐朝时期，国运昌盛、经济繁荣、四夷宾服，曾先后有两位帝王封禅泰山。麟德三年（666）春，唐高宗李治携皇后武则天封禅泰山。是时"车驾至泰山顿。是日亲祀昊天上帝于封祀坛，以高祖、太宗配飨。己巳，帝升山行封禅之礼。庚午，禅于社首，祭皇地祇，以太穆太皇太后、文德皇太后配飨；皇后为亚献，越国太妃燕氏为终献。辛未，御降禅坛"①。值得注意的是，皇后武则天参加封禅大典为"亚献"，越国太妃燕氏为终献，首开女性参加封禅大典的先河。另外，此次封禅活动，规模可谓空前，《册府元龟》中就记载：

> 从驾文武兵士及仪仗法物，相继数百里，列营置幕，弥亘郊原。突厥、于阗、波斯、天竺国、罽宾、乌苌、昆仑、倭国及新罗、百济、高丽等诸蕃酋长，各率其属扈从，穹庐毡帐及牛羊驼马，填候道路。是时频岁丰稔，斗米至五钱，豆麦不列

① （后晋）刘昫等撰：《旧唐书》，中华书局，2000年，第61页。

于市。议者以为古来帝王封禅，未有若斯之盛者也。①

从中可以发现，众多的随祭人员中还有诸蕃酋长等外国使臣，不仅反映了唐朝的繁荣与开放程度，也成为泰山中外交流史上的重要篇章。

除封禅外，唐高宗李治与皇后武则天还敕命道士郭行真至泰山岱岳观建醮造像。显庆六年（661），郭行真在岱岳观立一座双石条并套，同额同座的石碑，名为"岱岳观造像记碑"，人称"双束碑"或"鸳鸯碑"。高3.18米、宽1.05米，碑首作殿阁九脊歇山顶，碑文刻于碑身四周，共有题记24则，记录了唐朝140年间唐高宗等六帝一后派遣道士到泰山行建醮造像之事。该碑现存于岱庙碑廊之内，不仅成为游客观瞻的重要对象，也为后人研究唐代政治、宗教和历史提供了宝贵的资料。

图2.2　双束碑②

---

① （宋）王钦若等编纂，周勋初等校订：《册府元龟》，凤凰出版社，2006年，第374页。
② 拍摄者：程鹏，拍摄时间：2014年7月5日，拍摄地点：山东省泰安市岱庙碑廊。

　　开元十三年（725）十一月七日，唐玄宗李隆基从泰山南麓
登封泰山，在岱顶筑坛举行封禅大典。唐玄宗此次封禅泰山，同
样是规模宏大，史称"燎发，群臣称万岁，传呼自山顶至岳下，
震动山谷"①。而且与历代帝王封禅时不同的是其对玉牒的处理
方式。

　　　　帝因问："玉牒之文，前代帝王，何故秘之？"知章对曰：
　　"玉牒本是通于明神之意。前代帝王，所求各异，或祷年筭，
　　或思神仙，其事微密，是故外人莫知之。"帝曰："朕今此行，
　　皆为苍生祈福，更无私请。宜将玉牒出示百僚，使知朕意。"
　　其词曰："有唐嗣天子臣某，敢昭告于昊天上帝。天启李氏，
　　运兴土德。高祖、太宗，受命立极。高宗升中，六合殷盛。中
　　宗绍复，继体不定。上帝眷祐，锡臣忠武。底绥内难，推戴圣
　　父。恭承大宝，十有三年。敬若天意，四海晏然。封祀岱宗，
　　谢成于天。子孙百禄，苍生受福。"

　　不同于历代帝王专为自己"秘请"天神赐福的旧习，封禅不是
为满足个人欲望，而是为百姓苍生祈福，唐玄宗的非凡气度与开阔
心胸，由此也可见一斑。开元十四年（726），唐玄宗又亲自撰书
《纪泰山铭》，记述了封禅泰山的起因、规模和过程等内容，后镌刻
于泰山之颠的峭壁之上，即今岱顶大观峰上唐摩崖刻石。该刻石高

---

① （后晋）刘昫等撰：《旧唐书》，中华书局，2000 年，第 126 页。

1 320 厘米，宽 530 厘米，刻文为隶书，共 24 行，满行 51 字，铭文加题额共 1 008 个字。《纪泰山铭》，文辞雅驯，书法遒劲圆润、端庄浑厚，是唐隶的代表作之一，而且整体上布局匀称，结构严谨，气势雄伟，蔚为壮观，是泰山所存古代石刻中的经典之作，吸引着无数后人前往观瞻凭吊。

图 2.3　纪泰山铭①

此次封禅泰山，唐玄宗不仅大赦天下，赏赐官员，还"封泰山神为天齐王，礼秩加三公一等，近山十里，禁其樵采"②。对泰山神的加封和对泰山的保护，都有着重要意义。玄宗此次登封泰山，还留下了有关丈人的传说。唐代段成式的《酉阳杂俎》中记载，唐玄宗封禅泰山时，按照旧例，封禅后自三公以下都能迁升一级。而担任封禅使的中书令张说，却趁机将其女婿郑镒由九品骤迁五品、兼赐绯服。玄宗见郑镒骤升几级，感觉奇怪，问及此事，郑镒一时无言以对。优人黄潘绰奏曰"此泰山之力也"，后世遂以泰山作为丈人的代称。

---

① 拍摄者：程鹏，拍摄时间：2014 年 9 月 21 日，拍摄地点：山东省泰安市泰山旅游风景区岱庙。

② （后晋）刘昫等撰：《旧唐书》，中华书局，2000 年，第 126 页。

　　历史上最后一位在泰山上举行封禅大典的是宋真宗赵恒。为掩盖"澶渊之盟"之耻，企图以封禅泰山来"镇服四海，夸示外国"，宋真宗赵恒于大中祥符元年（1008）正月宣称有天书降于皇宫，下诏大赦天下，改元大中祥符。并于十月，奉天书至泰山，乘轻舆登岱顶，行封于日观峰，行禅于社首山。下诏改乾封县为奉符县，加封泰山神为"仁圣天齐王"。真宗后撰书《登泰山谢天书述二圣功德铭》，摩勒岱顶大观峰唐摩崖东侧，诏王旦撰《封祀坛颂》、王钦若撰《社首坛颂》、陈尧叟撰《朝觐坛颂》各立碑山下，以纪封禅之典。

　　宋真宗自导"降天书"闹剧虽为后世传为笑柄，但其封禅泰山却留下了众多遗产。其中既有宫观庙宇等建筑遗存，也有壁画等艺术形式，还有传说故事等非物质形态的口传叙事。如因天书再降于泰山脚下而修建的天书观、天贶殿，因其在岱顶玉女池所得石像，为供奉修建的昭真祠（即今之碧霞祠），以其封禅为蓝本绘制的壁画《泰山神启跸回銮图》，还有在今天登山道路上留下的回马岭、御帐坪等地名及传说。

　　明清时期，随着泰山信仰的世俗化，帝王已不再举行规模宏大的封禅大典，取而代之的是相对简化的巡游致祭。明永乐七年（1409）三月，明成祖东巡，驻东平，望祭泰山。明嘉靖十一年（1532）春，世宗为求子东巡，祭泰山。清朝康熙皇帝曾三次登临泰山拜祭泰山神，并两次登上了岱顶。康熙二十三年（1684），圣祖登岱顶，题"云峰"及"乾坤普照"，并亲至岳庙祭泰山神。传谕本年香税免予解部，用修岱顶诸庙。词人纳兰性德从帝登岱，赋《扈从圣驾祀东岳礼成恭纪》等诗记其祀仪。宫廷画师王翚等奉诏绘制《南巡图》，以图画形式记录圣祖南巡场景，其第三卷中就描摹了"皇帝由山路达泰安州""致礼于泰山"的场面。而宫廷画家为圣祖所绘《泰山图》长卷，从泰安城开端，依序展现岱宗坊至绝顶的景物，所绘峰峦庙宇图形逼真，色彩鲜艳，不仅是艺术珍品，也为我们了解当时的祭祀礼仪等提供了宝贵的资料。康熙巡幸致祭泰山，还有着一定的政治目的。他曾亲撰《泰山山脉自长白山来》，用以说明泰山实发龙于长白山。乾隆更是对泰山青睐有加，他曾十次巡幸泰安，拜谒岱庙，六次登上岱顶，留下了170

图 2.4　万丈碑①

多首赞美泰山的诗词佳作。其御赐岱庙镇山三宝、铜五供等物，都是泰山重要的文物。御风岩上气势雄伟的"万丈碑"石刻、岱庙中栩栩如生的《汉柏图》，都是其留于泰山的遗迹，成为今日泰山旅游的重要景观。

　　泰山对帝王宣扬其受命于天的政治统治有着重要意义，历代帝

---

① 拍摄者，程鹏，拍摄时间：2014 年 9 月 21 日，拍摄地点：山东省泰安市泰山旅游风景区。

王对泰山的巡守封禅致祭，对泰山神的加封，使得泰山的地位日益尊崇。而帝王的尊崇与敕封，不仅代表着无上的荣耀，而且也是举国家之财力修建宫观庙宇、碑廊题刻。被誉为"东方三大殿"之一的岱庙天贶殿、高山建筑的典范碧霞祠，这些雄伟气派的建筑也只有皇家支持才能完成。即使是题刻，气势雄伟的"纪泰山铭""万丈碑"也绝非普通人所能为。同时，历代帝王还一直对泰山的景物保护有加。早在春秋战国时就设有专门掌管泰山的岳牧专司泰山保护之责，其后历代均由朝廷派重臣任职保护泰山，并对泰山文物古迹屡加拓修。可以说，历代帝王为泰山留下了丰富的政治人文气息与宝贵的历史古迹，营造出今日泰山旅游资源的分布格局。帝王所祈求的国泰民安、"泰山安则四海皆安"的寓意，也逐渐深入人心，并促成了泰安这座城市的建立。

对于帝王的封禅祭祀行为，不仅有留存的物象景观参与叙事，历代史书也有着更为详细的记录，这些文字叙事为我们今日的研究提供了诸多史料。《史记》《汉书》《后汉书》等官修史书所代表的是官方叙事，体现着官方或主流的意识形态，是被纳入正史体系中的。一部泰山的封禅史，也是一个反映中华历史的镜像。从中不仅可以知晓当时的封禅礼仪等细节，也可以了解当时的经济文化水平及思想意识形态。今日泰山被列为世界遗产，其世界性很早便有所体现。其与域外的世界发生联系，在历代帝王的随祭使臣中便有所体现。公元前110年，汉武帝封禅泰山时，就有来自"安息"（今之伊朗）等国的使节随行。公元56年，汉光武帝封禅泰山，也有番王十二参与助祭。唐宋时期，随着国力强盛，对外开放的程度不断加强，也有越来越多的外国使臣参与封禅。在唐高宗、唐玄宗的封禅活动中，就有来自中亚、南亚、朝鲜半岛和日本等多个国家的使臣参与。在宋真宗封禅时，还有来自阿拉伯半岛与东南亚印尼等国的商人队伍。这些外国使臣的参与，增加了泰山与域外诸国的联系，使得泰山之名远播海外，如韩国就有许多与泰山有关的俗语和诗句。

关于帝王的活动不仅见诸于史书等官方叙事，因民间一直对帝王的生活有着好奇和想象，所以在民间文学作品中也存在着许多有关帝王的传说故事。这些传说故事参考官方叙事后不断地进行再生产，从而产生了许多异文。有些传说还能看出明显的官方叙事痕迹，有些则在反复流传过程中发生较大变异而与官方叙事有很大出入。泰山因其历史上有多位帝王曾经登临封禅祭祀，所以也被称作"帝王山"，有关帝王的遗迹和传说故事也颇多流传于世，民间对其反复解说，也就构成了民俗叙事中非常重要的一部分。

二、文人仕宦的游历

泰山在国人心目中的地位，除了帝王的尊崇之外，还有文人墨客的重要作用。历代文人的登临吟咏、搦管抒怀，为泰山留下了大量的诗文篇章。许多脍炙人口的名言诗句也流传至今，为泰山文化的形成增添了浓墨重彩的一笔。

在诸多登临泰山的文人中，孔子可以说是最著名的一位。明代《泰山志》说："泰山胜迹，孔子称首。"泰山上至今留存有"孔子登临处""孔子小天下处""望吴胜迹"等遗迹，而"苛政猛于虎""望吴胜迹"等相关传说也流传至今。泰山对于孔子来说，意义非同一般。"泰山岩岩，鲁邦所瞻。"孔子在其所删订的《诗经·鲁颂》就将泰山定位于鲁之"国山",而其思想、学说与文学创作都与泰山关系密切。主张"克己复礼"的孔子,对作为国之大典的泰山封禅极为重视,曾专门到泰山考察封禅制度,研究规范封禅礼仪。他还以泰山为依据,阐释"仁者乐山"的道理,表达其"仁"的核心思想。过泰山侧之虎山,见"有妇人哭于墓者哀",感叹"苛政猛于虎",其主张仁政的思想经过演变成为中国封建社会的统治思想。可以说,泰山文化借儒家思想得以扩展,也使儒家文化得以发扬光大。除此之外,其与泰山的不解情缘还体现在文学诸方面,其所作《龟山操》《邱陵歌》,借泰山景物起兴以抒情言志。晚年的孔子还以泰山自况:"泰山其颓乎! 梁木其摧乎! 哲人其萎乎!"而其弟子子贡也感叹:"泰山其颓,则吾将安仰?"孟子的一句"孔子登东山而小鲁,登泰山而小天下",使得人们将孔子与泰山相互比附,明代严云霄在《咏孔子庙》中说:"孔子圣中之泰山,泰山岳中之孔子。"这一评价可谓精辟。泰山与孔子在内在人格上的一致性、重叠性,也使泰山超越自然,融入众多人文内涵。

春秋末期,楚国琴师伯牙游历泰山。《列子·汤问》记载,伯牙游于泰山之阴,卒逢暴雨,正于岩下,心悲,乃援琴而鼓之。初为霖雨之操,更造崩山之音。伯牙与子期的知音故事,千百年来为世人所称颂。伯牙鼓琴,志在登高山,子期曰:"善哉,峨峨兮若泰山!"志在流水,子期曰:"善哉,洋洋兮若江河!"伯牙所念,子期必得之。高山流水之音千古流传,而与泰山之缘也被广为传颂。明隆庆六年(1572)万恭据此在经石峪旁建高山流水亭,为泰山平添一丝雅致和浪漫。

西汉时期著名史学家司马迁与泰山的情缘也异常深厚,在其

《史记·太史公自序》中曾写到，其父司马谈因留滞周南，未能随从汉武帝封禅泰山，因而抱憾终生，临终前，还"执迁手而泣曰：'……今天子接千岁之统，封泰山，而余不得从行，是命也夫，命也夫！'"①，足见泰山封禅在其心目中的地位。司马迁一生曾多次登临泰山，年少时奉父命南游，登泰山考察封禅遗迹，搜集传说。汉武帝历次登封泰山，司马迁皆从行，所著《封禅书》记述泰山封禅祭祀甚为详细。而在其《报任安书》中，司马迁将泰山融入千古名句"人固有一死，或重于泰山，或轻于鸿毛"，足见泰山的雄伟、稳重、庄严的形象已经深入人心，后世的众多成语、谚语、俗语也都表达了类似的观点。

三国时期，曹操、曹植父子撰写过多篇与泰山有关的诗作，是建安文学的代表之作。曹操多年征战于泰山周围，留有泰山诗二首。《蒿里》是一首以泰山为题写现实生活的名篇，揭示了战乱给泰山周围百姓带来的痛苦和灾难。《气出唱三首》这首游仙诗，以浪漫手法，描写了幻想周游海内，登上泰山，与仙人玉女遨游，饮玉浆玉液，得长生之道的情景。这两首诗，把民间诗歌引入文人创作，开创了"拟乐府诗"的传统。

建安七子的核心人物曹植，与泰山更是渊源极深。其一生，堪称是与泰山生死相随的。不仅生于泰山，其六处封地均与泰山相距不远，而其死后亦葬于泰山支脉鱼山。曹植曾多次登临游览泰山，在其诗作中，他将泰山作为自己建功立业的象征和寄托。在其《盘石篇》中，他更是直接宣称"我本泰山人"。其诗作《飞龙篇》《驱

---

① 司马迁：《史记·太史公自序》，中华书局，1982 年，第 3295 页。

车篇》《仙人篇》等都是与泰山有关的游仙诗，并且借此抒发了其内心强烈关心现实、渴望建功立业的政治热情，文辞瑰丽，想象丰富，具有很高的艺术水平。除此之外，还有一些反映现实的诗，如叙述泰山周围人民悲惨境遇的《泰山梁甫行》。后世对曹植的诗文评价很高，南朝刘宋时期的诗人谢灵运曾评价说："天下才共有一石，曹子建独得八斗。"而谢灵运这位才子，也是我国历史上伟大的旅行家，游泰山时曾写下《泰山吟》，其中"岱宗秀维岳，崔崒刺云天"一句更是流传千古，刻石于岱庙汉柏院。

唐代经济、文化繁荣，登临咏怀泰山的文人墨客也较多，而其中又以"诗仙"李白和"诗圣"杜甫最为有名。唐玄宗天宝元年（742）时，李白游历齐鲁登临泰山，留下了《游泰山》（六首），其中的"天门一长啸，万里清风来""凭崖望八极，目尽长空闲"等诗句，千百年来为人们所传诵。这些自由飘逸的游仙诗，同时也隐藏着深刻的现实意义。而《拟恨赋》则直抒胸臆的宣泄对人生、仕途的失望和哀叹。还有采用乐府古题，抒发进取精神的《梁甫吟》。三种风格，展现了李白丰富的思想情感与独特的性格。而杜甫登泰山所赋《望岳》，通过描绘泰山雄伟壮观的景象，展现了其豪情壮志。"会当凌绝顶，一览众山小"一句更是传诵千古。另外，高适、苏源明等诗人也留有多篇关于泰山的诗作。这些诗人在泰山的游历和创作，大大丰富了泰山的文化内涵。而其中的著名诗句，也成为导游讲解时经常吟诵的诗文。

宋代，泰山文化发展兴盛。石介、孙复、胡瑗三人在泰山著书立学，广招生徒，建立泰山书院，人称"泰山学派"，成为当时一支独秀的儒家学派、宋代理学的先声，受到宋代著名理学家程颐、朱熹等人的尊崇，被誉为"宋初三先生"。胡瑗讲学时曾"十年不归，得家书见有平安二字即投涧中，不复展读"，留下了"投书涧"的雅名轶事。

金元时期，文人士宦游览泰山者增多，不仅有诗文创作，亦有书法、绘画成果，为泰山文化的进一步发展添砖加瓦。元太宗八年（1236），元著名诗人元好问偕东平左副元帅赵天锡至泰安会见东平行台严实，曾游泰山、灵岩、龙泉诸寺，著《东游记略》及诗数十首，以写实手法详细叙述整个游览全程及见闻。延祐年间，元代著名书法家赵孟頫游岱期间，见岱岳观古柏苍翠，遂挥毫泼墨，留题"汉柏"二字，刻石岱岳观。

明代，随着碧霞元君信仰的兴盛和交通、食宿等的发展，到泰山游览者日益增多。其中的文人墨客，或利用职务之便，或过境泰安，或专程前来，在泰山上留下了众多诗文书画及题刻。画家王蒙任泰安知州期间，曾绘出一代名画《岱宗密雪图》，此外还著有《泰山》诗、《娄敬洞记》文，记述泰山游历。弘治十七年（1504）九月，刑部主事王守仁主持山东乡试期间，游览泰山，作有《泰山高》《登泰山五首》等诗。嘉靖二年（1523），通判司高诲掌泰山香税征收，因便于采访掌故，著有《泰山揽胜》三卷。诗人、山东按察副使王世贞多次登游泰山，作有《登岱》四首，后著《登泰山记》记其所历。相比于前朝，明代关于泰山的著述和游记明显增多，而且许多文人墨客多次登临，所著甚丰，其中的游记大多都对泰山的景物进行了细致的描写。戏曲家陆采登临泰山，著有《泰山稿》一卷、《揽胜纪谈》及《登泰山诗》等。诗人于慎行对泰山更是情有独钟，一生中曾七次登上泰山，留下了多篇咏写泰山的诗文，结集有《岱畎行吟》二卷及《东游记》一卷。同时，文人墨客在泰山上的题刻也日益增多。山东提学副使李三才游览泰山时，赋《暴经石水帘》诗，刊碑立于经石峪。诗人钟惺游览泰山时，作《岱记》及诗若干首，后汇为《舟岳集》，并题记于水帘洞、西天门、日观峰等处。万历三十七年（1609），著名的旅行家、地理学家徐霞客由十八盘一路登泰山绝顶，泰山雄伟壮丽之美景，令其叹服。另一位地理学家王士性登临岱顶，作有《登岱记》《登岱四首》等诗。书法家米万钟登泰山，作《行书登岱试卷》，是著名的书法瑰宝。除此之外，科学家宋应星在其《谈天》一书中，还根据其登泰山时所做天文观测，对泰山日出现象进行了诠说。

清代，文人仕宦游览泰山者更是多如过江之鲫，这一部分要归功于旅游六要素之一的"行"的进步。清代顺治十年（1653）修通京福官道，泰安成为南北通衢，交通更加便利，所以前来泰山的游客也大幅增加，而文人墨客也同样留有诸多诗文，甚至集结成册流传后世，而史志类文书在清代也大量出现。清代顺治十一年（1654），诗人阎尔梅登泰山，作有《登泰山》《日观峰》等诗。顾炎武游览泰山，不仅作有《登岱》诗，其所著《山东考古录》《肇域记》《金石文字集》中也多有关于泰山之记载，还著有泰山专著《岱岳记》四卷，可惜佚失。山东学政施闰章登泰山，作有《登岱》四首、《汉柏行》《泰山梁父吟》《岱岭夜雨》《五大夫松下看流泉》《雪中望岱岳》等诗，并预修《岱史》。诗人钱肃润撰写《泰山诗选》三卷成书。诗人桑调元游览泰山，有诗二百余首，也辑为《泰山集》三卷刊行。当然，许多文人都是多次登游泰山，如乾嘉年间诗人舒位数次游泰山，就作有《行经泰山有作》《重过泰山作》《泰山道中绝句》《题实夫〈泰山独眺图〉》诸诗及《书左彝泰山诗后》等文。乾隆五十六年（1791），学者、书法家翁方纲登泰山，作有《望岳》《登岱》《岱庙汉柏歌》等诗，两年后再登，又作《登岱》《岱云会合图》等诗。山东按察使孙星衍数游泰山，有记岱诗文多篇及《泰山石刻记》等作。魏源数次游览泰山，有《岱山经石峪歌》《岱岳诸谷诗》《岱岳吟》等诗十余首。

除了诗文之外，许多文人墨客也留意到泰山丰富的风物传说轶事，在自己的作品中有诸多体现。如蒲松龄曾多次到泰山，不仅作有《登岱行》诗及《秦松赋》等，而且在其《聊斋志异》中有关泰山的作品更达到 26 篇，约占全部篇目的百分之五。纪昀在其《阅微草堂笔记》中，也收录了许多泰山的掌故轶事。而刘鹗也曾多次登览泰山，在其所著长篇小说《老残游记二集》中，多有述及泰山风物。上承元明，戏曲在清代有了较大的发展。康熙五十七年（1718），戏曲作家朱瑞图刊行所著《封禅书传奇》，剧作共六卷四十二出，演司马相如献赋及汉武帝东封泰山故事，为泰山题材的戏曲名作。

另外，清代还出现了多本绘图集刊。乾隆十五年（1750），画家朱云爆登泰山，绘图多帧，并配有诗文，后合刊为《岱宗纪》又名《岱宗大观》。乾隆三十八年（1773），画家罗聘应泰安知府朱孝纯之邀至泰安，三登岱宗，图绘胜迹，并著有《登岱诗》二卷。济宁运河同知黄易登泰山，撰《岱岩访古日记》，又绘粉本二十四幅，题曰《岱岳访碑图册》题跋。

题刻方面，著名书法家、两江总督铁保游览泰山时，书杜甫《望岳》诗，刊于对松山岩壁。张睿登泰山时，不仅作有《汉柏》

《唐槐》等诗，还与浙江提督吴长庆等同题名于中天门北山崖。书法家吴大澂游泰山，书《汉镜铭》《琅玡台秦篆》，"秦松""虎"及杜甫《望岳》诗，并摩刻于石。

此外，宣统二年（1910），地理学家张相文至泰山考察，历览岱阳、岱顶、及岱下岳庙、汉明堂、灵应宫、社首山诸胜，不仅有游记文及《登岱感赋》《泰山碧霞元君庙》等诗，在民国时期还与章太炎通信讨论泰山山脉之起。

如果说帝王的巡守封禅祭祀活动塑造了泰山的物质外形的话，那么文人墨客的登临吟咏题刻，则赋予了泰山更多的人文精神气息。文人墨客的登临游览，是一种精神文化活动。在文人的笔下，泰山是雄伟稳重的象征，这一形象经由渲染，日益深入人心。文人墨客的诗文歌赋，或付梓刊印，或刻于崖壁，或口头流传后世，成为脍炙人口的绝句。不同于官方叙事的"一本正经"、平铺直叙，泰山的文人叙事，充满了浪漫的想象、夸张的比喻，瑰丽多彩的语言是其一大特色。作为叙事主体之一，文人的身份具有双面性，他们虽然来自民间，但又通过科举考试而向上层统治阶级流动。文人叙事不仅受官方意识形态的影响，也会从民间叙事中汲取营养。在内容上，既有严谨的史书方志，也有想象力丰富的笔记小说，如蒲松龄的《聊斋志异》、纪昀的《阅微草堂笔记》都收录了关于泰山的民间传说，这些文字记录也推动了泰山传说的传承，口头叙事与文字叙事交相辉映。同时，文人叙事也会影响民间叙事，如诗句文章凝练之后，会变成简短通俗的俗语而广泛流传，如司马迁的"人固有一死，或重于泰山，或轻于鸿毛"，也以简略的"重于泰山"而流传千古。而关于文人登临吟咏题刻等内容的传说故事，也成为泰山重要的民俗叙事资源。

三、平民百姓朝山进香的信仰活动

除了官方对泰山的封禅与祭祀以及对泰山神的加封和推崇之外，在民间信仰中，泰山也是民众崇拜的对象。泰山崇拜是一个信仰的综合体，古老的泰山崇拜包含着对天地的崇拜、对山岳的崇拜、对东方的崇拜、对太阳的崇拜、对灵石的崇拜、对祖先的崇拜以及对灵魂的崇拜等。百姓信众前往泰山朝山进香许愿者，其数量之多要远超帝王将相文人墨客，虽然历代史书典籍记录者甚少，但我们通过梳理泰山宗教信仰的发展，可以从侧面了解相关的信众及信仰习俗等情况。

对泰山的信仰最早源于先民对山岳的崇拜，根据相关考古发现，早在新石器时代，泰山就被先民作为崇拜祭祀的对象。而先秦文献《尚书》《礼记》《公羊传》《谷梁传》等也有天子巡狩以及诸侯汤沐之邑等记载。然而对泰山的祭祀虽是天子专属，但其地位却并未凸显。

战国时期，齐国学者邹衍提出阴阳五行学说，对泰山信仰产生了巨大影响。在五行系统中，因泰山地处东方，在五行中属"木"，在五常中为"仁"，在四时中为"春"，在周易八卦之中处于"震"位，在二十八星宿中属苍龙。所以泰山也就有了阴阳交替、生发万物等象征意义。后来，邹衍在五行思想的基础上发展出"五德终始论"，用以解释社会历史发展和王朝更替。五行相生相克，所代表的王朝兴衰更替，这种天命观最终发展成天人感应的封禅说。而帝王的封禅，使得泰山的地位日益尊崇，逐渐超越其他山岳。自秦皇汉武封禅以来，泰山不仅是作为祭祀天地的神坛，其自身也逐渐神格化。

西汉时期出现了"泰山治鬼说"，将泰山神作为阴间的主司。在罗振玉编纂的《贞松堂集古遗文》卷十五中，有两则镇墓券。《刘伯平镇墓券》上有"生属长安，死属大山，死生异处，不得相仿"之语，《残镇墓券》有"生人属西长安，死人属太山"的铭文。[①] 可见魂归泰山的观念在当时已经出现，而东汉时这一说法更加普及。《后汉书·乌桓传》中就记载"俗贵兵死，敛尸以棺，有哭泣之哀，至葬则歌舞相送。肥养一犬，以彩绳缨牵，并取死者所乘马衣物，借烧而送之，言以属类犬，使护死者神灵归赤山。赤山在辽东西北数千里，如中国人死者魂神归岱山也"[②]。而在三国魏晋时期的文学作品中，这一说法也有许多例证，如西晋陆机的《泰山吟》中就有"幽涂延万鬼，神房集百灵"的诗句。道教兴起后，将"泰山治鬼说"采而录之，"泰山府君"这一形象日渐深入人心，成为掌管幽冥地府的神灵。泰山神的这一职责，不仅造就了蒿里山、奈何桥等景点，更营造出泰山从地府到人间再到天上的"三重空间"格局：泰城西南从奈河往西直至蒿里山一带为"阴曹地府"，山脚下的泰安老城区为"人间闹市"，而从岱宗坊往上直至南天门则可到达岱顶的"天界仙境"。

另外，佛教传入中国后，也与中国的本土文化相结合，其中表现之一就是将泰山治鬼之说纳入佛教体系，许多译经也将佛教中的

---

① 罗振玉编纂：《贞松堂集古遗文·卷十五·地券》，北京图书馆出版社，2003 年，第 360—361 页。

② （南朝宋）范晔撰，（唐）李贤等注：《后汉书》，中华书局，2012 年，第 2396 页。

地狱与泰山相对应。在南北朝时期，佛教传入泰山，一批佛教高僧卓锡于此，神通寺、灵岩寺、竹林寺、普照寺等在泰山先后建立。被誉为"榜书第一""大字鼻祖"的经石峪《金刚经》刻石，也是这一时期佛教在泰山传播的重要遗迹。佛道两教的发展传播及彼此之间的借鉴与互动，不仅使泰山神作为冥府之主的形象更加深入人心，而且使原本抽象模糊的自然山岳之神逐渐人格化。

图 2.5　经石峪①

隋唐时期，统治者大都对佛、道两教持推崇的态度，泰山的佛教与道教进入了发展的鼎盛时期。佛教禅宗兴盛，在岱阴大举摩崖

---

① 拍摄者：程鹏，拍摄时间：2019 年 4 月 14 日，拍摄地点：山东省泰安市泰山旅游风景区。

造像，灵岩寺发展壮大，唐代李吉甫编纂的《十道图》中，将其与浙江天台山的国清寺、江苏南京的栖霞寺和湖北江陵的玉泉寺共同誉为"域内四绝"。道教宫观林立，帝王屡次到泰山斋醮、造像、投龙，道士郭行真奉敕命为高宗与皇后武则天至泰山岱岳观建醮造像所立"双束碑"就从一个侧面反映了当时泰山道教的发展状况和帝王对泰山的垂青。泰山神人格化后，历代帝王对泰山神尊崇有加，不断对其加封。唐武后垂拱二年（686），封泰山神为"神岳天中王"。武后万岁通天元年（696）又尊为"天齐君"。唐玄宗开元十三年（725）加封"天齐王"。唐代礼乐制度日趋完善，对泰山的祭祀被正式纳入国家祭祀体系，在对岳镇海渎的祭祀中，首推五岳，而五岳之中又首举泰山，其五岳独尊的地位日益凸显。除了唐高宗与唐玄宗两次较大规模的封禅大典之外，唐中宗、睿宗、代宗都或遣使或亲至泰山祭祀。并且唐代祭祀泰山神已有上中下三庙：上庙即岱顶大观峰前东岳庙，中庙即王母池西侧的岱岳观，下庙即岱庙。足见泰山之神信仰在当时的兴盛。

宋真宗大中祥符元年（1008）封禅礼毕，"诏加号泰山天齐王为仁圣天齐王。五年（1012）又诏加东岳曰天齐仁圣帝"。[1] 大中祥符三年（1010），宋真宗降敕称："越以东岳地遥，晋人然备蒸尝，难得躬祈介福，今敕下从民所欲，任建祠祀。"[2] 各地纷纷建立东岳庙，泰山信仰日益深入人心，并且已经出现了专门祭祀泰山

---

① （元）马端临：《文献通考·卷八十三·郊社考·祀山川》，浙江古籍出版社，2000年，第758页。

② （宋）王鼎：《大宋国忻州定襄县蒙山乡东霍社新建东岳庙碑铭》，载《续修四库全书·史部·山右石刻丛编·卷十二》，上海古籍出版社，2002年，第268页。

神的香社，其组织形式已经相当成熟。另外，完整意义上的东岳庙会已确定并发展成熟，成为影响巨大的民俗节日。《水浒传》中所描写的"岳庙打擂"就反映了当时东岳庙会的繁盛景象。

金元之际，泰山信仰更加兴盛，元至元二十八年（1291）又诏封泰山神"天齐大生仁圣帝"，不仅东岳庙如雨后春笋般在各地广泛建立，而且泰山东岳庙会也进一步繁荣。然而平民百姓对泰山的崇祀却引起士人的不满，至元二十八年（1291）东平人赵天麟上策元廷"东岳泰山，本为天子封禅、藩侯当祀之地，现在有倡优戏谑之流，货殖屠沽之子，每年春季，四方云聚，有不远千里而来者，有提挈全家而来者，干越邦典，渫渎神明，停废产业，耗损食货亦已甚矣。"① 将对泰山神的祭祀列为王侯特权而拒平民于门外，逐渐使泰山神的信众发生分流。随着封禅大典的终结，泰山神的地位在明清时期也大为降低。明洪武三年（1370）下诏去泰山神封号，改称东岳泰山之神。泰山五岳独尊的地位已不甚明显，与其他四岳至四海、四渎的地位趋于平等，成为国家郊祀之陪祀神，其信仰在明清两代由盛转衰。

与此相反，泰山女神碧霞元君的信仰则在明清时期发展兴盛，其信众之多、影响之广已经远超泰山主神东岳大帝，成为民众信仰的主体。虽然对于碧霞元君的起源时间说法不一，但其前身泰山玉女的形象，最早可以追溯到汉代的道书、诗歌中，在曹操、曹植、李白等人的游仙诗中也都有对泰山玉女的描绘。然而这些景象大多

---

① （元）赵天麟：《太平金镜策·卷四·停淫祀》，载《续修四库全书·史部》，上海古籍出版社，2002年，第219页。

都是诗人想象的画面，并没有相关史料记载对其信仰之事。直至宋真宗封禅泰山之后，其信仰才逐渐兴起。至北宋中期，泰山上已建起玉女祠，并得到上至权贵下至平民的信众拜谒。然而直到明初，其始终未纳入国家祀典之中，其民间杂祠甚至淫祠的性质，也不时成为封建士大夫攻击的对象。碧霞元君地位低下，只能依附于泰山神。在元代，道教徒借助泰山神的正统地位，将碧霞元君附会为泰山神之女，将其纳入道教体系，并通过撰写经典、重建庙宇、敕封庙额等方式，使其逐步得到朝廷的认可。而在民间，由于"元君能为众生造福，如其愿。贫者愿富，疾者愿安，耕者愿岁，贾者愿息，祈生者愿年，未子者愿嗣。子为亲愿，弟为兄愿，亲戚交厚靡不交相愿，而神亦靡诚弗应"①，其神通广大，使其得到社会各个阶层的普遍信奉，甚至得到朝廷的加封和致祭，其祠宇也得以多次重修和赐额。同时，其行宫庙宇也在大江南北纷纷建立，其庙宇在泰山上的分布甚至已远远超过泰山神。另外，在民间香社的奉祀中，碧霞元君也取代东岳大帝成为主神。甚至出现"只知有娘娘，不知有东岳"的现象。

除此之外，与泰山有关的另一重要信仰则是泰山石敢当。石敢当习俗起源于远古的灵石崇拜，有灵石可抵挡一切之意。秦汉时期，就已出现"灵石镇宅"的习俗。最早出现"石敢当"的文字见于西汉史游的《急就章》，里面有"师猛虎，石敢当，所不侵，龙未央"的语句，根据这一记载，可以得知"石敢当"三个字在当时

---

① （明）王锡爵：《东岳碧霞宫碑》，载民国《重修泰安县志》卷十四《艺文志·金石》，民国18年［1929年］。

已经具有了镇灾厌殃的意义。

国内关于石敢当出土的最早史料记载是在唐末。据宋代人王象之《舆地碑目记》记载：宋代庆历年间，福建莆田县令张纬维修县治，出土一块石碑，上刻"石敢当，镇百鬼，厌灾殃，官吏福，百姓康，风教盛，礼乐张。唐大历五年县令郑押字记"诸字。此时的石敢当是埋于地下，而非现在我们所常见的立于墙壁屋角等地。现存最早的石敢当的实物则是在福建省福州市郊高湖乡江边村发现的一块宋碑。它高约 80 厘米，宽约 53 厘米，其上横书"石敢当"三字，其下直书文字为："奉佛弟子林进晖，时维绍兴载，命工砌路一条，求资考妣生天界。"这是一块南宋的"石敢当"碑，其功用在镇路护道，筑路人希望通过修路行善，以超度父母往生天界。[①]这一石碑的发现为泰山石敢当是远古人们对灵石崇拜遗俗的说法，提供了一个佐证，而此时的石敢当石碑则是立于路边。从埋于地下到立于路边桥头、房前屋后，其位置的变化反映了其功能从单纯的镇宅镇鬼到驱邪挡煞的拓展。

在"石敢当"前面加上"泰山"二字成为"泰山石敢当"，其出现的年代，随着考古发现而不断前移。根据最新的考古发现，一尊金代"泰和八年"（1208）的石敢当造像，表明"泰山石敢当"在宋金时期就已出现。[②]宋金时代出现泰山石敢当，这和泰山信仰发展与演变的历史以及泰山信仰在整个中国社会文化发展中所占有的重要历史地位是相吻合的。作为中国山岳崇拜代表的泰山信仰，

---

① 陶思炎：《石敢当与山神信仰》，《艺术探索》2006 年第 1 期，第 44 页。
② 刘小东，泰安发现金代"石敢当"造像，或为现存最早"石敢当将军像"，腾讯网，https://new.qq.com/omn/20190514/20190514A0EDIQ.html。

与灵石崇拜代表的石敢当，在"山"与"石"这两种互相联系的观念方面，本来就有十分容易结合在一起的基础；在宋代泰山信仰十分盛行的背景下，泰山信仰在历史发展过程中所逐渐具备的通天、求仙、泰山治鬼、地狱观念、平安吉祥等固有内容，与石敢当的驱邪压秧镇鬼等文化内涵，自然就融合在了一起。[①] 而泰山与石敢当的结合，还体现在用泰山石刻写石敢当。因为人们相信：石自山出，山为石之母，既然泰山为灵山，那泰山石也具有灵性，拥有一块泰山石刻写的泰山石敢当，不仅有了镇灾保平安的功效，还拥有了泰山的灵气。直至今日，这种以泰山花岗岩为材质刻写的泰山石敢当依然为百姓所青睐，并成为泰山上重要的旅游商品。

在长期的历史发展过程中，关于石敢当的神话、传说、故事等日益增多，人们忙于为石敢当追根溯源，而使其日益人格化。有人将石敢当附会为五代时刘知远手下的勇士，有传说其为泰山脚下桥沟村（今泰安市岱岳区徂徕镇桥沟村）的一位壮士，从而使石敢当逐渐衍化为一位将军形象（俗称石将军）或壮士形象。另外，明代的时候，在泰山周边地区，石敢当还衍化出人格化的"石大夫"信仰，其功能也由原来的镇宅避邪，进而增加了治病驱邪的功能。

随着泰山文化和泰山信仰的发展传播，泰山石敢当习俗在国内外得到广泛的传播，不仅遍及大江南北和港澳台地区，还传播至日本及东南亚地区，并且与当地的信仰文化结合，从而产生许多独特的传说、形态、仪式和功能。

---

① 叶涛：《泰山石敢当》，浙江人民出版社，2007年，第20页。

图 2.6　泰山石敢当雕塑①

在梳理泰山信仰的发展过程中，我们不仅可以看到国家祀典与民间信仰的交织与互动，还会发现佛道两教尤其是道教对民间信仰的吸纳。泰山作为中国文化的一个代表，在信仰上亦可见一斑。在泰山上，佛道儒三教并存，彼此对立又相互借鉴利用。宋元以后，三教逐渐合一，泰山宗教信仰更多的呈现出民间化、世俗化倾向，它独立于国家祀典之外，拥有广大信众。这些遍布四海的信众，正是泰山朝圣旅游的主体。除了近距离的个人进香之外，一般距离较远的信众更多的采用结社的方式。

---

① 拍摄者：程鹏，拍摄时间：2014 年 7 月 11 日，拍摄地点：山东省泰安市岱庙南广场。

　　根据现有史料记载，至迟在五代时期，以泰山神灵为奉祀主神的香社已经发展成熟，此时香社主要奉祀的是东岳大帝。历代帝王对泰山神的不断加封，使其逐渐人格化，不仅拥有了妻子儿女，而且确定了诞辰之日。在南宋吴自牧的《梦粱录》中就已经明确提到三月二十八日是东岳圣帝诞辰。此日前后，不仅是东岳庙会会期，而且各地大量有组织的香社也都前来朝山进香。"世俗鄙俚，以三月二十八日为东岳圣帝生朝，合郡男女于前期，彻昼夜就通衢礼拜，会于岳庙，谓之朝岳，为父母亡人拔罪。"① 此时的香社，不仅组织完备，而且进香仪式也逐渐完善。

　　明清时期，随着碧霞元君信仰的兴盛，泰山香社的奉祀主神逐渐由东岳大帝变为碧霞元君。尤其是明代中后期直至清朝中叶，泰山香社异常繁荣，以碧霞元君为崇祀主神的香社活动在泰山空前增多，而且香社在组织和仪式等方面都更加完备。香社组织信众前往泰山朝山进香，具有一定的包价旅游的性质，可以说是近代旅行社团队旅游的一种雏形。同时，为方便香社和香客朝山进香活动的各种设施和服务也都更加齐全。明末清初，西周生创作的长篇世情小说《醒世姻缘传》中，就有对泰山香社、香客店等的描写，天南地北的香客信众纷至沓来，"一为积福，一为看景逍遥"，描绘了泰山朝圣旅游的繁荣景象。明末清初散文家张岱在其《岱志》中就描绘了泰安香客店的繁盛：

① （宋）陈淳著，熊国祯、高流水点校：《北溪字义·鬼神·论淫祀》，中华书局，1983年，第63页。

离州城数里，牙家走迎，控马至其门。门前马厩十数间，妓馆十数间，优人寓十数间。向谓是一州之事，不知其为一店之事也。到店，税房有例，募轿有例，纳山税有例。客有上中下三等，出山者送，上山者贺，到山者迎。客单数千，房百十处，荤素酒筵百十席，优侯弹唱百十群，奔走祗应百十辈，牙家十余姓。①

后来他又在其《陶庵梦忆》中以《泰安州客店》为名，详细描述了进香泰山时所见到的客店情景：

客店至泰安州，不复敢以客店目之。余进香泰山，未至店里许，见驴马槽房二十三间；再近有戏子寓二十余处；再近则密户曲房，皆妓女妖冶其中。余谓是一州之事，不知其为一店之事也。投店者，先至一厅事，上簿挂号，人纳店例银三钱八分，又人纳税山银一钱八分。店房三等。下客夜素、早亦素，午在山上用素酒果核劳之，谓之"接顶"。夜至店，设席贺。谓烧香后，求官得官，求子得子，求利得利，故曰贺也。贺亦三等：上者专席，糖饼、五果、十肴、果核、演戏；次者二人一席，亦糖饼，亦肴核，亦演戏；下者三四人一席，亦糖饼、肴核，不演戏，用弹唱。计其店中，演戏者二十余处，弹唱者不胜计。庖厨炊爨亦二十余所，奔走服役者一二百人。下山

① 张岱：《岱志》，转引自山东省地方史志编纂委员会《山东省志·泰山志》，中华书局，1993年，第518页。

后，荤酒狎妓惟所欲，此皆一日事也。若上山落山，客日日至，而新旧客房不相袭，荤素庖厨不相混，迎送厮役不相兼，是则不可测识之矣。泰安一州与此店比者五六所，又更奇。①

从这家香客店的接待规模来看，我们不难想象当时泰山香社的繁盛景象，而且"泰安一州与此店比者五六所"更是揭示了当时泰山进香之旅者众多。同时，客店还针对不同层次的消费群体提供了多样化的服务项目，而投店者"上簿挂号"的操作、缴纳店钱与山税的捆绑销售，也都反映了当时的客店已经具有了较高的经营管理水平。

明末清朝，朝代更替，战乱导致时局动荡，来泰山的香客锐减，香客店出现一段低谷时期，直至康熙年间才逐渐恢复。从康熙一直到乾隆年间，前往泰山进香的香客都络绎不绝，以致泰安城内旅店业极其兴盛，据张体乾《东游记略》记载，"泰安城西刘氏客馆，馆可容千余人"，"邻宋氏且容三千人不止也"②。如此规模的香客店，经过百余年的发展，至清末在泰城已经多达八家，这便是当时泰安赫赫有名的"八大店"：张大山店、刘汉卿店、宋海扬店、夏金章店、徐默阳店、刘岱阳店、王炎店、唐家店。八大店各有特色，如刘汉卿店的戏班最为著名，民间有"待要听，刘汉卿"之说。香客店与香社唇齿相依，香社为香客店提供稳定的客源，香客店为香社提供诸多方便。如为满足香社进香仪式的需求，香客店提供"接顶"等服务，店内往往还设有碧霞元君的小庙，有时还派人

---

① （明）张岱：《陶庵梦忆·西湖梦寻》，上海古籍出版社，1982年，第39—40页。
② （清）张体乾：《东游记略》卷上，转引自曲进贤主编：《泰山通鉴》，齐鲁书社，2005年，第191页。

给香社当向导，可以说是今日导游的雏形。

另外，至少从明成化年间开始，泰山上就已经开始征收香税，并形成了一套完整的管理体制。根据查志隆《岱史·香税志》记载：

> 旧例总巡官一员，于府佐内行委，专一督理香税，上下稽查，是其责也。分理官凡六员，于州县佐贰官内行委，坐定遥参亭二员，一收本省香税，一收外省香税，俱填单给与香客；玄武门一员，收山后香税，亦给单；红门、南天门各一员，俱验单放行；顶庙碧霞宫门上一员，查放香客出入。①

对于香税的金额，规定：

> 旧例本省香客每名五分四厘，外省香客每名九分四厘，俱店户同。香客赴遥参亭报名纳银，领单上顶。近自万历八年，有外省香客冒充本省报名，短少香税者，因改议，不分本省、外省，香客一例香税银八分。②

在张岱的《岱志》中记载：泰山香客"合计入山者日八九千人，春初日满二万，山税每人一钱二分，千人百二十，万人千二百，岁入二三十万"③。可见当时泰山香客之众、朝圣旅游之盛。虽然有大臣以淫祀为由上书反对征收香税，但香税越来越成为国家

---

① 转引自马铭初、严澄非：《岱史校注》，青岛海洋大学出版社，1992年，第188页。
② 转引自马铭初、严澄非：《岱史校注》，青岛海洋大学出版社，1992年，第189页。
③ 张岱：《岱志》，转引自山东省地方史志编纂委员会：《山东省志 泰山志》，中华书局，1993年，第518页。

财政收入的一项重要来源，以至于香税的价格也不断提高，到康熙初年曾达到五钱，以至于一些贫困的香客因交不起香税而无法进山。为应对香客减少对泰安地方经济的影响，地方官府还采用过特定时期免征香税的办法，现存于遥参亭康熙四十年（1701）二月所立的"开山碑"，就显示了当时从正月初八至十八日"开山"免征香税的做法。雍正十三年（1735）乾隆皇帝即位，下诏永禁泰山香税：

> 朕闻东省泰山，有碧霞灵应宫，凡民人进香者，俱在泰安州衙门输纳香税，每名输银一钱四分，通年约计万金。若无力输税者，即不许登山入庙。此例起自前明，迄今未革。朕思小民进香祈祷，应听其意，不必收取税银，嗣后将香税一项永行蠲除。①

图 2.7 清同治三年（公元 1864 年）泰山香税票②

并命人立《裁革香税碑》于岱顶碧霞祠。然而根据泰安市档案馆所藏一件清同治三年（1864）的泰山香税票可以发现，清朝晚期，泰山上又开始征收香税。

泰山香税基本上可以看作是

① 转引自马铭初、严澄非：《岱史校注》，青岛海洋大学出版社，1992 年，第 190 页。
② 现存于泰安市档案馆，图片来源：大众日报，2015 年 9 月 11 日，http://paper.dzwww.com/dzrb/content/20150911/Articel27004MT.htm。

现代旅游业门票管理制度的一种早期形式，丰厚的香税收入不仅成为国库收入的一项重要来源，也为泰山上宫观的修葺及道路修建等事项提供了资金支持。时至今日，门票仍然是泰山旅游风景区的一项重要收入，也是其作为世界遗产管理维护的重要资金来源。

图 2.8　泰山香社碑①

　　除了香税的收入数额，我们还可以从香社碑及香客的题刻发现明清时期民众到泰山进香活动的繁盛程度。袁明英主编的《泰山石刻》、姜丰荣编的《泰山石刻大观》、泰安市文物局编的《泰山石刻大全》中都收录了数千条泰山碑刻资料，其中就有许多是泰山香社碑及香客的题刻。叶涛经过多年的考察研究，发现与泰山香社活动

---

①　拍摄者：程鹏；拍摄时间：2010 年 4 月 14 日；拍摄地点：山东省泰安市泰山旅游风景区。

有关的碑刻在泰山南麓就有 173 通，在北麓则有 190 通，另外还有数以千计的碑刻被毁坏或改作他用。① 孟昭锋在其《明清时期泰山神灵变迁与进香地理研究》中则搜集了 504 通香社碑。② 当然，我们必须清楚，这些在泰山上留下香社碑或者题刻的，只是极其少数。大多数的香客都只是泰山上的匆匆过客，他们既不能像帝王将相一样留垂青史，也无法像文人墨客一样留下吟咏千古的诗句，甚至简单的立碑刻石也可能是奢侈。然而，数量庞大的平民百姓在泰山上依然留下了宝贵的遗产：或奇幻或诙谐或感人的神话、传说、故事，短小精悍的谚语、俗语，朴实的信仰行为仪式等等。以碧霞元君信仰为例，其信仰兴盛不仅表现在庙宇行宫众多，而且还流传着众多传说故事，如《碧霞元君与老佛爷争泰山》《白氏郎的故事——泰山众神的由来》等③，为泰山庙宇的分布格局提供了艺术化的阐释；信众为求子而盛行的押子、拴子习俗，以及求子谚语"头上戴朵花，媳妇来到家；头上戴个枝，回家抱孙子"，为祛病而用铜钱摩抚碧霞祠御碑，而留下的俗语"铜碑磨，御碑蹭，小孩子戴上不生病"，流传至今。所有这些民众的表达都构成了泰山的民间叙事，它不仅包含了口耳相传的口头文学，也包含了众多的物质遗存，以及至今民众仍在用身体践行的仪式行为。语言、物象与行为三位一体的叙事体系，完整的呈现出民众对泰山的认知和对平安

---

① 参见叶涛：《泰山香社研究》，上海古籍出版社，2009 年，第 427—443 页，附录四《泰山香社碑目录》。

② 孟昭锋：《明清时期泰山神灵变迁与进香地理研究》，暨南大学硕士学位论文，2010 年，第 34 页。

③ 参见附录二：泰山民间叙事文本选录（一）（二）。

幸福的祈求，是泰山民俗叙事的重要内容。

第二节　泰山现代大众旅游的发展

清末民初，泰山旅游进入到一个新的阶段，现代意义上的旅游业开始兴起，交通、食宿都较古代发生了较大的进步，旅行社诞生并开始涉足泰山旅游业务，旅游指南、旅游广告开始出现。而且这一时期国人对西方世界和现代科技的了解增多，世界观也发生了一些变化。不再以天朝大国自居，能够以更加平和的心态、平等的视角来看待世界。在许多文人的笔下，泰山更多的是被作为一个名胜古迹众多的景点，文章多为向世人介绍泰山的景观、历史、物产等内容，淡化其神圣性，甚至对封建帝王利用泰山神道设教的行为提出批判。这在王连儒的《泰山游览志》中就可见一斑。另外，这一时期，还有文人认识到泰山的价值，将其作为中国的代表，而提出立泰山为国山的建议。

20 世纪以前，大多数到泰山者都是以马、驴、骡子等牲口及畜力车为交通工具，贫穷者甚至完全依靠步行。清末民初，津浦铁路通车，在泰安设泰安府站，泰安开始有铁路，交通大为便利，乘火车来泰山的人增多。公路方面，济（南）韩（庄）公路、泰（安）肥（城）公路、泰（安）石（臼所）公路、泰（安）莱（芜）等公路相继建成通车，更加方便了前来泰山旅游的游客。1939 年，日伪在泰安还成立了华北交通股份有限公司泰安汽车营业所，设置泰安至肥城、新泰、莱芜、平阴、蒙阴等营运线路达 366 公里。交通便利带来了更多的游客，一方面使传统的旅馆业受到冲击，如泰安原来兴盛的"八大店"逐渐衰歇，而另一方面又促进了新式旅店的发展。20 世纪二三十年代，各铁路管理局先后创办了铁路旅馆为旅客提供住宿服务，如位于津浦铁路沿线的泰安宾馆就是主要为游览泰山的游客所专门设立的。餐饮方面，至 1925 年，泰安已有饭店 25 家，资本总额达 6 万余元，像"同和春""义和春""元和春""聚宾楼""桃园春"等都是当时比较有名的饭店。另外，民国时期，泰山上已经装设电话，方便的通讯进一步促进了旅游业的发展。

　　除了交通、食宿等方面都较古代发生了较大的进步外，旅行社的建立和现代旅游业务的开展也是泰山现代旅游发展的一个重要标志。1927 年，中国第一家旅行社——中国旅行社诞生，并开始涉足泰山旅游业务，其中最有名的便是 1932 年接待"国联"调查团。1937 年，中国旅行社还出资重建云步桥，并留下了"中国旅行社，导游名山大川"的石刻名片。

图 2.9　"中国旅行社，导游名山大川"石刻①

---

① 拍摄者：程鹏，拍摄时间：2014 年 9 月 21 日，拍摄地点：山东省泰安市泰山旅游风景区。

民国时期，多种旅游形式开始出现，采风、写生、调查、修学等至泰山者大有人在。如 1914 年，画家陈衡恪就与北京高等师范学校学生到泰山观光写生。还有博物部、历史地理部的学生也到泰山考察。每年的春假和寒暑假是学生组织团体旅游的最佳时间，1931 年春假，金陵女子文理学院的师生组织泰山游览活动，开创了女学生出门远游的风气；1933 年 8 月，东北中学学生军一行 400 人来泰山修学旅行，这一规模在当时也并不多见。1933 年 8 月在青岛举行中国经济学社年会，会后社长马寅初、社员陈其采、李权时、李云良、周仲千等 50 余人在中国旅行社总经理陈湘涛的陪同下，也游览了泰山等名胜古迹。此外，津浦铁路通车之后，还多次组织游览专车到泰山旅游。

民国时期，泰山上还出现了"导游"这一行业。早期的导游多由香客店的伙计或者山轿轿夫充任，主要做向导引路，也附带介绍风土人情与历史掌故。近代随着泰山旅游的发展，来泰山的外国游客增多，一些作为向导的舆夫甚至还能说一些简单的英语单词。除了兼任导游的舆夫外，民国时期还出现了"专职导游"，据 1920 年中国生计调查会所编《中国各省秘密生涯》记载：

> 宿泰安三日，偕友人三五辈游泰山，山中之民，有以导游为业者，尽旅客于山中诸胜境，咸以人地生疏，未能遍历为恨，有此辈为前导，则无迷途之患，而何处可以寄宿，何处可以打尖，皆由其人代为安排，费银一二元，亦无伤于惠。而彼辈受赐已不尠矣，命名此辈为导游人，以其人皆近地之惰民，

别无职业可以指名也。①

这一记录从一个侧面反映了当时导游这一行业已经出现，除作向导引路外，还负责安排食宿。无论是兼职还是专职，这类导游最主要的功能在于向导，其对泰山历史文化的讲解介绍只是附加之物，从民国时期的游记来看，其讲解内容及水平等情况都只是浅层的介绍。对泰山风物文化做详细介绍的，则主要依托于民国时期旅游书刊的大量出版。

民国时期，随着出版印刷业的大力发展，大量旅游书刊出版，旅游指南、旅游广告开始频繁出现，不仅扩大了泰山形象和文化的传播，也极大的促进了泰山旅游业的发展。通过这一时期出版的旅游书刊，我们不仅可以管窥中国旅游业的发展情况，也可以了解当时国人的生活文化及思想等内容。

民国时期，报纸、杂志等现代媒体已经非常流行，关于泰山的诗、画、摄影等作品经常可以见诸报端。1912 年 9 月 11 日，《中国实业杂志》上就刊出《泰山十八盘》画。泰山十八盘、南天门等景点作为泰山的标志性景观，是许多画作或摄影作品的首选题材。而在民国时期发行的纸币上，也可以看到以泰山各大景点为背景的图案，如民国二十三年（1934）中国银行发行的 1 元面额的纸币，背面就是泰山十八盘的图案，而 5 元面额的纸币，背面则是泰山霖雨苍生崖图案；民国二十四年（1935）中国银行发行的 10 元面额的纸币，背面是泰山玉皇顶的图案；民国三十年（1941）中国银行发

① 中国生计调查会所编：《中国各省秘密生涯》，上海文书局，1920 年，第 65 页。

行的 5 元面额纸币，正面是泰山岱庙，背面则是泰山南天门的图案。民国十五年（1926）财政部统一印发的价值五角的山东省军用票，正面也是泰山南天门的图案。此外，民国时期山东省银行还发行了一批以泰山各大景点为背景图案的国币券。除了山东以外，这一时期在其他省份通行的纸币，也有以泰山景点为图案的，如民国十八年（1929），由福州厚光钱庄发行的在福州地区通行的 5 元面额纸币，正面图案就是泰山五大夫松。这些纸币的流通，极大的促进了泰山形象的传播和泰山旅游的发展。

近代照相技术的发明，为泰山留下了珍贵的影像资料。光绪十二年（1886），广东人刘某在泰城开办照相馆，开创了泰城照相业，至光绪十五年（1889），该馆出版了《泰山画册》，收录了泰山风景照片二十帧，是泰山最早的摄影画册。光绪三十二年（1906），摄影师谢之修拍摄泰山等地景物，编订为《泰山曲阜各景图照》。这些照片为我们了解当时的泰山景象提供了宝贵资料。

民国时期，得益于照相技术的发展，关于泰山的摄影作品大大增多，并且许多还编辑成册，起着广告作用。1912 年 9 月，《泰山唐槐》《泰山中天门》《泰山经石峪》等摄影作品就刊登于《小说月报》。1913 年，法国金融家爱伯特·肯恩（Albert Kahn）派遣摄影师斯蒂芬·帕瑟（Stephane Passet）来泰山采风，拍摄了泰山古迹、风景、建筑、人物、民俗等彩色照片 47 帧（今存巴黎西郊的上塞纳省立爱伯特·肯恩博物馆），留住了那个时代的印记。1915 年 12 月，黄炎培、庄俞的摄影集《泰山》由上海商务印书馆出版，收录庄俞拍摄泰山古迹、建筑、风景照片 31 幅，由黄炎培撰中英文说明。黄炎培在序言中说：

泰山的风景秀不如匡庐，奇不如黄山，但其浑厚磅礴，气象万千，却一时无以伦比。除了"岩岩"气象外，泰山因为历代君主的眷顾，积淀了"制胜天然"的人文历史。由于在自然风景与人文历史两方面的优势，泰山在中国虽"不敢谓足压倒一切"，但"固已深中于一般妇孺之心理"。①

此书被列为《中国名胜》第六种，至 1926 年 10 月已出版至第 4 版，足见其受欢迎程度。1922 年，上海商务印书馆照相制版部编辑出版《泰山及孔子林庙》摄影集，收录照片 13 幅，并附庄俞《游曲阜泰安记》。1932 年 9 月，上海《良友》画报社还专门组织摄影旅行团进行摄影旅行，1933 年 5 月完成任务回抵上海后，张沅恒编辑《泰山胜境》摄影画册，后由上海良友图书公司出版。1935 年，上海中华印刷局出版佚名编《泰山游览指南》，也收录了 17 幅泰山照片。

除了摄影之外，现代摄像技术在表现泰山美景及其历史文化时可以更加立体。1918 年商务印书馆影戏部摄影师廖恩寿在泰安摄制无声风景影片《泰山风景》，影片介绍了泰山的美丽风光、风俗民情、历史文化和古代建筑。1922 年，上海商务印书馆影戏部又摄制了风景影片《泰山风光》。1934 年，明星电影公司在泰山拍摄了有声风景影片《泰山》。从绘图到摄影，从摄影到摄像，从无声到有声，对于泰山的展示经历了从平面单一到立体多元的发展过程。

随着泰山游客的增加，许多文人墨客都撰写了游记，得益于民

---

① 黄炎培、庄俞编纂：《泰山》，商务印书馆，1915 年，弁言。

国时期出版印刷业的发展，许多文人墨客的游记也得以付梓传播。1915 年，张治仁撰《泰山游记》一书铅印出版。1921 年，河南汝南学者张缙璜所撰《泰山游记》一书也得以铅印出版。此外，还有1931 年作家倪锡英所著《曲阜泰山游记》、1932 年蒋维乔所撰《泰山纪游》、1934 年许兴凯（笔名老太婆）所著《泰山游记》，都对泰山的景色风物有所介绍，许多见解也极为精到。而民国时期发行的一些报刊杂志，也成为刊载游记的重要平台，如 1917 年 12 月 20号的《宗圣学报》就刊载了徐公修的《登泰山》，1917 年 5 月《青年进步》第 3 册则刊载了山东管濂溪的《游泰山记》，还有由中国旅行社创办的《旅行杂志》，在 1936 年第 10 号中则刊有《万德泰山曲阜滁州纪游》一文。这些游记或简或繁，各有特色，都从不同的视角记述了其游览经历，写景述游亦是相当精彩，对于读者来说有着很好的借鉴意义。

此外，这一时期一些文人墨客的诗词散文，对于介绍泰山的景色及风土人情也有重要作用。如林徽因在泰山考察之后，作《黄昏过泰山》一诗，刊于 1936 年 7 月 19 日的《大公报·文艺副刊》。女词人、佛教学者吕碧城登泰山后，作有《波罗门引·泰山古松》词。作家李广田游览泰山之后，先后创作了《扇子崖》《山之子》《晴》《雾》等泰山散文多篇。而作家吴组缃的《泰山风光》，则被现代文学史家称为作者"最出色的散文"，该文详细记述了泰山游览见闻，通过对许多场面和人物的描写，刻画出了旧中国种种光怪陆离的现状。

值得一提的是，随着近代东西文化的交流与发展，一些外国友人也在游览过泰山之后，以游记等形式将泰山介绍到西方国家。如 17 世纪之俄罗斯帝国大臣尼·斯·米列斯库所著《中国漫记》、荷兰纽霍夫 1665 年所刊《德·戈耶尔和德·凯塞荷兰遣使中国记》、韦廉臣《中国北方游记》（1869）、伊莎贝尔·韦廉臣《中国古道：1881 韦廉臣夫人从烟台到北京行纪》、帕·贝尔让《中国史记——一个旅游者在泰山》、瓦·安泽《中国苏北到山东的冬季之旅》等，都有关于泰山的介绍。这些文章内容详略不一，从不同角度介绍了泰山的风光和历史文化，对泰山的宣传起到了一定作用。

民国时期，许多传教士、汉学家和学者也到泰山游览，一些人甚至曾多次登临泰山游览考察，撰写过多篇与泰山相关的文章。法国汉学大师爱德华·沙畹（Emmanuel-èdouard Chavannes）曾于1891 年和 1907 年两次来到泰山，对泰山的宗教、民俗、名胜古迹进行了细致的调查。1910 年在法国出版了专著《泰山：中国人的信仰》，该书是国际汉学界首部全面系统研究泰山信仰文化的学术著作，在西方世界有极大的影响。苏联汉学奠基人瓦西里·米哈伊洛维奇·阿列克谢耶夫（Василий Михайлович Алексеев）陪同沙畹参加了 1907 年的泰山考察之旅，并在他的《1907 年中国纪行》中对泰山的名胜、石刻以及民俗作了细致的描述。德国汉学家卫礼贤（Richard Wilhelm）曾多次登临泰山，并称之为"中国的奥林匹斯山""圣山"，在其著作《中国心灵》中曾描述了泰山岱庙中的石刻，1924 年在即将离开中国时还登临泰山抒发依依不舍之情。[1] 日

---

[1]　参见卫礼贤的夫人莎乐美·威廉于 1955 年在德国出版的传记《卫礼贤——中国与欧洲的精神使者》一书。

本的后藤朝太郎在其撰写的《中国的文物》《中国的体臭》两本书中也都有关于泰山的大量描述，如泰山丰富的石刻及其政治地位，还有泰山上的尼姑、轿夫、乞丐等众生相，可以说是研究民国时期泰山社会生活的重要资料。英国哲学家高兹沃斯·洛斯·迪金森（G. Lowes Dickinson）撰写的《圣山》一文更是立意高远、文采斐然，前面对泰山之旅的记录，不仅有对泰山美景的描写，还谈到了帝王祭天、孔子"登泰山而小天下"、秦始皇的登临、乾隆的题刻、香客进香、竹溪六逸，思考了圣山何以为神的问题。后面对中西文明的对比与反思，则发人深省。他从泰山自然与人文的和谐统一之美，感悟到这个将自然之美视为神圣的民族一定是一个能够很好感知生活核心价值的民族。文末那句"西方总是大谈启蒙中国，不如说中国也能启迪西方"更是振聋发聩。美国著名旅行家威廉·埃德加·盖尔（William Edgar Geil）在游历泰山等地之后，写成《中国五岳》一书，不仅全面介绍了清末民初五岳的自然人文景观和各色人等的生存状态，还附有作者当时拍摄的大量珍贵的纪实性照片。书中以"青色山岳"为题，从西方学者的独特视角，对泰山文化与西方文化作了客观的比较论说。

在历代关于泰山的著述中，除了文人墨客的诗词散文游记外，志书是了解泰山最重要的著作，尤其是明清时期，大量的志书涌现，这些著述虽然详略不同，体例各异，但基本上都全面反映了泰山的历史风物。这些志书虽然可以作为了解泰山的资料，但大都卷帙浩繁、内容庞杂，不利于游客阅读携带。从民国时起，开始出现有关泰山的旅游指南，其撰写者大都为当时的文人，而主要阅读者则是游客，内容大都围绕景点展开介绍，较为简单明了，语言上多采用文学化的书面语言。其中比较有名的两本旅游指南——王连儒的《泰山指南》和胡君复的《泰山指南》都非常有特色。

王连儒的《泰山指南》是现存最早出版的泰山旅游指南，由砺志山房发行，初版于民国十一年（1922），再版于民国二十二年（1933）三月，更名为《泰山游览志》，定价大洋三角。此书主要介绍泰山风光与历史掌故，书前是序、自序、凡例，正文分形势、名胜、古迹、金石、物产、侨寓、辨异及杂录八个部分，共五万余字。此外，书前还附有《泰岳全图》《岱阳图》《岱顶图》《岱阴图》手绘影印地图4幅，书中还插有多幅照片。书中对名胜的介绍较为简单，只简述名胜地址及名称来源。然而从书中不难看出作者的思想受当时的社会所影响，如作者据事直书，认为"迷信有碍进化"，其"注意开通民智，不复假神设教之口吻，助长愚民政策之残焰"，"虚诞之说，贻误非轻"，所以"本编玉女修真、李岩自传者概不录"。

胡君复的《泰山指南》，由商务印书馆于民国十二年（1923）二月出版，是商务印书馆出版的旅行丛书之一，书正文前有胡君复的《泰山指南叙》。全书分为"泰山之名称方位及其高度""泰山之山脉""泰山重要之历史""泰山名胜考""支山略考""泰安调查录""近人游记"等篇，书前有编辑胜语、风景图四幅、泰山曲阜游览路线图、泰山图，书中有若干插图，书后还有附津浦、兖济铁路行车时刻价目表，可以说是一本现代意义上完整的旅游指南，同时书后还刊登了许多广告，成为现代经济发展的一个标志。另外，书后还附曲阜、济南的名胜介绍。由于历史文化和地理区位等原因，济南、泰安、曲阜已经形成了一条山水圣人的经典旅游线路，直到今日仍然是山东旅游的热门之选。该书对于名胜的记载，大多是摘录相关古籍，并无增添新的内容。但书中的"泰安调查录"则记载了当时泰安的工商业、金融、服务、交通、旅游等各行业的情况，是不可多得的风俗志，尤其是关于妓院、商店的介绍，为该书所独有，具有较高的史料价值。而且本书图文并茂，书中还选刊了十几幅泰山的景观照片。与之后出版的旅游指南相比，这两本旅游指南，无论是编写体例，还是内容上，更多的带有志书的性质，所以有些人也将聂剑光的《泰山道里记》视为更早出现的旅游指南。

随着国门打开，来泰山旅游的海外游客越来越多。1933年，由中国旅行社出资、美国记者埃德加·斯诺（Edgar Snow）撰写的英文版《泰山指南》也得以出版发行，并分寄各国文教机关、各轮船、铁路、航空公司、华人驻西办事处，还通过芝加哥展览会华人出品办事处在大会分发，作为抵制日本在美国宣传的工具。① 英文版《泰山指南》的出版发行，大大增加了泰山的世界知名度，也为后来申报世界遗产打下了重要基础。

此外，除了个人撰写的旅游指南之外，还出现铁路部门编印的游览指南。津浦铁路通车后，至20世纪30年代已有四对过境客运列车经过泰安站，泰山成为津浦铁路线沿线的旅游热点之一。为方便游客到泰山旅游，1935年，南京国民政府铁道部联运处印行了《泰山游览指南》。1936年又相继编印《泰山旅游便览》（附图表）、

---

① 上海档案馆藏：《上海商业储蓄银行档案》，档号 Q275—1—1830。

《泰山》(导游一册,18 页,并附有照片及地图),分别在北京、南京刊行。1942 年,津浦铁路泰安宾馆还编印了《泰山导游》。这些旅游指南,不仅介绍了泰山的雄伟风光和厚重文化,还将泰山与中华民族相关联,以泰山象征中华民族的伟大、博厚等品性特征。如1933 年出版印行的《津浦铁路旅行指南》就这样描述泰山:"泰山之于中国,犹昂白山之于瑞士,富士山之于日本,久已著名世界。……其山容之雄美,足以代表东方民族之伟大,而其丘壑万状,又足代表中国民性高明博厚之襟怀。"以简练的语言,表明了泰山的历史地位与象征中国的特性。①

民国十七年(1928)南京国民政府明令在泰安组建山东省政府,泰安成为山东省临时省会。当年,国民党山东省政府耗资 10万元,将岱庙前半部改为"中山市场",后半部改为"中山公园",并建"第一消费合作社"。配天门改为民众餐馆,仁安门为货品陈列处,"环咏亭、雨花道院废为旅馆、澡堂。天贶殿改为"人民大会场",撤除神像,在大殿西壁修建戏台,泰山神启跸回銮图多处受损。国民党山东省政府在泰山撤神像、毁碑碣,文物古迹遭到大肆破坏。关帝庙神像被捣毁,岱庙及附近庙宇历代牌匾多被毁做桌凳。岱庙祭告碑全行推倒,或另行磨勒,或砸碎挪作他用,无一完全。泰山上的石牌坊、石碑、摩崖刻石大都被刷上青白灰写上标语,连岱顶无字碑也无法幸免。国民党驻军拆毁县城城墙及岱庙城墙、角楼,门楼仅存正阳门及仰高门、见大门三楼。民国十九年

---

① 津浦铁路管理委员会总务处编查课编:《津浦铁路旅行指南》,南京印刷股份有限公司,1933 年,第 131 页。

（1930）国民党内部爆发中原大战，蒋介石、阎锡山军队争夺泰安，泰山文物古迹毁坏严重。战争当中，晋军在天贶殿内驻兵、喂马，墙上砸钉子、贴标语，汉柏、唐槐成拴马、养马之所，汉柏、唐槐被摧残殆死。泰山上修筑野战工事，岱顶各殿皆成兵营。岱顶林木，被炊薪滥伐，致使山顶荒秃不堪。战火蔓延，许多建筑遭受炮火，弹洞累累。岱庙天贶殿西墙射入炮弹数枚，岱庙壁画被毁坏。马鸿逵部入城后，在岱庙内驻兵，乱拆岱庙墙砖以铺修床灶，北墙几乎拆尽，驻军还拆毁蒿里山森罗殿、资福寺、五福庙等建筑。

1931 年 10 月，泰城学者赵新儒发《为十九年战役毁坏孔子林庙泰山古迹致阎锡山书》，严厉谴责晋军行径，要求阎："慨发巨款，倡导国民，兴修孔子林庙，保存泰山古迹，表示以前内战之错误，光大历史民族之精神。"他还奔走呼吁，倡议组织泰山文物保管委员会，并上书山东省政府，要求拨款修复文物古迹。并且同泰安县长率员多次登山，逐段勘估，制定修缮计划。相继修复了天贶殿、岱庙围墙、包公祠、五贤祠及中天门至南天门盘路，并将天贶殿内壁画护以铁栏。

连年的炮火战乱，不仅破坏了泰山上众多文物古迹，也使得泰山旅游环境的安全性大减。泰山玉皇顶及天街客店经常遭遇匪徒抢劫，甚至日观峰观象台物品也被砸坏。1933 年、1934 年燕京大学两批学生游览泰山时都遭到抢劫。然而战乱与旅游环境的危险，并没有完全阻止游客前往泰山，尤其是到泰山上朝山进香的信众依然很多。泰山上至今还有许多民国时期的香社碑，其中在岱顶天街南端的崖壁上，有一块民国二十一年（1932）潍坊香

客上山进香留下的还愿碑，石碑
右侧题款：泰山老母赐金笔，观
音普度化世。此碑集佛道于一
体，反映出泰山的宗教信仰特
点。碑首四字从右向左为"仙子
流芳"，中间竖立四字为"莺歌
燕舞"，字体周围环绕道教符篆，
如今已经成为岱顶一处非常有特
色的景观。

民国时期国民政府虽然也对
破坏的名胜古迹进行过修整，但
历经军阀混战、抗日战争、解放
战争的泰安，在建国初可谓满目
疮痍。1948 年 8 月，泰山专署成
立了古代文物管理委员会，保护
管理泰山及各地泰山文物和风景

图 2.10　泰山岱顶香客还愿碑①

名胜。经过多年对名胜古迹的维修、整理，在泰山上植树造林，情
况渐有好转。

中华人民共和国成立初期的旅游事业，主要作为外事接待。
1955 年 10 月，泰山开始对外接待国际友好人士。至 1957 年下半
年，共接待来自前苏联、德国、法国、捷克斯洛伐克等游客 8 起计

---

① 拍摄者：程鹏，拍摄时间：2014 年 9 月 21 日，拍摄地点：山东省泰安市泰山旅
游风景区。

20 余人。1957 年，在岱庙东御座还成立了中国国际旅行社泰山支社，为泰山旅游业的发展打开了一扇大门。泰山作为中华文明的一个代表，曾先后接待过多位外国元首和政要，如印度总理尼赫鲁、泰国公主甘拉亚尼·瓦塔娜、奥地利前总统基希·施莱辛格、新加坡总理李光耀、美国国务卿舒尔茨等都曾先后到过泰山。中国的党和国家领导人也有多位登临过泰山，如万里、谷牧、王震、邓颖超等都曾到过泰山视察，有些还留有题刻或诗词。1981 年，中共中央总书记胡耀邦在攀登过泰山后，在《庆祝中国共产党成立六十周年大会上的讲话》中把实现社会主义现代化建设比作攀登泰山，鼓励全国人民："我们一定能够征服'十八盘'，登上'南天门'，到达'玉皇顶'，然后再向新的高峰前进。"这一讲话，与当年毛泽东引用司马迁《报任安书》中的"人固有一死，或重于泰山，或轻于鸿毛"有异曲同工之妙，都扩大了泰山的知名度。

古代的文人墨客登览泰山留下了大量诗词歌赋，而在当代，同样也有许多文人在游览泰山之后留下了瑰丽的篇章。如 1958 年，著名作家杨朔登览泰山后，撰写了散文《泰山极顶》。1961 年，现代戏剧家、翻译家李健吾登临泰山之后，写下著名散文《雨中登泰山》。两篇文章都曾先后被选入全国中学语文课本，成为家喻户晓之作。而郭沫若到泰山考察后，不仅赋《登泰山杂咏六首》，还题写了普照寺"筛月亭"、老君堂"双束碑亭"、南天门"未了轩"等匾额，另外，在考察无字碑后，还留下"摩抚碑无字，回思汉武年"诗句，后刻碑立于无字碑旁，成为论证无字碑来源的重要观点之一。

然而刚刚恢复没多久的旅游，又因"文化大革命"而遭到破坏。1965 年泰山管理处在"四清"运动中开展破旧立新，先后拆除 9 处庙宇，95 尊神像，拆毁还愿碑、香火会碑等 38 通，铲除 21 处自然刻石，代之以语录、标语，岱庙配天门悬挂毛泽东、刘少奇巨幅画像；制作毛泽东诗词、语录木屏匾额 59 块，悬挂于各名胜点，28 块铁制语录牌安设于登山路沿途。1966 年泰山一带"文化大革命"进入高潮，红卫兵以"破四旧、立四新"名义，砸坏岱庙明、清祭告碑 20 余通，汉画像石 2 块，砸碎明代东岳大帝铜像；推倒寺庙外碑刻，砸毁总理（孙中山）奉安纪念碑，拆除辛亥革命滦州起义纪念碑；捣毁主景区寺庙道观的神像；寺庙匾联全部拆除，多被焚毁。僧尼道士一律被驱赶。甚至在 1967 年，泰山管理处也被撤销。整个"文革"时期，泰山的旅游活动基本处于停滞状态，尤其是朝山进香更是被视为封建迷信遭以禁绝。

"文革"结束后，泰山旅游开始逐渐恢复并走向正轨。一方面开始整理维修被破坏的文物古迹。从 1978 年开始，先后修葺岱庙遥参亭、东御座、仁安门、万仙楼、王母池大殿及西配殿、普照寺禅院等古建筑；复建壶天阁；恢复开放红门宫、王母池；翻修并彩绘五松亭，为"纪泰山铭碑"贴金；拆除杂乱建筑物，扶正石碑，整修总理（孙中山）奉安纪念碑，迁移部分碑刻于岱庙集中陈列，将朱德、陈毅、郭沫若等视察泰山的诗词摩刻立碑于岱庙。1980 年 4 月，又投资 6 万元揭顶翻新碧霞祠大殿。1984 年，在"文化大革命"中拆除的岱庙天贶殿东岳大帝神像重塑完工。塑像高 4.4 米，头戴冕冠，前垂十二旒，两侧悬坠玉衡，手执青圭，身着黄袍，端庄肃穆，造型生动。另一方面也开始修整建设道路等基础设施，先后修复了泰山登山多条盘道，修建拓展西溪公路，为泰山安装自来水、修建变电站、架设输电线路、铺设通讯电缆。1982 年岱顶还建成了长 1 500 米的专用索道，用于运输垃圾。并且于 1983 年 8 月 5 日，建成中天门至南天门的客运索道。索道架于中天门至月观峰之间，全长 2 078 米，相对高差 610 米。缆索由高 30.5 米、46 米两座钢塔支撑，最大跨径 917.34 米。索道设有两个车厢，每厢载客 31 人，运行速度 7 米/秒，单程 7 分钟。此为我国第一条大型现代化往复式客运索道。2000 年，索道改为循环吊篮式，运力由 300 人/小时提高至 1 600 人/小时。①

更为重要的是泰山管理机构的恢复和发展，对于泰山旅游的发展有着重要意义。1978 年，泰安地区泰山管理局成立。1980 年，改为山东省泰山风景区管理局，主管泰山风景区的管理与建设，保留泰安地区文物局，继续与泰山风景区管理局合署办公。1985 年泰安市政府将泰山的风景园林、文物、泰山林场合为一体，成立泰山风景名胜区管理委员会（简称"泰山管委"），对泰山实行统一领导和管理。对于自然风光与历史古迹并重的泰山来说，这种管理方式无疑是非常有效的。1979 年文物风景管理局制订了《泰山风景区管理暂行办法》，对古建筑、碑碣题刻、盘道桥涵、山石山林、新建工程、公共卫生管理作出明确规定。后来又先后制定了《泰山风景区暂行管理条例》《泰山管理试行办法》。良好的管理，也得到了认可。1982 年，泰山被国务院公布为第一批国家重点风景名胜区。1985 年，泰安市政府又拟定并颁布了《泰山风景名胜区管理办法》，

---

① 参见曲进贤主编：《泰山通鉴》，齐鲁书社，2005 年，第 437 页　泰安市档案馆 73 号全宗 3 号目录 60 卷 123 页。

该办法分总则、资源保护、建设管理、经营管理、交通管理、卫生管理、公共秩序、奖励与处罚、附则等。这也为后来泰山申报世界遗产打下了一个很好的基础。

另外，新中国成立后为发展旅游业，相继出版了多本旅游指南。如 1958 年出版的《泰山游览手册》，是建国后出版的较早的旅游手册，全书共 56 页，分泰山概况、岱庙、中路、岱顶、岱阴、西路、环山路七个部分。当时新中国成立不久，泰山在民国时期遭受的重创还未复原，甚至可以说是满目疮痍、百废待兴。从该书中我们也可以看到当时泰山的大致情形，对岱庙的描写就提及历史上的几次大的火灾和近代的破坏。当时的岱庙已经失去了各门各角壮丽的角楼，剩下的仅是几个蹙口而已。并且由于当时的艰苦条件，岱庙并未完全建设成旅游景区对外开放。当时的配天门，为山东省泰山管理处住着；延禧殿，为山东省泰安地区中级人民法院和山东省人民检察院泰安分院住着；仁安门，1956 年加以粉饰整理，作为招待外宾之用。泰山上由于连年战火，破坏也很严重。对此，书中有大量篇幅予以控诉和批判。此外，还对国民党山东省党部在无字碑上刻字、国民党山东省府监运使署顾问杨其观为其子刻字、军阀张宗昌的兖州镇守使张培荣为其妻建无极庙予以谴责和批判。受当时政治思想和意识形态的影响，书中还对封建统治者神道设教的行为予以了批判。如对岱庙天贶殿壁画的记述，"是假借东岳神出入的模样，反映当时帝王的威严。这就是过去封建统治者'假神道以设教'，用来吓唬人民，以巩固自己的统治地位的绝妙手法"①。除

---

① 　山东省泰山管理处编：《泰山游览手册》，山东人民出版社，1958 年，第 13 页。

了对封建统治者和国民党反动派的批判外，书中还对社会主义新中国及工人阶级领导的武装胜利予以赞扬。值得注意的是，书中对帝王封禅几乎没有叙述，偶有涉及帝王，也旨在说明其留下的名胜古迹。另外，书中记叙神话传说极少，除白龙池的传说和丈人峰的故事外，偶有提及也是一笔带过，如虬在湾，"神话传说，过去有虬住在湾内，经过吕祖指点，便成仙飞去"。而对日出、云海等自然景象则做了细致描写。

1986 年出版的《泰山导游》虽然也仅有 60 页，但内容更为丰富，不仅有泰安地区简介，书后还附有历代帝王封禅泰山年表、全年气温对照表、日出时间表、登山里程台阶表、传统节日、工艺美术、风味名吃、地方剧种、泰山旅游服务一览表，封二还有泰山游览图。对泰山的介绍，分为岱庙、中路、岱顶、后石坞、泰山西路、环山路六部分。对泰山的综述中，从地质、自然、文化发祥论述，并且引用了《太平御览》《述异记》中盘古死后头化为东岳泰山的传说，还谈及帝王封禅和文人墨客吟咏。该书记述传说故事较多，如"风月无边""高山流水亭""飞来石""五大夫松""望吴胜迹""舍身崖""丈人峰""黑龙潭""白龙池""吕祖洞""虎山"等传说，虽然大多较为简略，但仍可作为游客了解泰山文化的一个侧面。其中关于"丈人峰"的传说中还记载了《陔余丛考》镇南关所记乐广与卫玠的翁婿关系演化出将岳父称作泰山的说法，为其他书籍所未见。另外，书中还对泰山日出、云海、晚霞、碧霞宝光等自然奇观予以了介绍。

值得注意的是，虽然在清末民初就已经出现了能够担任导游的人员，但这类人群的数量极少，而且主要是作为业余讲解的向导。

而新中国成立后，我国的旅游业更多的是作为外事接待任务，导游的数量也非常少，而且并没有成为一种职业。所以在泰山申报为世界遗产之前，导游的口头叙事极少。并且各个景点也没有相应的标牌介绍，所以这一时期，作为文字叙事的这类旅游指南，也就成为泰山旅游叙事的主力。

从民国到泰山申报世界遗产前，由于现代科技的发展和大众旅游的兴起，交通、食宿、通讯等各方面的条件更为便利，虽然连年战乱、兵匪横行，建国后又遭遇政治运动，旅游环境受到很大影响，但这一时期仍然不断有游客来泰山，其中很大一部分是前来朝山进香的香客。叶涛的《泰山香社研究》中就收录了许多民国时期的香社碑资料，而且许多进香仪式与传说也流传至今。同时，因为科学思想和意识形态的进步，泰山也逐渐由古代神山向游览观赏对象和科学研究对象转变。所以这一时期，还有大量纯粹以游览为目的的游客以及为采风写生做研究的旅游者。而国家领袖、政界要人参观泰山也只是为游览而来，抛弃了古时帝王封禅祭祀的目的。因此这一时期关于泰山的各类著作中，以文人叙事为多，其中既有王价藩、王次通父子编写的《泰山丛书》这类巨著，也有学术性的研究论文，当然更多的还是一些散文游记、旅游指南。《泰山极顶》《雨中登泰山》《挑山工》曾先后入选语文教材，成为家喻户晓的名篇，以教材普及的方式在全国范围内扩大了泰山的社会影响力。新中国成立后政府组织编修的《山东省志·泰山志》以及泰山管委会组织编写的旅游导览类书籍，虽然更加专门化，但在数量上却并不多产。民众朝山进香的足迹，在连年战火与政治运动中早已湮没于历史的尘埃，遗留下的碑刻也只有九牛一毛，只有那些传说谚语尚还流传于世。

这一时期，官方叙事仍然占据主导，其最主要的表现即对景观的维护与再造。政府对泰山的管理与维护，不仅是简单的修复文物，也是官方意识形态在景观叙事中的体现，神像的推倒与重塑、碑刻的砸毁、重刻与集中展示，都在昭示着政府的态度。而官修志书与旅游导览类书籍，也是官方意志的集中体现。文人叙事形式丰富，在展示泰山文化时运用了诗文书画等多种形式，而其个人思想也融汇进作品之中。民间叙事在这一时期受到战乱与政治运动的影响，留存较少，甚至在行为仪式上也出现了断裂。由于科学技术的发展和启蒙思想的影响，口头叙事也很少被文人采录，直到20世纪80年代后，才出版了几本关于泰山传说故事的书籍。

第三节　泰山旅游发展中形成的民俗叙事资源

梳理泰山的旅游发展史，可以发现，其旅游活动的开展与精神信仰密切相关。因太阳崇拜、天地崇拜、山岳崇拜等原始信仰，泰山从一座自然山岳被建构成一个神圣空间。从帝王封禅到百姓进香再到大众旅游，泰山由神圣向世俗扩展，逐渐形成神圣与世俗并存的空间格局。

在这一过程中，不同的叙事主体采用多种叙事形式，共同参与了神圣空间的建构与叙事资源的积累。对于信仰，最直接的表现即仪式行为，从燔柴祭天到封禅祭祀再到朝山进香，叙事主体包含了帝王将相与平民百姓。虽然随着封建帝制的结束，帝王的封禅祭祀仪式仅存于史书记载之中，但百姓的朝山进香活动却一直以活态形式顽强地传承着。平民百姓的朝山进香活动,不仅点燃了各个庙宇的香火,使泰山增添了神圣性与世俗气息,也留下了众多的香社碑等物质实体,还有众多的传说故事、谚语俗语等口头叙事及压枝、拴子等行为习俗,为泰山旅游增添了许多神秘性与趣味性。

其次是物象景观的生产,不同时期的宫观寺院、亭台楼阁、道路桥梁、石刻碑林塑造了泰山的形象。在世界遗产申报书中,共统计有古寺庙 22 处、古遗址 97 处、历代碑碣 819 块、摩崖刻石 1 018处。仅在岱阳登山路上,沿途就有古建筑群 19 座,石砌盘道 6 660级,石坊 14 座,碑碣 218 块,摩崖刻石 605 处。[①] 这些物象景观反映了泰山的精神信仰本质,在景观的命名与题刻上都体现出天地崇拜及泰山的神圣地位,如通过一天门、中天门、南天门建构起泰山地狱、人间、天上的三重空间结构。泰山上人文景观与自然风貌的完美结合,反映出中国人讲究天人合一的精神内涵。不同时期的景观置于同一时空内,不仅给人沧桑古老的历史厚重感,也会让人产生时空穿越之感,仿佛进入与古人对话的空间。在物象叙事中,虽然叙事主体包括了帝王将相、文人墨客与平民百姓,但三者所拥有的权利资本、文化资本与经济资本的不同,也就使得各个群体的物质遗存在形态与数量上呈现出巨大的差异。

语言叙事包含了对仪式行为与物象景观的描述记录和阐释,它既有官方的历史记载,也有文人的描绘,还有百姓的口头流传。然而官方与民间、书面与口头并非绝对的二元对立,官方叙事、文人

---

① 中华人民共和国城乡建设环境保护部:《世界遗产申报书·泰山(中文版)》,新世界出版社,1986 年,第 2 页。

叙事与民间叙事之间互有影响与转化。并且在长期的发展过程中，官方叙事、文人叙事经过口头流传而出现民俗化的倾向，尤其是在旅游中，这一表现更为明显。如对于帝王封禅等历史，经过口头流传就呈现为传说化的故事。

在泰山旅游的发展过程中，官方叙事与文人叙事被不断民俗化，呈现出民俗叙事的形态。民俗叙事是泰山旅游叙事的主要内容，围绕着泰山的精神信仰，从物象、行为与语言三个方面展现。物象叙事主要包括宫观庙宇、亭台楼阁、塑像题刻等景观呈现，行为叙事主要是关于泰山信仰的各类仪式、行为、动作等内容，如朝山进香、拴子、压枝等民俗行为，而语言叙事最基本，内容也最为丰富，包括了所有的神话传说故事与俗语。除了对物象和景观的阐释性内容之外，还包括对大量官方叙事与文人叙事的民俗化解读。值得注意的是，泰山的民俗叙事资源，是在其旅游活动发展中逐渐累积的，它不同于专属于某一传统村落社区的地域性民俗资源，是帝王将相、文人墨客、乡民信众等各类群体在长期的旅游活动过程中共同打造的结果。在发展过程中就早已突破地域性的限制，为世人所共享。这些民俗叙事在不断的提升泰山的价值，凸显出泰山的神圣性地位。

虽然泰山旅游格局的缔造，是各种叙事形式共同作用的结果，可以让旅游者的感知更加完整。然而庞杂多元的民俗叙事体系，所呈现出的内容异常丰富甚至有些复杂。在历史发展的长河中，民俗叙事的象征性得以发挥作用，将复杂的内容进行提升凝练。

物象景观的呈现简单直接，但受制于其不可移动性，游客只有亲自到达旅游目的地才能感受到。然而图画尤其是近代照相机发明以后，图像叙事也便弥补了这一不足，使游客足不出户也能一睹真容。近代的报纸、杂志、旅游广告和旅游指南中就常常会刊载有关泰山的照片，如《小说月报》上就刊登过《泰山唐槐》《泰山中天门》《泰山经石峪》等摄影作品，而胡君复的《泰山指南》中也收录了岱庙、玉皇顶、碧霞祠、经石峪等二十余幅照片。并且还有专门的摄影集，如黄炎培和庄俞的摄影集《泰山》、张沅恒编的摄影画册《泰山胜境》。图像作为物象叙事的初级形态，表达更为直接，可以给人更为直观的视觉冲击力。虽然图像叙事也会融入叙事主体摄影师的个人思想，在光影、角度选取及照片编排等方面存在一定的主观性，但总体来说，图像叙事尤其是早期的照片都能客观真实的反映景观，景观的叙事功能透过照片得以实现。而从景观到图像的转换，也使得景观的象征意义得以凸显，被选择的景观也成为泰山代表性的标志，如经常出现的云门天梯（泰山十八盘）就成为了泰山的标志性景观，其天梯形象不仅反映了泰山的高大及连接天庭的形象，也昭示了泰山的攀登精神。

民众的叙事行为虽然传承久远，但在历史的发展中尤其是近现代以后逐渐简化，仪式趋于简单，多元的供品逐渐被单一的香烛代替，体现泰山神灵信仰的传说故事也凝练为简单易记的俗语。

卷帙浩繁的文字叙事与丰富多彩的口头叙事，不仅提升了泰山的文化内涵，也使泰山的精神象征得以升华。在历史的长河中，逐渐发展出了短小精悍的俗语。此处俗语取广义，是指"包括口语性成语、谚语、格言、歇后语、惯用语、俚语等品类在内的，定型化或趋于定型化的简练习用语汇和短语"①。这些俗语可以被看作是

① 田兆元、敖其主编：《民间文学概览》，华东师范大学出版社，2009年，第201页。

瑞士语言学家索绪尔（F. D. Saussure）所定义的"语言符号"（signe），是能指（signifié/siginifier，或称"施指"）和所指（signifant/signified，或称"受指"）的联结①。"能指"是符号的表象，指代物质形式，而"所指"则是符号所指代的意义，是概念形象。在这些俗语中，泰山不仅是其外在形象的"能指"，更隐含了其所表示的意义"所指"，在两者联结的符号化过程中，泰山的形象也被赋予了众多象征意义。

表 2.1　有关泰山俗语的符号意义表征

俗语	能指	所指
泰山大人	泰山	岳父
泰山北斗	泰山	德高望重、成就卓越之人
稳如泰山	泰山	稳固、稳定
重如泰山	泰山	意义重大、重要
泰山压顶	泰山	压力大
人心齐，泰山移	泰山	团结一心
一叶障目，不见泰山	泰山	全局、整体
有眼不识泰山	泰山	地位高、本领强之人
泰山不让土壤	泰山	包容
登泰山而小天下	泰山	高远

在历史发展过程中，泰山的民俗叙事资源得以层层累积，不仅缔造了泰山的旅游格局，也构建起强大的表意符号体系。物象景观

---

① ［瑞士］费尔迪南·德·索绪尔，《普通语言学教程》，高明凯译，商务印书馆，2009 年，第 95 页。

不仅造就了泰山的外形，其与自然风貌的完美结合也体现出泰山天人合一的人地和谐观。经由镜头凝固的图像，使景观的代表性含义凸显。丰富的语言叙事不仅提升了泰山的价值内涵，而且赋予其象征的知识体系，其高大雄伟厚重稳定的权威形象得到进一步提升。帝王在泰山上的封禅活动，凸显出"泰山安则四海皆安"的心理诉求，国泰民安的愿望浓缩成泰安的城市名称。民众的行为叙事与口头叙事在彰显泰山神圣性的同时，也使泰山神灵灵佑的形象日益深入人心，三大神灵（东岳大帝、碧霞元君、泰山石敢当）信仰远播海内外，则进一步弘扬了泰山的信俗文化。

小　结

梳理泰山旅游的发展史，我们可以发现，今日泰山的旅游资源格局及其叙事话语是层累地造成结果。地处华北平原的泰山，凭借其拔地通天之势成为原始自然崇拜的对象和祭天的舞台。历代帝王的巡守、封禅与祭祀，在泰山上留下了众多文化遗存，对泰山神的不断加封，也使得泰山的地位日益尊崇，其神圣性与日俱增。而在文人墨客的眼中，泰山更是一种精神象征，一座文化之山。文人笔下的诗词歌赋，不仅描绘了泰山挺拔的山势和秀美的风光，也表达了泰山的雄伟稳重所代表的内涵，而浪漫瑰丽的想象也赋予了泰山天庭仙府的形象。广博的泰山，容儒释道三家文化于一身，儒释道也借泰山发扬光大。书院、寺庙、宫观共处一山，却毫无违和感。神圣的泰山，引得民众纷纷前来朝山进香许愿，他们不仅留下了经幢、铁桶、香社碑，也留下了丰富的传说故事和虔诚的信仰习俗，并且传承至今。帝王将相、文人墨客、僧尼道侣、平民百姓，他们共同缔造了今日泰山的旅游格局，为泰山积累了丰富的文化内涵和旅游资源。

如果我们按照上中下的社会分层来划分游客群体的话，帝王将相代表上层，文人仕宦代表中层，而平民百姓则代表下层。在泰山的旅游史上，三者皆留下了自己的印迹。但各自又有很大不同，帝王将相拥有强大的权利资本、经济资本和文化资本，不仅可以通过物象叙事，以宫观庙宇、亭台楼阁、碑石题刻等方式记录行踪，还可以命令史官以文字叙事的形式记录在册。文人仕宦虽没有强大的权利资本，但其所拥有的经济资本和文化资本却足以记录泰山的秀丽风光与自己登临的经历与感怀，借助文字叙事的方式传之后世。平民百姓拥有的权利资本、经济资本与文化资本较少，能借助造像、刻碑等物象叙事方式留下足迹的少之又少，史籍方志、笔记小说等文字叙事的记录也只有三言两语。对于民众来说，神话、传说、民间故事、俗语、谚语、歇后语等口耳相传的口头叙事是其最主要的叙事方式，里面充满了其对泰山的想象与感受。对于帝王封禅的礼仪，我们只能搜寻史书查找相关记载，但民众的民俗信仰，却仍以朝山进香等行为叙事方式流传至今。比较来看，拥有的权利资本、经济资本和文化资本越多，采用物象叙事与文字叙事的方式则越多，反之，则多所采用口头叙事与行为叙事。

物象叙事与文字叙事相对比较稳定，留存时间较长，而口头叙事与行为叙事则相对容易发生变异，不易留存。同时，两者间又相互影响，物象叙事和文字叙事可以为口头叙事与行为叙事提供依据，而口头叙事与行为叙事又可以为物象叙事和文字叙事提供佐证。在泰山的旅游发展史上，各种叙事方式共同建构了泰山的立体形象，积累了泰山的民俗叙事资源。

帝王在泰山上的封禅活动，凸显出国泰民安的心理诉求，而民众的行为叙事与口头叙事彰显了泰山的神圣性，也使泰山神灵信仰远播海内外，进一步凸显出泰山的平安文化。经由民俗叙事的象征性作用，复杂多元的内容得以提升凝练。景观经由摄影简化为图像，使其象征意义得以突显；信仰仪式行为简化，体现泰山神灵信仰的传说故事也凝练为简单易记的俗语；丰富的语言叙事不仅提升了泰山的价值内涵，而且凝练成短小精悍的俗语广泛流传，使泰山高大雄伟、厚重稳定的权威形象得到进一步提升，并日益深入人心，形成广泛认同。

第三章

泰山遗产化叙事解析

泰山文化博大精深，涵括了帝王的封禅祭祀、文人的吟咏题刻、民众的信仰朝拜等内容。虽然在历史发展过程中存在多种叙事主体，但是所有相关的叙事都是围绕着提升泰山地位、建构神圣空间而展开。历史上关于泰山的叙事散落于浩瀚的资料之中，世界遗产的申报机制，是对泰山价值的深入挖掘，激活重构了泰山的神圣叙事。在申报书的撰写中，民俗叙事虽然发挥了重要作用，但遗产文本书写的科学性体例要求，使其散落隐藏于文中，被淡化处理。

在历史上，泰山一直处于政府的管理之下。早在春秋战国时期，就设"岳牧"主祀泰山。秦朝时设济北郡守等官，又置泰山司空，管理祭祀泰山的土木工程。汉武帝时设泰山郡，郡守负责管理和保护泰山，元封元年封禅泰山后，又割嬴、博二县之地设奉高县，以祀泰山。东汉时，另有"山虞长"专司泰山庙宇和林业管理。汉代以后，设岳令、庙（岱庙）令及岱岳镇使、都虞侯等管理泰山。宋开宝年间，由县令兼管泰山，同时又有巡山寺、掌岳令、掌岳椽主管泰山之事。① 明清时期，不仅有泰山守、泰山权守专管泰山，同时各级行政长官也均把泰山的管理作为主要任务之一。民国时期虽然战乱频繁，但赵新儒等仁人志士组织的泰山文物保管委员会，为保护修复泰山的文物古迹做出了重要贡献。1949 年以后，泰山古物保护委员会、泰山林场、泰山管理处等机构的相继成立，使政府进一步加强了对泰山的保护和管理。可以说，泰山一直处于国家权力的管理之下，政府掌握着其叙事的话语权。在世界遗产的申报中，以泰山管委为代表的政府组织是叙事主体，在申报书的撰写中，采借民俗叙事，充分挖掘泰山的遗产价值，展示出其国家意义与普遍价值。

第一节 泰山遗产化历程

世界遗产是对遗产价值在国际层面的肯定，它突破了国界的限制，将享有与保护置于国际的平台。被列入世界遗产名录，将对遗产地在更大范围、更宽领域、更深层次起到宣传和保护作用。遗产地在国际和国内的知名度将会大大提升，将会有更多的人关注和了解它。这种全球性的宣传作用，可以为遗产地发展旅游带来大量客源，带动当地经济发展。同时，列入世界遗产名录，也使其置于联合国教科文组织和世界人民的监督之下，将促使地方政府在保护政策、机构和资金方面进一步完善，也会增加公众的保护意识。另外，世界遗产又具有地方性和民族性，其不仅融汇了该地域、该民

---

① 曹玉楼：《泰山保护管理的历史、现状和前景》，山东大学硕士学位论文，2005 年。

族的文化，而且对于遗产所在地或国家而言更具有特殊意义，它意味着得到国际社会的认可，是一项世界殊荣和顶级品牌。所以世界遗产的申报是一项重要的公共事务和文化策略，是为塑造国家形象和建构当代文化符号所需，展现的是国家的软实力和民族的荣誉感。

1972 年，在巴黎举行的联合国教科文组织第十七届会议上，通过了《保护世界文化和自然遗产公约》，先后有大约 180 个国家加入。1976 年，世界遗产委员会成立，并选取了 21 个国家为理事会会员国，项目的列入由他们研究决定。每年的 12 月召开委员会大会，讨论遗产项目的通过及公布等问题。所有材料必须在 12 月之前送达①，然后世界遗产委员会将派遣咨询机构的专家进行考察。咨询机构将评估各缔约国申报的遗产是否具有突出的普遍价值，是否符合完整性或真实性（如果适用）的条件，以及是否能达到保护和管理的要求，并向世界遗产委员会递交评估报告。如果通过考察，将于 12 月份的世界遗产委员会大会上公布正式列入世界遗产名录。

根据《保护世界文化和自然遗产公约》的规定，世界遗产的申报主体必须是加入公约具有独立主权和主体的缔约国。所以代表国家的政府组织在申遗过程中掌握着充分的主动权和话语权，早期的遗产申报，就是一种自上而下的行政操作。1985 年 11 月 22 日，全国人大常委会批准中国加入《保护世界文化与自然遗产公约》，成

① 在最新的《〈世界遗产公约〉操作指南》中，规定缔约国可以在全年任何时间提交申报文本初稿至秘书处，听取意见，接受初审。但强烈鼓励缔约国将其计划于 2 月 1 日截止日期前提交的申报文本的初稿于前一年 9 月 30 日之前交到秘书处。

为缔约国。1986 年，中国联合国教科文组织全国委员会向巴黎总部世界遗产委员会申报首批世界遗产，泰山作为中国申报的第一项自然遗产名列其中。当时建设部城建司负责世界自然遗产的申报工作，考虑到泰山不仅拥有较高的国际知名度，而且其厚重的历史文化内涵可以映射出中国五千年的文明史，同时作为国家首批风景名胜区，其保护管理工作也做得非常好，所以将泰山定为自然遗产的申报对象。

1986 年 10 月，建设部城建司委托泰山风景名胜区管理委员会及正在泰山编制《总体规划》的北京大学地理系联合编写申报材料。然而初次编写申报书，既无经验又无参照，而所谓的《保护世界文化和自然遗产公约——世界遗产申请表格》，只是一个提纲，怎样编写，无法可依。当时泰山是作为自然遗产进行申报的，那泰山厚重的历史文化要不要体现？怎样体现？当时申报书的主要撰写者吕继祥、李继生都向笔者讲述了当年撰写时的困难，由于自然遗产与文化遗产的二元分立，标准及撰写体例的缺失，缺乏经验与指导等问题都使得申报书的撰写困难重重。

后来李继生和谢凝高找到了负责撰写长城申报书的古建筑学家罗哲文，经过商讨发现建设部的英文翻译只是翻译了提纲，而没有翻译目。而《保护世界文化和自然遗产公约——世界遗产申请表格》英文细目内容极为丰富，要求的材料非常具体，其中仅是提纲就包括具体位置、法律地位、特征（又称鉴别）、保护情况和列入遗产目录理由等五大项。每项下设细目，均附说明，仅特征一项就包含描述和详细目录（又称说明和清单）、图表、摄影资料、历史文献目录等五个细目。

由于时间紧张，大家只好分工合作，将各项工作同时进行。从收集照片、绘制图表到审定、校稿、誊抄，制作幻灯片，历经十个昼夜的奋战，终于在 11 月 23 日完成 3.5 万字的初稿，继而综合大家的意见和建议，又连夜进行修改和补充，三易其稿，于 11 月底完成 5 万字的定稿。

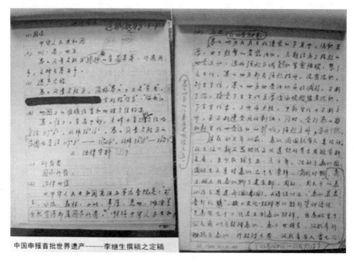

图 3.1　李继生所撰写的申报书手稿①

但在这一过程中，又遇到了翻译和出版的问题。因为时间紧迫，加上又是年终，负责遗产申报工作的曹南燕与外交部多次联系，没有人接手。最后，李继生赶去为其出版《古老的泰山》的外文出版局新世界出版社求援。

---

① 拍摄者：程鹏，拍摄时间：2014 年 9 月 30 日，拍摄地点：山东泰安李继生家中。

　　这个建设部的领导、泰安市的领导、还有中国联合国教科文组织全国委员会的一个项目官员师淑云，就是专门抓这个项目的。这样我就带着几个领导去了。去了以后我就和这个主编说，为了泰山屹立于世界遗产之林，咱们每一个公民，每一个炎黄子孙，都有义务尽一份能力。第二个，最严峻的问题是这一次申报不上，泰山作为中华民族的象征、中国历史文化的缩影、炎黄子孙的神山圣山永远成不了世界遗产了。我说鉴于此，咱牺牲个人的利益，这些大道理就不讲了。我这些天扒了层皮，一个星期写了 5.3 万字。人家乔治先生跟着我三天三夜不睡觉。乔治是美国的英语专家，我说人家外国人都做出那么大的牺牲了，咱能掉链子吗？最后主编又请示了领导，终于同意了。①

　　在李继生的言语中，可以发现其使用了"中华民族的象征、中国历史文化的缩影、炎黄子孙的神山圣山"三个短语来形容泰山，将泰山的象征意义上升至国家层面，以民族情绪增加说服力，最后获得支持，一定程度上也是泰山的象征意义得到了认同。

　　由于联合国教科文组织要求申报材料不仅要有丰富详实的文字资料，还要求有图片。限于时间和技术等原因，只好采取最原始的方法，在书后以双面胶将 20 幅照片贴上，在照片下方打印介绍性文字。

---

① 访谈对象：李继生；访谈人：程鹏；访谈时间：2014 年 7 月 9 日；访谈地点：山东泰安李继生家中。

图 3.2　粘贴在泰山申报书后面的照片①

经过各方共同努力，终于按期出版了烫金封面的精装英文版本《泰山世界自然遗产》。12 月 10 日由国家建设部副部长廉仲先生终审签字后，连同泰山影集和幻灯片资料一并送交中国联合国教科文组织全国委员会。1987 年 1 月联合国教科文组织回函表扬《泰山世界自然遗产》资料丰富而翔实，是第三世界中最优秀、最出色的版本，它在世界各国面前展示了中国世界遗产的价值。

1987 年 5 月 26 至 28 日，联合国教科文组织世界遗产中心派国际自然资源保护联盟属国家公园和保护区委员会副主席、世界遗产专家卢卡斯（P. H. C. Lucas）博士到泰山进行实地考察。在泰安期

---

① 拍摄者：程鹏，拍摄时间：2014 年 9 月 30 日，拍摄地点：山东泰安李继生家中。

图 3.3　泰山申报世界遗产中英文申报书①

间，曾经担任申报书主笔之一的李继生担任主讲。卢卡斯在仔细考察完泰山后，评价泰山说："泰山把自然与文化独特的结合在一起了，它将使国际自然保护协会的委员们大开眼界，要重新评价自然与文化的关系，这是中国对世界人类巨大贡献。"② 12 月 7 日至 11 日，在法国巴黎举行的第十一届世界遗产委员会全体会议上，泰山被正式列入世界遗产名录。27 日，《人民日报》第三版以"泰山被接纳为世界自然遗产"为题发表消息，副标题为"'天下第一名山'把自然与文化结合在一起"。③

①　拍摄者：程鹏，拍摄时间：2014 年 9 月 30 日，拍摄地点：山东泰安李继生家中。
②　转引自曲进贤主编：《泰山通鉴》，齐鲁书社，2005 年，第 466 页．泰安市档案馆 105 号全宗 1 号目录 24 卷 30 页。
③　转引自曲进贤主编：《泰山通鉴》，齐鲁书社，2005 年，第 471 页．泰安市档案馆 105 号全宗 1 号目录 24 卷 32 页，73 号全宗 3 号目录 27 卷 191 页；《人民日报》1987 年 12 月 27 日。

联合国教科文组织在最初设立遗产名录时只有单独的自然遗产和文化遗产，"这种泾渭分明的区分恰恰破坏了'自然－文化'浑然一体的表现与认知关系。一座山成为'名山'，成为自然遗产，主要原因并非其地形、地貌，而是'从审美或科学角度'体认的结果。它需要人类精神的附会，人类情感的渗透，人类审美的参与，人类认知的实践。"① 泰山的价值，不仅在于其独特的地质地貌和美丽的自然风光，更在于其悠久的历史文化和所蕴含的精神内涵，还有其综合自然与人文的独特美学价值。在 1987 年法国巴黎举行的第十一届世界遗产委员会全体会议上，泰山的申报文本被分别呈送给了联合国教科文组织自然遗产委员会和文化遗产委员会，结果都获得了通过。泰山在获得世人瞩目的同时，也引起了对其价值的争议。为此，联合国教科文组织世界遗产委员会决定派考察团再次考察泰山。

1988 年 4 月 2 日，城市规划及环境保护专家诸葛力多（J. Jokilehto）博士、古建筑专家费尔顿（Bernard Feilden）爵士、意大利壁画专家詹图马西（Gian Tomassi）先生及联合国科教文组织驻京代表泰勒（H. L. Taylor）等一行 7 人的考察团到达泰安考察。考察团考察了岱庙天贶殿壁画、汉柏、秦刻石及珍藏文物、泰山经石峪、五大夫松、十八盘、岱顶等处。詹图马西先生介绍了意大利保护和修复壁画的经验，并与中方相关人员商议了岱庙天贶殿壁画的保护和修复问题。4 月 3 日，在"保护泰山资源讲习班暨全

---

① 彭兆荣，《遗产政治学：现代语境中的表述与被表述关系》，《云南民族大学学报》（哲学社会科学版），2008 年第 2 期，第 6 页。

国第三期风景名胜区领导干部研究班"上，各位专家又对遗产保护等问题做了演讲。泰勒和诸葛力多分别介绍了自然遗产委员会和文化遗产委员会工作内容，诸葛力多还对遗产的概念、世界上对文物保护、维修在概念和观念上的演变及更新、以及世界先进的保护经验等问题做了介绍，詹图马西则对意大利关于保护和修复古壁画的经验进行了详细介绍，而费尔顿则介绍了对古建筑进行保护的具体方法，并介绍了防护及维修方面的国际经验。建设部、中国教科文组织全委会、省建委和市政府的领导还与专家组就泰山遗产的保护进行了讨论，探讨了开办讲习班、邀请各国专家来讲学、研究，以及壁画保护、环境整治、多渠道筹措资金等问题。

最后，泰勒先生代表联合国教科文组织宣布："泰山既是世界自然遗产，也是文化遗产，并为世界综合遗产开了个先河，为全人类做出了贡献。"① 此次考察不仅奠定了泰山自然与文化双重遗产的地位，同时也开创了泰山与国际组织合作进行保护的先河，会谈商讨的问题也很快得到了落实。1990 年 11 月 27 日至 12 月 7 日，联合国教科文组织与国家建设部在泰安举办中国泰山壁画研讨班，国内外专家、学者对中国壁画保护、修复技术和理论进行研究探讨。联合国教科文组织世界遗产委员会和国家建设部联合对泰山投资 4 万美元，用于岱庙天贶殿壁画的研究保护。②

1991 年 6 月 26 日，中国联合国教科文组织全国委员会和国家

---

① 参见李继生.《忆泰山世界遗产申报经过》，李继生的博客，http://blog.sina. com. cn/s/blog _ 50af832901008k6w. html。

② 转引自曲进贤主编：《泰山通鉴》，齐鲁书社，2005 年，第 490 页。原载《泰安五千年大事记·1990 年》。

建设部在北京人民大会堂举行泰山、黄山被列入《世界自然与文化遗产名录》证书颁发仪式，泰山管委主任李正明作为代表参加大会，并从联合国教科文组织驻北京代表泰勒先生手中接领了颁发的证书。

1998 年 9 月 1 日至 4 日，联合国教科文组织世界遗产中心计划专家景峰和国际自然保护联盟专家莱斯·莫洛伊（Les Molloy）到泰安考察监测泰山自然文化遗产，称赞"泰山作为中国名山，其文化资源和自然资源之丰富，在全世界都是少有的，被列入文化与自然双重遗产是当之无愧的。"认为泰山与中国的敦煌和意大利的威尼斯，是世界上仅有的三处完全符合《世界遗产名录》6 条标准的世界文化遗产。[1] 从最初的作为自然遗产的候选，到最终入选为自然与文化双遗产，其中的意义不仅在于泰山的文化价值得到世界的认可，更在于其对混合遗产的贡献。申遗不仅代表了中国的政治姿态，更体现了在世界范围建构话语的能力。如何将地方性的认同升华为全球性的遗产，不仅依靠遗产本身的价值，更有赖于叙事的能力。

从城乡建设部、中国联合国教科文组织全国委员会的领导到泰安市的官员，从专家教授到泰山管委的工作人员，泰山世界遗产的申报成功，是国家权力主导下，地方社会、文化精英合力完成的结果。民族主义的自豪感和使命感既是申报工作者的动力源泉，也是其说服他人的重要依据。世界遗产的申报主体要求，使得代表国家的政府组织在申遗过程中掌握着充分的主动权和话语权，国家指定的模式也决定了自上而下的行政操作。行政权力成为申报工作的主

---

[1] 转引自曲进贤主编：《泰山通鉴》，齐鲁书社，2005 年，第 556 页。原载《泰安日报》1998 年 9 月 7 日。

要力量，除此之外，世界遗产的意义及民族自豪感也是推动申报工作的重要力量。李继生、吕继祥所代表的地方学者，是申报书的主要撰写者，其对"地方性知识"的掌握，使其成为传播地方文化的主力，发表文章、著书立说、培训导游，为泰山文化的传播做出了重要贡献。

第二节　泰山遗产化文本分析

申报文本是委员会考虑是否将某项遗产列入《世界遗产名录》的首要基础，其重要性不言而喻。泰山的世界遗产申报书，虽然受到联合国教科文组织回函表扬，然而从最初的削足适履填写表格到后来的自然与文化并重挖掘，这一申报书经历了反复的修改。它不仅体现了我们对世界遗产的认知变化，也反映了我们对泰山价值的挖掘过程。

在1986年中国联合国教科文组织全国委员会向巴黎总部世界遗产委员会推荐首批遗产清单时，负责世界自然遗产申报工作的建设部城建司选择了泰山。然而仅就自然来说，泰山海拔不高，在地质地貌和自然风光方面也并不是最出类拔萃的，其较高的知名度更多的是源于其历史文化内涵和精神象征。对于泰山的世界遗产价值，吕继祥告诉笔者：

"你要从文化这个角度来讲，真正影响最大的是毛主席在《为人民服务》说的，中国古时候有个文学家叫做司马迁的说过："人固有一死，或重于泰山，或轻于鸿毛。"因为在那个时候对领袖的崇拜，像我们这个年代的，背《毛主席语录》、背《老三篇》都背的很熟很熟的，更多的是从那个角度来说。第二个，改革开放以后胡耀邦到泰山上来，登十八盘，然后回去在会议上讲攀登泰山十八盘的精神，来建设四个现代化，他这一指导，很多人就来泰山。那时候对泰山所谓的真正的价值有多大，当时恐怕有相当的一批人没有认识到他的遗产价值。他是逐渐认识到的，后来咱的这个认识水平，把它附加到上面，是历史层累的堆积，把它逐渐逐渐的拔高了。"①

遗产是对历史的记录，但并非所有的遗产都会受到社会的重视，社会只是有选择地保存历史遗产。世界遗产名录可以说就是一种选择的结果，除了取决于遗产本身的价值，申报时的筛选及叙事也起着关键作用。所以能够入选世界遗产名录既有必然性，也有一定的偶然性。遗产的选择具有一定的目的和标准，社会价值体系就是非常重要的一项标准，并且会随着时空的变更和意识形态的变化而发生变化。泰山能够在中国第一次申报世界遗产的时候就名列其中，除了其本身的价值外，当代领袖的推崇也是一个重要原因。而对泰山价值的认识，则是一个不断挖掘的过程。尤其是当泰山被选为自然遗产的申报对象后，怎样挖掘其价值则是一个令申报书撰写者头疼的问题。由于《保护世界文化与自然遗产公约》中对于世界遗产的分类只有自然与文化两类，这也就限定了申报对象非此即彼的

① 访谈对象：吕继祥（泰山风景名胜区管理委员会副主任）；访谈人：程鹏，访谈时间：2015 年 5 月 12 日；访谈地点：泰山风景名胜区管理委员会办公室。

二元对立。这种不完善使得集自然与文化于一体的申报对象，只能削足适履，选择其一。泰山虽是自然山岳，但其历史文化却更为丰富，怎样结合自然与文化价值于一身也就成了一个重要问题。当时担任《山东省志·泰山志》主笔的李继生，已经积累了许多资料，尤其是在自然地质方面，并且还先后撰写了《东岳神府岱庙》和《古老的泰山》两本书，在后来撰写申报书的时候可以说是更加得心应手。

泰山世界遗产的申报书除了附录《风景名胜区管理暂行条例（1985年6月7日国务院发布）》和《泰山风景名胜区管理试行办法》外，其正文主要包括具体地点、法律资料、特征、保护情况、加入世界遗产目录的理由五个大项。在加入世界遗产目录的理由部分，申报书首先综合概括了泰山的价值，即珍贵的历史文化价值、风格独特的美学价值和世界意义的地质科学价值：

> 泰山作为中国的名山、圣山，已有数千年的历史，作为国家直接管辖并接受帝王亲临祭祀的神山亦有两千多年的历史。在这漫长的岁月中，泰山渗透着极为丰富的历史文化，从而使泰山具有珍贵的历史文化价值、风格独特的美学价值和世界意义的地质科学价值。由这三种价值极高的遗产有机融合而成的泰山风景名胜区，不仅在中国，而且在世界上也是罕见的。因此，泰山既是中华民族，也是全人类的珍贵遗产，应当列入世界遗产目录，以享人类的全面保护。①

---

① 中华人民共和国城乡建设环境保护部：《世界遗产申报书·泰山（中文版）》，新世界出版社，1986年，第32—33页。

这段文字开宗明义，先将泰山置于中国的神山、圣山、名山之位，并指出其处于国家权力与帝王崇祀的悠久历史，以彰显其所居中华帝国之地位。而在论述泰山三大价值时，又将其置于世界范围，指出其国际价值，从而提出泰山是全人类的珍贵遗产这一主题。国家地位与国际价值，是其申报书撰写时所把握的两项重要标准，接下来的四部分论述，都围绕着这两项标准展开。

首先论述泰山在中国名山中的地位时，就从三个方面展开分析泰山作为中国"五岳之首"的地理和社会历史背景，通过考古发掘成果介绍泰山是中国古代文化的发祥地之一、世界历史文化名人孔子及其所创儒教是齐鲁文化的标志；对历代帝王封禅活动的介绍，意在说明"世界上还没有一座名山象泰山这样连续两千多年受到历代帝王亲临祭祀。"[①] 而对深入人心的传统观念与习俗的介绍，意在说明泰山在帝王与百姓心中的崇高地位。

其次从泰山作为中国的发祥地、齐长城、孔子与泰山的关系入手，通过中国的五行思想引出帝王封禅对泰山的影响，继而又从文人墨客吟咏题刻、泰山宗教、古建筑、石刻、壁画、彩塑等艺术论述了泰山悠久的历史文化遗产。既从时间上论述历史悠久（距今四十万年前的"沂源人"），又从空间上论述世界影响（帝王封禅各国使臣陪祀），还从内容上论述历史文化遗产之丰富（建筑、碑刻、书法、壁画、彩塑、文学、宗教）。最后更以郭沫若的评价点题

---

① 中华人民共和国城乡建设环境保护部：《世界遗产申报书·泰山（中文版）》，新
世界出版社，1986年，第33页。

"泰山应该说是中国文化史的一个局部缩影"①。

再次从泰山的地质地貌、濒临灭绝的赤鳞鱼、泰山水及植被等方面，论述了泰山的自然遗产价值。同样也从地质学的角度，对泰山在世界上的科学研究价值进行了论述。

最后，结合泰山丰富的自然美与其反映的中华民族的美学思想和精神象征论述了泰山的美学价值。这一部分着墨最多，从泰山自然美的主要特征、丰富性、泰山风景区的美学价值三方面展开论述。同样，在对泰山的美学价值进行分析时也将其上升到民族国家的层面。"泰山不但在自然特征上具有雄伟的美，而且体现了中华民族数千年的历史文化，其中包含了我们民族的深刻的美学思想。"② "泰山在几千年的开发建设中，形成了中国名山风景的典型代表。"③ 而在介绍泰山的摩崖石刻时，更是将其置于世界之流。"泰山不愧是'中国历代摩崖石刻艺术博览馆'，其规模之大、展品之多、时代之连续性以及风格、流派、艺术之精湛，构建之巧妙，都是世界名山所无与伦比的。"④

泰山被作为中国首批申报世界遗产的对象，除了其丰富的自然与文化遗产资源外，更重要的原因是其被作为中华民族的象征所具

---

① 中华人民共和国城乡建设环境保护部：《世界遗产申报书·泰山（中文版）》，新世界出版社，1986年，第36页。

② 中华人民共和国城乡建设环境保护部：《世界遗产申报书·泰山（中文版）》，新世界出版社，1986年，第39页。

③ 中华人民共和国城乡建设环境保护部：《世界遗产申报书·泰山（中文版）》，新世界出版社，1986年，第40页。

④ 中华人民共和国城乡建设环境保护部：《世界遗产申报书·泰山（中文版）》，新世界出版社，1986年，第43页。

有的符号意义。正如申报书中所写：

> 由于泰山无论从时间或空间而论，都包含着极为丰富的内容，因而逐渐成了中华民族历史上的精神文化之山。泰山作为伟大中华民族的象征和缩影，是因为泰山具备特有的内含：即自然山体之宏博，景观形象之伟大，精神之崇高，文化之灿烂，历史之悠久。泰山无论在帝王面前或是平民百姓的心目中，都是至高无上的。"稳如泰山""重如泰山""有眼不识泰山"成为人人皆知的成语。凡炎黄子孙，无不敬仰泰山精神，世界上很难有第二座名山，像泰山那样深入到 10 亿人的心坎之中，并名扬世界。①

立足本土，面向世界，阐释其世界性意义，在世界范围内建构出一套广泛认同的叙事，是世界遗产申报的关键。泰山的世界遗产申报书，无论是在内容上，还是语言上，都格外注意突出泰山的世界意义。以国际化的视野将泰山立于世界名山之林做比较，更加突出了其世界性的意义，这也成为泰山最后入选世界遗产所写下的重要一笔。

值得注意的是，在申报书的撰写中，民俗叙事发挥了重要作用，它不仅渗透于其历史文化的论述中，对于自然景观的撰写也有诸多帮助。如申报书中对十大自然景观的描写中，就采用了许多传说。

---

① 中华人民共和国城乡建设环境保护部，《世界遗产申报书·泰山（中文版）》新世界出版社，1986 年，第 43 页。

黑龙潭，传黑龙潜此镇山治水，故名黑龙潭。

云步桥，崖顶东侧有怪石耸立如老翁拱揖，传说是一仙人接驾宋真宗而后化为石，故名接驾石。

壶天阁，这里古称"石关"，又名"仙岩"，传古帝王登山至此，马不能上，所以又叫"回马岭"。

小洞天，道家以为天下有三十六洞天，七十二福地，都是神仙居住之地。①

采用这些传说的形式，体现了民俗叙事的解释性。龙蟠虎踞，神仙洞府，以神话传说的形式，提升泰山的神圣性。民俗叙事的解释，是一种艺术化的解释，它反映了人们的世界观、人生观、思想观念、信仰等内容。泰山上众多景物的命名，是人们精神信仰的真实写照，如一天门、中天门、南天门所构建起的三重空间结构，凸显了泰山天庭神府的神圣地位。除此之外，在论及泰山的自然资源时，对泰山特产赤鳞鱼、"泰山神水""汉柏""唐槐""五大夫松""望人松"的描述也带有显著的民俗叙事色彩。将泰山景物与帝王封禅、文人登临相联系，以突出帝王对泰山的尊崇、文人对泰山的歌颂，借名人之名提升泰山神圣地位。

在历史文化的论述中，更是大量使用了民俗叙事。如申报书中对传统思想观念的讲述：

---

① 中华人民共和国城乡建设环境保护部：《世界遗产申报书·泰山（中文版）》，新世界出版社，1986年，第4—6页。

因泰山有通天拔地之势，富有想象的古人，把它当作通往天宫的阶梯；又因泰山位于中国的东部，在传统观念中，"东方主生"，为阴阳交代之地。"四时"中，东方为春，因而东方成了生命之源，希望与吉祥的象征。帝王需要政治，也需要传统观念，祈求"泰山安则四海皆安"。老百姓也需要传统观念，祈求泰山神禳灾赐福，庇佑安居乐业。因此，泰山无论在帝王还是黎民百姓的心目中，均至高无上。①

以四方、四时等观念，突出泰山的神圣性，通过帝王对国泰民安的祈求、百姓对安居乐业的期盼，以此突出泰山的信仰地位——无论在帝王还是百姓的心目中，都是至高无上的。对此，申报书又分别从帝王的封禅祭祀和百姓的民间信仰展开论述。

申报书在多处都论及了历代帝王的封禅、祭祀活动，如在第一部分论述泰山在中国名山中的地位时，就单独叙述了历代帝王的封禅活动是提高泰山地位的重要因素。而在第二部分论述泰山数千年历史的文化遗产时，更详细的阐释了封禅的由来、意义、历代帝王的封禅祭祀活动及历史遗存。甚至在第四部分论述泰山的美学价值时，也有大段篇幅论及封禅祭祀活动的空间利用、建筑设置和石刻等内容。在短小的篇幅内如此集中论述帝王封禅，在泰山以前的各类叙事文本中并不多见。这固然是因为帝王的封禅祭祀活动对于建构泰山的神圣地位、突出对泰山的崇拜信仰有着重要意义，但另一

①　中华人民共和国城乡建设环境保护部：《世界遗产申报书·泰山（中文版）》，新世界出版社，1986年，第33页。

方面也反映出社会价值与意识形态的变化。正如吕继祥在谈及泰山遗产价值的挖掘时所说：

> "刚一开始，根本没有认识到它的遗产价值或者什么价值，它是慢慢体现出来的。你说历代帝王到泰山上来，留下了刻石什么的，那时候是封资修啊，文化大革命时都要批判的，帝王将相、才子佳人都是封资修的一些东西，你说谁敢啊。"①

经历过 1949 年后的"左"倾运动与"文化大革命"的人，对于帝王将相这类"封资修"的东西仍心有余悸，所以在 1949 年后直到 20 世纪 80 年代的许多关于泰山的叙事文本中都较少论及。改革开放以后，国人的思想意识形态也在发生变化，所以 80 年代中期，对于帝王封禅的内容就逐渐增多。在李继生所撰写的《古老的泰山》② 中就有专门一部分写历代帝王封禅祭祀泰山。而他在撰写申报书时，也将这一部分作为重点之一展开论述。

对于老百姓的民间信仰，申报书通过对泰山宗教信仰发展的讲述，引用苏辙的《岳下》诗、王锡爵的《东岳碧霞宫碑》，以论证中国人对泰山神和泰山老母——碧霞元君的信奉影响之大。"朝拜泰山老母的远近数千里，每年数十万众，泰山行宫（即元君庙）遍

---

① 访谈对象：吕继祥（泰山风景名胜区管理委员会副主任）；访谈人：程鹏；访谈时间：2015 年 5 月 12 日；访谈地点：泰山风景名胜区管理委员会办公室。
② 《古老的泰山》虽然出版于 1987 年 7 月，但李继生早就完成了该书的撰写，对泰山世界遗产申报书的撰写则是在此书之后。

及中国。"① 民众祈求泰山神禳灾赐福，庇佑安居乐业，碧霞元君的信众及行宫遍及全国，这些民俗叙事，是为凸显泰山在民众心中的地位，以泰山信仰强调其在国人心目中的认同形象，体现了民俗叙事的认同性作用。

另外，在论及泰山的美学价值时，其美学思想更暗含了中华民族的民俗心理，如对稳重、平安的追求，而产生诸如"稳如泰山""重如泰山"等俗语。地府、人间、天上的空间格局，贯穿着人们登山祭祀由人境至仙境的思想升华。人文建筑与自然和谐共生，反映的正是"天人合一"的思想理念。建筑、碑刻无不体现了中华民族的民俗心理。申报书中对意、境等的描述，正是关于民俗心理的叙事。

在申报书的撰写中，民俗叙事发挥了重要作用，这是由民俗叙事的解释性、认同性、象征性、凝练性所决定的。民俗叙事可以给予事物事象以艺术化解释，虽非科学化解释，却可以折射出背后的思想观念。民俗所具有的认同功能，使得民俗叙事在众多民族主义场合被使用，以构建群体认同。而民俗此时也变成了象征符号，维系着群体的认同，所以民俗叙事的象征性语言也便经常出现。民俗叙事中的俗语表达，是其凝练性的体现，在字数有限的前提下，可以充分的达到叙事目的。

然而我们也可以看出，这些民俗叙事的内容，许多都是在文革时期被批判的对象，在泰山申遗文本中却成为重要内容。文革中被打倒的"孔老二"也以世界文化名人、春秋时期的大思想家、大教

---

① 中华人民共和国城乡建设环境保护部；《世界遗产申报书·泰山（中文版）》，新世界出版社，1986年，第35页。

育家孔子的形象出现在文本中。这些不仅反映了社会价值与意识形态的变迁，也折射出民族国家在遗产运动中的价值主导。当然，我们也必须承认，受遗产申报书科学性撰写体例的要求，这些民俗叙事的内容散落甚至隐藏于文中，被淡化处理。

除了文字介绍，申报书最后还选用了 20 张照片，分别是黑龙潭、扇子崖、天烛峰、赤鳞鱼、对松山、旭日东升、天门云梯、宋天贶殿、泰山神启跸回銮图、灵岩寺罗汉彩塑、岱庙全景、碧霞祠全景、泰山秦刻石、汉无字碑、经石峪大字、唐摩崖碑、齐长城遗址、孔子登临处坊、岱庙汉柏、五大夫松。这些照片，既有自然风光，又有历史建筑，既有稀有物种，又有艺术杰作，在与世界遗产标准相对应的同时，又能体现泰山的价值和特色，代表性景观也展现了泰山的雄伟壮美。

在选用的图表中，有一张《五岳真形图》，旁边列有关于其含

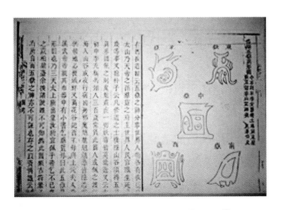

图 3.4　申报书中所附五岳真形图①

---

① 拍摄者：程鹏，拍摄时间：2014 年 9 月 30 日，拍摄地点：山东泰安李继生家中。

义、作用及来源的传说，除了与后面讲述五行学术有帮助外，更在于利用这一符号叙事构建认同。泰山真形图逐渐成为泰山的代表，被广泛运用于泰安的各个地方，从电视台标到广告标牌，从商品刻石到出租车，这一符号也成为泰山在当地民众中构建认同的重要方式。

另外，在世界遗产委员会关于泰山的评价中，可以获知其所凝视的信息。"庄严神圣的泰山，两千年来一直是帝王朝拜的对象，其山中的人文杰作与自然景观完美和谐地融合在一起。泰山一直是中国艺术家和学者的精神源泉，是古代中国文明和信仰的象征。"[1] 从中可以发现四条主要信息，帝王朝拜的对象、人与自然的和谐共融、艺术家和学者的精神源泉、古代中国文明和信仰的象征。对比申报书的内容，可以发现这一评价非常贴切，凝练的语言准确的反映出了泰山的价值，也从一个侧面反映出申报书叙事的成功。

第三节　当代申遗与民俗叙事

在早期的世界遗产申报中，被列入世界遗产名录的大都是早已驰名中外的旅游胜地，世界遗产的名号只不过是锦上添花。对于世界遗产价值的认识不足，加上"酒香不怕巷子深"的心理，所以在早期很少看到对于世界遗产的宣传推介。泰山也是如此，在其被列入世界遗产名录之后，并未进行大规模的宣传活动，甚至很长一段时间内，人们都不了解这个称号。

---

[1]　世界遗产委员会 http：//whc．unesco．org/en/list/437

出现这种情况有着多方面的原因，当时，中国刚刚改革开放，经济上尚处于起步阶段，地方财政尚需要泰山旅游景区的门票收入做支撑，无力在宣传方面投入大量资金。而当时的思想也并未完全打开，加之对世界遗产价值认识不清，也使得在宣传方面缺乏主动实践。另外，泰山在悠久的历史中，由于帝王的尊崇、文人的歌颂、百姓的朝拜，而形成"五岳独尊""天下第一山"的崇高地位，还有近代"国山"论的提出及首批国家重点风景名胜区等荣誉称号的获得，使得"酒香不怕巷子深"、"唯我独尊"的思想深植人心。同样在第一批被列入世界遗产名录的故宫、长城等地，也受"早已名声在外"心态的影响，缺少对外宣传的动力。另外，虽然申报书的撰写略有曲折，但泰山被列入世界遗产之路却相对较为顺利。相比起后继世界遗产预备名录中的候补对象，泰山在第一次申报时就被国家直接指定为申报对象，跳过了国内厮杀，而世界遗产申报制度尚处于起步阶段，相对容易申报成功，而后随着世界遗产遴选标准与程序的日益完善，使得申报世界遗产的难度也越来越大，各个候选遗产地也在宣传造势上花费较大力气。

当然，这一时期的宣传虽然较少，但也并非全然没有。1992年7月8日至20日，联合国教科文组织举办的《保护世界文化和自然遗产公约》签订20周年纪念活动在巴黎开幕。泰山管委一行3人作为中国代表团成员赴巴黎参加活动，并举办了泰山文化自然遗产风光片展览。[①] 然而除了宣传展览的频次较小之外，对于世界遗产

---

① 转引自曲进贤主编：《泰山通鉴》，齐鲁书社，2005年，第505页。原载泰安市档案馆73号全宗3号目录507卷1页。

的宣传推介活动也很少能吸引游客则是另一问题。1999 年 5 月 1 日，"世界自然与文化遗产——泰山"陈列，于泰山旅游咨询中心向游客开放。陈列以多媒体和现代化表现手法，系统展示了泰山的自然风光和丰厚的文化遗产。然而一直到年底，才共接待观众 2 000 余人次。① 这与泰山巨大的客流量极不相符，它不仅反映了旅游地对遗产品牌的重视不足，也反映了游客对世界遗产的了解和关注并不多。

进入 21 世纪之后，全国各地都兴起了"遗产热"，泰山也被裹挟进遗产运动的大潮，开始积极主动的申报遗产名号，这与早期被动的接受国家选择已经截然不同。在这一遗产运动中，其最主要的表现就是打造"四重"世界遗产和树立中华"国山"。

一、打造四重世界遗产

2005 年，泰山景区党工委、管委会就制定泰山品牌战略计划，重点打造"四重"世界遗产和"国山"品牌，力争让泰山成为国际知名遗产地和旅游目的地。2006 年 9 月，泰山被联合国教科文组织批准为世界地质公园；2006 年，泰山石敢当习俗被列入第一批国家级非物质文化遗产名录；2008 年，泰山东岳庙会被列入第二批国家级非物质文化遗产名录；2011 年，泰山传说被列入第三批国家级非物质文化遗产名录。三项非物质文化遗产项目，都是重要的民俗事象，泰山要申报人类非物质文化遗产，必须俯身向下，汲取民俗叙

---

① 转引自曲进贤主编：《泰山通鉴》，齐鲁书社，2005 年，第 562 页。原载《泰安年鉴·泰山·旅游》（2000 年）。

事的力量。随着这些荣誉称号的积累,"四重"世界遗产的目标似乎越来越近。关于这一目标的各种宣传也时常见诸媒体,"四重遗产""中华国山"的关键词不仅出现在景区的宣传牌上,在报纸、杂志、电视、网站上也可以经常看到。如 2016 年 1 月 5 日,泰安市人民政府门户网站在泰山旅游资讯中就发布了《泰山景区打造四重世界遗产建设国际旅游目的地》的文章①。

图 3.5　泰山旅游风景区的广告宣传牌②

　　将泰山建设成国际知名的遗产地和旅游目的地的长远目标,是无可厚非的。然而"四重遗产"不过是一个生产的符号,联合国教科文组织世界遗产委员会并没有这一名称,而且世界地质公园并不

---

①　参见泰安市人民政府门户网站,《泰山景区打造四重世界遗产建设国际旅游目的地》,http://www.taian.gov.cn/tsly/lyzx/201601/t20160105_600350.html。

②　拍摄者:程鹏,拍摄时间:2015 年 5 月 5 日,拍摄地点:山东省泰安市泰山旅游风景区。

是世界遗产体系中的一员。泰山在地质方面的独特价值，已经是其自然遗产价值的体现。即使是非物质文化遗产也是文化遗产下的一种非物质形态的遗产，从这一点上来说，自然与文化双重遗产已经是目前世界遗产体系中的"最高荣誉"。然而对于发展遗产旅游来说，"四重遗产"无疑是一个巨大的噱头。作为政府推动的工程，建构"四重遗产"地的主要目的仍然是提高知名度、发展旅游。在这一过程中，旅游强化了行政事业的重要性和管理方面的成就感。行政管理把遗产变成一种品牌，而"遗产品牌工程"的实施又将会加剧行政权力的运用。

"在当前轰轰烈烈的遗产运动中，遗产成为行政部门通过行政操控、行政法规、行政管理、行政手段等实现'绩效'以兑换政治资本的变相'公式'。在这一过程中，大规模的群众旅游为各级政府实现行政绩效注入了巨大能量；因为'遗产旅游'是一个风向标。"① 遗产旅游所带来的巨大客流量和经济效益，已经是有目共睹，所以遗产工程也成为行政部门着力推动的项目。

然而，对于旅游地政府与旅游者来说，其对世界遗产的认知并不在同一层面上。"四重遗产"只不过是泰山锦绣华衣上又增添的一颗明珠，虽然耀眼，却不能完全掩盖其余的华彩之处。笔者在调查中曾随机采访过几位游客是否知道"四重遗产"的意思，基本上都回答并不清楚，有的虽然勉强知道泰山是世界文化与自然双重遗产，但对"四重遗产"却表示从没听说过。当然，如果我们换个角

---

① 彭兆荣，《遗产政治学：现代语境中的表述与被表述关系》，《云南民族大学学报》（哲学社会科学版），2008 年第 2 期，第 7 页。

度讲，按照世界遗产的真实性与完整性标准来看，泰山的非物质文化遗产是其遗产体系中不可分割的一部分。泰山的文化遗产价值，不仅体现在建筑碑刻等物质载体，也体现在其作为文化空间及精神象征等非物质文化价值。当初泰山被作为自然与文化双遗产而进入世界遗产名录，其非物质文化方面的价值并没有得到体现，它所呈现出的遗产价值并不是完整的。

目前，泰山管委的战略是将各地的东岳庙会联合作为一个整体申报人类非物质文化遗产，认为其作为文化空间申报成功的几率更大。然而，从实践层面来讲，要将东岳庙会申报成为人类非物质文化遗产，还有相当大的难度。且不说目前各地的东岳庙会情况参差不齐，联合申报的合力有多大，单说泰山东岳庙会也存在一系列问题，20世纪由于战乱和政治运动，泰山东岳庙会曾一度中断，80年代末以物资交流会的形式得以复苏，在2008年被列入第二批国家级非物质文化遗产名录后，泰山东岳庙会更多的是被作为一种文化展示的项目，其举办场所也局限于岱庙内，居民要逛庙会需要先购买30元的门票，虽然有诸多优惠①，但仍然限制了居民的参与，而在各类活动中，民众的主动参与性也并不高。当前的泰山东岳庙会更多的是作为文化展示的政府行为，其文化功能与社会功能占据主导，而宗教功能与经济功能则大为减弱。② 从非物质文化遗产所

---

① 岱庙在门票方面的优惠政策主要有：泰安市民60岁以上可以免费，外地的游客70岁以上免费，小学生一米二以下免费，军官、残疾人免费。教师、劳模等，则都是半价。另外泰安市民还可以办理登山证，在有效期内可以无限次的游览泰山和岱庙。

② 具体情况参见程鹏：《遗产旅游中的民俗叙事研究——以泰山遗产旅游为例》，华东师范大学博士学位论文，2016年。见附录二：《作为文化展示的庙会——2015年泰山东岳庙会调查报告》。

要求的原真性与完整性等标准来看，东岳庙会要申报人类非物质文化遗产，任重而道远。

在全球化的遗产运动中，民俗文化被作为地域或民族的文化符号，遗产的层级申报制度，将这一符号的认同群体不断扩大化，而申报世界遗产的努力，则将其提升至民族国家的文化符号。文化符号认同群体的扩大化，带来的是文化资源转化所附着的强大经济效益，这种认同性经济也就成为当前遗产运动的重要驱动力。民俗叙事因其认同性功能，也就成为当前遗产旅游叙事中的重点。

二、打造中华"国山"

将泰山立为国山的建议，早在民国时期就有人提出。由于现代西方科学思想的传入，使中国传统的思想观念受到冲击。剥去封建统治者神道设教的外衣，对于泰山的信仰和崇祀大减，而且由于地理知识的进步，泰山五岳独尊的地位已然没落。然而另一方面，人们也更加客观的去看待泰山的历史文化价值与精神特质，时值民族国家建立之际，亟需象征符号以构建国民认同，遂有确立"国花""国山"等倡议。当时就有立泰山为"国山"的倡议，如老舍在1932年12月1日《论语》（第6期）发表的《救国难歌》中就写道，"我也曾提倡东封泰岳为国山"。① 1933年《江苏教育》月刊第1～2期合刊（1933年2月出版）发表了易君左、王德林的《定泰

---

① 对于这一句诗，马东盈认为《救国难歌》是一首讽刺诗，老舍旨在讽刺当时的各种救国言论，对于泰山国山论实际上是持否定态度的。见马东盈《泰山国山论：民国文献释读》，登泰山看世界——马东盈的民俗学博客，http://www.chinesefolklore. org. cn/blog/? madongying。

山为国山刍议》一文，全文约计万字，分为"缘起""理由""计划""办法"四节，全面论述了"国山"的起议背景、论证依据及具体的实施方案和步骤。作者在引题中写道，"具有刚健中正四大德性，允应定为中华民国国山！用泰山的精神消灭富士山之魔影"①。所谓富士山之魔影实指近代日本对富士山的异化，军国主义者将之定为日本国山，使之成为鼓励侵略的精神武器。更有日本学者提出"泰山富岳同脉"的谬论。作者提出"用泰山的精神消灭富士山之魔影"，可以说有着强烈的政治意义。在缘起部分，作者更是由近代中国所受帝国主义之侵略入题，指出当前"国族生存，危如累卵，士气颓唐，民情浇薄，移风易俗，应有具体之象征，召回国魂，恢复民族自信力，庶几可挽中国之危亡，奠万年有道之基础"②。并以日本之富士山、美国之若机山等为例，指出"国山"在为国民敬仰、史家诗人歌颂外，对陶铸民族品格也有着重要意义。中国虽然名山众多，但：

> 或因地域窎远，或因与史无关，或因徒拥虚名，或因缺乏景物，求能气魄伟大，形态庄严，傲首嶙峋，丰姿华灿，而又与吾国历史文化及固有道德有密切悠远之关系，且确能代表中华民族精神者，舍泰山而外，将何所求？泰山者，决非山东一省之泰山，而为全中国之泰山，超四岳而特峙，故曰独尊。百

---

① 易君左等原著，周郢续纂：《泰山国山议：文献校释与学术新诠》，五洲传播出版社，2013年，第5页。

② 易君左等原著，周郢续纂：《泰山国山议：文献校释与学术新诠》，五洲传播出版社，2013年，第5页。

山环拱而相向，故曰岱宗。吾国大圣人孔子所称赞不绝于口者
也，历代帝王封禅之首一处所也，国民心目中所仰为至高无上
之巍帜象征者也。故定泰山为中华民国国山，其理由至为光明
正大！兹国难当头之际，尤非秉总理遗教，唤醒民众，鼓舞崇
高伟大之民族精神，而莫由救心死之哀。①

从这一论述中，可以看出其选取泰山为国山，不仅因为泰山形
态庄严雄伟，更因为其与中国历史文化道德的密切关系，并且可以
代表中华民族精神。而孔子的赞誉、帝王的封禅、百姓的尊崇，更
进一步增强了定泰山为国山的理由，而这也是日后泰山申报世界遗
产时重要论述的部分。

而接下来论述定泰山为国山的理由时更是从八个方面详细展
开。（1）泰山"刚健中正"之德性，与中国民族精神及固有文化完
全吻合。（2）泰山为历代所仰重，至屈天子之尊严，代表大自然之
威力。（3）从地理地质方面，定泰山为国山，深合人文地理之真实
精神。（4）中国国民对自然的尊崇，尤以对泰山为最。在社会生
活、心理信仰等方面都有所反映。定泰山为国山，可以体现中国民
生主义精神。（5）泰山地处孔孟之乡，为孔子所景仰歌颂并予以自
况，与中国的文化道德有着密切联系。（6）定泰山为国山，可以使
万国观光，千方礼拜，对于国家繁荣，提高其在世界中之文化地
位，有着重要意义。（7）泰山历史悠久，并且早有国山之实，只是

---

① 易君左等原著，周郢续纂：《泰山国山议：文献校释与学术新诠》，五洲传播出版
社，2013年，第6—7页。

无国山之名。故此正名，以使其名实相符。（8）定泰山为国山，运用泰山的精神以消灭富士山之魔影！结合当时的社会背景，可以很容易理解，作者欲借国山之名，强化中华民族这一"想象的共同体"，凝聚民族精神，以共御外侮，提升国际地位。

另外，教育家、历史学家许兴凯也是近代倡导泰山作为中国"国山"的先声之一。1933年8月，许兴凯在泰安县立师范传习所对来泰山修学旅行的东北中学学生军讲演"泰山的意义"：

> "泰山！五岳之首的泰山！本来是我们中国的象征。国是个概念，需要一个具体的东西来代表他。这东西不是河，就是山。比如德国的莱茵河，日本的富士山。我们中国也以河山比喻国土。这河，我以为就是黄河。这山，我以为就是泰山。黄河流域是中华民族的发祥之地，也是世界古文明的策源。中国的五岳本来是早年中国国境的五至。五岳以泰山为首，泰山可以代表我们的中国。这泰山是国家，人民，土地的代表者。我们到此游览，当然有重大的意义。"①

后来，该文以《讲演泰山》为名，收录于其所著《泰山游记》一书。

20世纪30年代，各种救国思潮此起彼伏，定泰山为国山在当时引起热议。教育学家、时任泰安乡村师范校长的徐守搓还曾拟将之作为民国二十五年（1936）国民大会提案，后因本届"国大"取

---

① 许兴凯：《泰山游记》，读卖社，1934年，第17页。

消而未能列入政府议案。此后，由于战争频繁，政局动荡不安，"国山"之议也被搁置。然而立泰山为国山虽未获得立案通过，但在许多华人心目中，泰山仍然是中国的象征。如 1990 年 9 月在"第一届泰山国际学术研讨会"上，新加坡画家赖桂芳在致辞中就提出"泰山是神山、是圣山、是国山，是中华民族灵魂的支柱和精神寄托"。① 这种将泰山直接称为国山的提法，也见诸其他人的文章之中，只是未作具体深入的阐释。

进入 21 世纪后，"国山"之议又被提上社会论坛。2000 年 8 月，泰山网登载了宋绍香、马东盈撰写的文章，文中提出泰山是"伟大中华之国山"，此文后被国内多家网站转载。2001 年 8 月 31 日，北京策划人宋体金在《华夏时报》上提出"国山"倡议，并提出评选的四个条件。2003 年 4 月 18 日，《华夏时报》以《民间传来"国山"声音，五岳之首泰山能否当选》为题，发表了该报对宋体金与国学大师任继愈的访谈。同年 11 月，泰山网开辟了"国山文化"专栏，在网上展开了"国山讨论"，并先后登载了马东盈对北京大学教授杨辛、济南教育学院教授徐北文、泰安市政协委员李中华等人的访谈，许多网友也纷纷加入讨论，定泰山为国山之议又成热点。

除了网络等媒体上的热议之外，泰山学院泰山研究中心还成立了"泰山——国山"课题组，并且这一项目还被列为山东省社会科学规划重点资助项目。课题组进行了大量的基础性研究工作，并形

---

① 赖桂芳，《赖桂芳先生的讲话》，载《泰山研究论丛》，青岛海洋大学出版社，1991 年，第 286 页。

成了一系列研究成果。如《泰山学院学报》2003 年第 4 期就刊登了一组关于"泰山——国山研究"的笔谈，王雷亭、汤贵仁、陈伟军、蒋铁生、周郢几位学者，从历史、文化、政治、经济等角度论述了泰山的国山价值及意义。这些地方学者组成的文化精英群体，是当代泰山"国山"论的主要倡导者。他们旁征博引，著书立说，多角度阐述泰山的国山本质。如周郢就先后撰写过多篇文章，如《泰山"国山"地位的历史回顾》、《把泰山确立为中华国山的五大理由》①，2013 年更是出版了《泰山国山议：文献校释与学术新诠》。

另外，2003 年 2 月，泰安市政协委员李中华在十届一次会议上，还提出《关于把泰山命名为国山的建议》的提案（第 157 号）。2006 年初，泰安市政协委员王希荣等在市政协十届四次会议上递交了《关于充分挖掘泰山文化资源，强势打造中华"国山"品牌，大力发展泰山文化产业的建议》的提案（第 79 号），也提及打造泰山"国山"品牌的建议。2007 年第十届全国人大五次会议上，山东代表团代表王元成在多名代表的附议下，向大会提交了将泰山命名为"国山"的议案。这是新中国成立以来第一次在全国人民代表大会上提出"国山"的议案，在网络上也引起热议。

从民国时期到新世纪，从民间到学界、政界，"泰山国山论"的热议，不仅有救亡图存、增强民族认同的目标，也有提高知名度、发展旅游经济的目的。"国山"是民族国家（nation-state）的符号象征，"但民族国家从概念到实体从来就是'想象的''有限的'

---

① 参见周郢博客 http：//blog. sina. com. cn/s/blog _ 4c3e6ba4010009pe. html。

'时段的'现代国家表述单位"①。且不说幅员辽阔的中国是一个多民族共存的国家，即使是汉族地区也是文化差异巨大，要制造或选择出一个共同认同的符号，绝非易事。而且相比起"国徽""国旗""国歌"，"国山"的称谓更多是来自民间的自发性。虽然泰山作为国山的称法，出现于景区的宣传口号，出现于学者的文章中，甚至出现于领导人的讲话中，然而却并没有法律上的合法性，要以行政立法的形式通过并不现实。

"国山"虽不是世界遗产体系中的一员，但其名号意味着代表一个国家，其所具有的象征功能不可小觑。象征的力量是巨大的，二桃可以杀三士，一个金苹果也可以引起诸神之战，产生这种结果的原因，不是在于桃与苹果的能指，而是其所隐含的所指（功劳最大的、世界上最美丽的）。国山之争，实际上是认同与权利遮蔽下的对名号和资源的争夺。当地的文化精英撰文立书，是地方文化寻求更高地位的驱使和地方自豪感的驱动，"国山"的表述可以出现于个人的文章中，然而要上升至国家立法层面，形成国民认同，则存在较大难度。

在当代的申遗热潮中，对于遗产所在地来说，能否推动遗产申报成功，考验的是其在世界范围内生产、传播叙事，从而构建认同的能力，它不仅依靠国家强大的文化实力与话语权，也需要遗产地的民众认同与共同努力。在泰山的申遗过程中，主要依靠的是官方叙事和文人叙事，其背后更多的是官方主导与行政力量的操控，民

---

① 转引白彭兆荣.《"遗产旅游"与"家园遗产"，一种后现代的讨论》，《中南民族大学学报》（人文社会科学版），2007 年第 5 期，第 19 页。

众对此的关注和支持并不高，当地居民对世界遗产名号与旅游发展甚至有些漠视，更抱怨旅游发展所带来的交通拥堵和当地的物价飞涨等问题，而关于国山的提案甚至在网络上还掀起了一片批评之声。

小　结

泰山最初被作为自然遗产的申报对象，除了其较高的国际知名度和较好的保护管理工作外，其厚重的历史文化内涵也是一个重要的原因。然而彼时世界遗产体系并不完善，只有单纯的自然遗产或文化遗产，于是最初申报书的撰写成为一个削足适履的过程。而在最后呈送的申报书中，对泰山价值的挖掘则涉及到其历史文化、自然地质及美学层面。

对于泰山的历史文化价值，申报书通过其作为中国古代文化的发祥地之一、历代帝王的封禅活动以及深入人心的传统观念与习俗来论证泰山作为中国"五岳之首"的地理和社会历史背景。其次从泰山作为中国的发祥地、齐长城、孔子与泰山的关系入手，通过中国的五行思想引出帝王封禅对泰山的影响，继而又从文人墨客吟咏题刻、泰山宗教，古建筑、石刻，壁画、彩塑等艺术论述了泰山悠久的历史文化遗产。除了单独论述泰山的自然遗产价值和历史文化价值外，申报书在论述泰山美学价值时，还对其自然景观与人文景观的有机结合及反映的中华民族的美学思想和精神象征进行了表述。申报书中兼及自然与人文，是泰山价值被深入挖掘的结果，最后呈送的"一稿两投"，虽是策略之举，但也反映了对泰山价值的自信与坚持。

在申报书的撰写中，大量采借了民俗叙事。不仅通过传说赋予景观艺术化的解释，而且通过传统观念的论述突出了泰山信仰及其神圣性地位，充分挖掘了帝王的封禅文化和百姓追求平安的普世价值以及中华民族的民俗审美思想，从而凸显出泰山作为中华民族的象征所具有的符号意义及在亿万民众心目中的广泛认同性。虽然民俗叙事发挥了重要作用，但遗产文本书写的科学性体例要求，使其散落隐藏于文中，被淡化处理。

"应用过去的知识和物质遗留来构建个体及群体的认同，是人类与生俱来的行为准则之一。"① 世界遗产在某种意义上，正是这种用以构建认同的遗留。所以许多世界遗产对于其所在国或所在地都具有构建认同的符号价值。泰山被作为中国首批申报世界遗产的对象，除了其丰富的自然与文化遗产资源外，更重要的原因是其被作为中华民族的象征所具有的符号意义。这既是其申报世界遗产的重要筹码，也是日后"申遗运动"中的重要立足点。而要跻身世界遗产行列，还需要其面向世界，阐释其世界意义，在世界范围内建构出一套广泛认同的叙事。

如果说泰山早期申报世界遗产是被动选择的结果，那进入 21 世纪之后的申报活动则是主动进取的过程，是当下"遗产热"背景下的一个典型个案。在当今世界，"申遗"的意义已不仅在于遗产本身的价值，而更多是一种国家或地区之间文化实力的比拼与政治

---

① 葛荟玲：《遗产研究：理论视角探索》，《徐州工程学院学报》（社会科学版），2012 年第 1 期，第 11 页。

博弈。而在经济方面，"'遗产热'在当代出现的一个重要的动力来
自于大规模的群众旅游活动，遗产的形象在后现代主义的'放大
镜'中被扩大，并成为'他者化'的一个品牌符号，其指示功能和
结构呈现出'解构—再建构'的变迁现象。"① 最初泰山申遗对其
价值的挖掘就是一个解构的过程，从历史文化、自然地质与美学的
角度层层分析，而当下提出打造四重遗产、树立中华国山地位则是
一个建构的过程，无论是"四重遗产"还是"中华国山"，符号的
建构是为构建文化的认同，而最终的目的则是实现旅游消费。从这
一点来说，遗产旅游实际上是一种认同性经济，通过文化上的认同
与建构实现经济效益。

官方叙事与民间叙事既相互对立，又相互依赖、相互作用。遗
产需要在民间得到广泛认同和认可，可以说民间孕育了遗产，并赋
予了遗产各式各样的形态特征，民间是遗产的本质所在。当代社会
的申遗运动中，官方叙事为遗产注入了现代性的意义，提升其遗产
价值，使其从地方走向世界，完成华丽转身。在这一过程中，官方
俯身向下，从民间汲取力量，利用民俗叙事提升权威、掌控资源、
建立优势。

---

① 彭兆荣：《"遗产旅游"与"家园遗产"：一种后现代的讨论》，《中南民族大学学
报》（人文社会科学版），2007 年第 5 期，第 17 页。

第四章

泰山遗产旅游的多维叙事

在世界遗产申报书的撰写过程中，运用多种叙事策略对泰山价值进行了充分的挖掘。而在其被列入世界遗产名录之后，同样需要采用多种叙事方法，来展现其遗产价值。各种叙事形式之间相互辅助和配合，共同构成泰山遗产旅游的多维叙事体系。在这一叙事体系中，不同形态的叙事文本之间存在着互文性，交织成一个互证叙事网络。在反复的叙事过程中，泰山的神圣形象被建构起来，中华神山、圣山、中华民族的精神家园等口号不断地强化着泰山的神圣地位，其背后隐含的平安文化被突出弘扬，普罗大众追求平安幸福的世俗愿望也被寄托于这一神圣空间。

泰山管理上的政府归属，使得以泰山管委和泰安市旅游局为代表的政府始终占据着叙事主体的地位。官方正统叙事一直占据主导，来自民间的导游代表的是政府，是以官方编撰的导游词为底本展开叙事。讲解中所突出的泰山平安文化的旅游宣传口号，是政府旅游规划下的发展主题。而在其他形式的叙事中，景观生产是为建构神圣空间，表演叙事是为展演神圣仪式，而影像叙事则主打祈愿平安的世俗愿望，凸显出泰山的平安文化。民俗叙事被广泛用于建构泰山的神圣形象，为其圣地建构添砖加瓦。

第一节　文本叙事：神圣形象的建构

在泰山遗产旅游中，以旅游指南与导游词为代表的文字叙事是其主要的叙事形式之一，是展示泰山遗产价值的主要方式。其内容不仅包含泰山是世界文化与自然双重遗产，还涉及泰山入选世界遗产的标准、过程、价值体系等详细内容。通过与中华民族相联系，泰山中华神山、圣山的地位被不断强调，在反复表述泰山遗产价值和意义的叙事中，泰山的神圣形象也得以被重新建构。

对于泰山世界遗产价值的认识，可以说是一个逐渐发现和提升的过程。虽然泰山在 1987 年就被列入世界遗产名录，但当时上至国家下至个人，对世界遗产的价值意义并没有清晰的认识，这一点从对世界遗产的宣传介绍中就可见一斑。即使泰山是中国第一个世界文化与自然双重遗产，但在 20 世纪 80 年代末、90 年代初所出版的两本旅游指南中都只字未提。而 21 世纪撰写的两本导游词，不仅都提及泰山被列为世界文化与自然双重遗产，而且还有大量的篇幅论述其遗产价值。

在泰山旅游发展的历史上，相关的旅游指南和导游词已经有二十余本①，另外还有一部分重复刊印、翻印的。旅游指南和导游词虽有相同之处，但也有所区别，旅游指南的主要阅读者是游客，内容相对较为简单，与景点标识牌有着类似的功能，主要围绕景点做

---

① 参见附录一"（四）历年出版的泰山旅游指南及导游词"。

一些简单的介绍。导游词的主要阅读者是导游，是其整理个人化解说词的底本，内容较为丰富，从宏观上对泰山的价值和意义进行了阐释，连贯性较强，语言上也相对口语化一些。

上文所提及的泰山申遗前的旅游指南，最早脱胎于泰山志书，其撰写者大多为本地文人，后来的旅游指南逐渐成为围绕景点展开的简单介绍。受限于当时旅游业的发展，导游的职业化不明显且人数较少，所以也没有出版相应的导游词。

1987年李继生编著的《古老的泰山》是当代大众旅游复兴后出版的一部较为详实的著作。当时李继生担任《山东省志·泰山志》的主笔，积累了丰富的资料，《古老的泰山》可以说是《山东省志·泰山志》的一部微缩版。全书共198页，除前言及所附图表（包括泰山游览路线图、登山里程表、历代帝王封禅祭告年表、历代重要碑碣一览表、泰山东路主要摩崖石刻一览表、泰山日出石刻表、全年气温对照表、岱顶时令最低气温表、泰山旅游服务单位一览表）外，分泰山概况、古老雄伟的泰山、风景名胜、历代帝王封泰山、泰山宗教、瑰丽的泰山石刻六大部分。详细论述了泰山珍贵的历史文化价值、风格独特的美学价值和具有世界意义的地质科学价值。此书引经据典，不仅有着详实丰富的资料，而且还记载了大量生动形象的传说故事。值得注意的是，该书不同于其他旅游指南，其所写泰山并不局限于泰山旅游风景区，而是包含了灵岩寺和齐长城的广义概念上的泰山。另外，其从地质地貌角度对泰山形成的论述以及泰山自然风光的描绘，比之前任何旅游指南类书籍都要详细。此书不仅是其撰写泰山世界遗产申报书的一个重要基础，也成为日后众多导游学习泰山知识最重要的一部参考书。1987年其编写的《泰山游览指南》，与《古老的泰山》撰写时间相近，体例内容上也有一些相似之处。主要分为概述、风景名胜和图表三部分，概述部分对泰山的形成与地层、气候、自然资源、美学特点、历史与文化、管理沿革、泰安的历史沿革进行了介绍。风景名胜部分同样是取广义的泰山，将昆瑞山、娄敬洞山、灵岩山、徂徕山也收入其中。而图表则更为详细，不仅包括了古生代寒武纪标准剖面地层表、泰山杂岩表、泰山古树名木表，还包括了岱庙、灵岩寺和徂徕山的游览示意图。李继生曾参与撰写过《山东省志·泰山志》和泰山世界遗产的申报书，其地方文人的身份和经历，使其所撰写的这两本书有着典型的志书特点，而其对泰山的总体认知也有着鲜明的特色。如在其《古老的泰山》中对泰山的描述：

> 泰山，以拔地通天之势雄峙于中国东方，以五岳独宗的盛名称誉于古今。泰山东临黄海，西襟黄河，雄伟壮丽，气势磅礴，风光旖旎。由于这得天独厚的地理位置和自然条件，古人便视其为华夏神山，天下大宗。
>
> 在漫长的岁月中，渗透着极为丰富的历史文化，从而使泰山具有珍贵的历史文化价值、风格独特的美学价值和具有世界意义的地质科学价值。由这三种价值极高的遗产融合而成的泰山风景名胜区，不仅在中国，而且在世界名山中也是罕见的。因此，它不愧是东方文化的宝库，是中华民族的象征，是驰名中外的游览胜地。是天然的历史博物馆。[1]

---

[1]　李继生：《古老的泰山》，新世界出版社，1987年，第1—7页。

他将泰山的价值归纳为珍贵的历史文化价值、风格独特的美学价值和具有世界意义的地质科学价值，这一表述同样见于其所撰写的申报书中，同样的表述还有其将泰山视为中华民族的象征，可以说这是其泰山观的主要表现。在其《泰山游览指南》中，也有着类似的介绍：

> 泰山，东濒黄海，西襟黄河，背依济南，前瞰曲阜，以拔地通天之势雄峙于祖国东方，以"五岳独宗"的盛名称誉于古今。它雄伟壮丽，风光秀美，历史悠久，文物古迹遍布。泰山是中华民族的象征，是中国历史文化的缩影，是以游览、审美、科研科普、精神文化交流及爱国主义教育为中心的国家重点风景名胜区，是世界人民的珍贵遗产。①

虽然此时泰山尚未正式公布为世界遗产，但在其表述中，已经将其视为世界人民的珍贵遗产。然而另外两本稍晚出版的旅游指南中，对泰山被列入世界遗产名录都未提及。如 1988 年泰安市接待处编印的《泰安旅游手册》，对景点的介绍比较简略，只占其中一小部分，书中涉及泰安旅游的各个方面，包括分区县介绍泰安市概况、历史上的泰安城和泰安城新姿，主要的旅游接待单位、名吃、土特产、工艺品等的介绍，此外，还有问答形式的泰安旅游七十问。而其对泰山的概述，只简单的提及其名胜古迹众多，是天然的历史、艺术博物馆，古代帝王封禅祭祀、刻石记号，遂有"五岳之

---

① 李继生：《泰山游览指南》，山东友谊书社，1987 年，第 1 页。

宗"之称。1993年颜景盛编的《泰山风景名胜导游》，体例与其他大多数旅游指南类似，除了泰安概况外，主要分景区对各景点进行介绍，附录中还有对风味餐馆和土特产的简介。其在讲述泰山概况时，也仅介绍其自古誉为"五岳之首""天下名山第一"，对泰山的价值和世界意义都未提及。这也从一个侧面反映出关于世界遗产宣传的滞后及当时国内对世界遗产的认知不足。

相比于旅游指南，导游词的内容要更为详实丰富。泰安市旅游局曾经组织编写过两版导游词，2001年的《泰山导游词》，是由李继生和杨树茂编写的，两人以自己的风格分别对泰山上的诸景点进行了完整的介绍，两篇导游词风格稍异，但都内容丰富，是许多导游整理导游词时的重要底本。书中对泰山的概述，不仅提及其"五岳之首""五岳独尊"的历史地位，还将其表述为中华民族的象征、中国历史文化的局部缩影，同时还对两项荣誉桂冠（1982年被国务院公布为第一批国家重点风景名胜区，1988年被联合国教科文组织公布为世界自然与文化遗产）进行了介绍。

2010年的《畅游泰安——新编导游词》，是迄今为止内容最为丰富的一本导游词，全书274页。除了泰安市市情部分、泰山周边及县市区景区是由泰山研究专家张用衡编写外，泰山景区部分则是由谢方军、韩兆君、王立民三位导游创作，三人分工合作，各自负责不同的线路和景点，谢方军负责岱庙、登山古道红门路，韩兆君负责天外村至中天门至岱顶及后石坞和天烛峰，王立民负责王母池、泰山广场、桃花峪、桃花源和岱顶。三位导游都有十年左右的从业经验，他们在专家学者编写的导游词基础上，将学术性较强的书面语言直接转化成导游语言。由于是由旅游局组织编写，所以在内容上更加贴合当代泰安旅游业的发展，对于泰山的遗产旅游价值进行了很好的展示。该书不仅在介绍泰山的概况时提及到泰山被列入世界遗产名录，而且因为此时泰山天地广场和岱顶已经各建有一块世界遗产的标志牌，所以在两处都有关于世界遗产的论述，而且对其遗产价值的介绍不吝笔墨。如在天外村处：

> 世界文化遗产的标准共有六条，具备其中一条就可以列入保护名录，泰山则全部具备这六条标准；世界自然遗产共有四条标准，具备其中一条即可以列入世界自然遗产保护名录，泰山也同样具备全部的四条。只是在 1987 年申报世界遗产时，因未有泰山生物多样性的相关资料而未申报自然遗产中的第四条内容，即生物多样性的内容。其实，泰山生物物种也是十分丰富的，完全可以满足世界遗产的条件。在同一个遗产保护地，具备全部十条标准的举世罕见。在中国列入世界文化和自然双遗产的四个遗产地中，泰山的遗产资源最为丰富、价值最为珍贵。①

这一介绍中，详细介绍了泰山入选世界遗产的标准，甚至认为泰山完全符合世界文化与自然遗产的全部标准，以突出其举世罕见、资源最为丰富、价值最为珍贵。而在岱顶世界遗产标志牌前的介绍，则突出了其价值体系融自然科学与历史文化于一体，开创双

---

① 泰安市旅游局：《畅游泰安——新编导游词》，泰安市旅游局内部资料，2010 年，第 80—81 页。

遗产名录先河的意义。

　　1987 年，泰山被联合国教科文组织公布为世界文化与自然遗产。世界遗产专家在泰山考察时发现，泰山既有突出普遍的自然科学价值，又有突出普遍的美学和历史文化价值，是一座融自然科学与历史文化价值于一体的神奇大山。泰山是中国也是世界上最早的一处双重遗产，开创了世界双遗产名录之先河。①

　　除此之外，在书中多处都提及到泰山列入世界遗产的过程等内容，如在介绍泰山植树造林纪念碑时，谈及当年植树造林的成就，也引起了卢卡斯的感叹。

　　1987 年，联合国教科文组织官员卢卡斯先生来泰山考察，面对这茁壮生长的茂密森林，一开始怎么也不敢相信泰山的森林是人工营造的，当他了解到成片的泰山森林树龄接近、树种相同，而且在稍平坦的坡地上，栽种时的行距和株距仍依稀可辨时，由折服而感叹："这是中国人创造的又一个世界奇迹！"②

　　还有后面介绍泰山日出时，也提及"当年，世界教科文组织的

---

① 泰安市旅游局：《畅游泰安——新编导游词》，泰安市旅游局内部资料，2010 年，第 174 页。
② 泰安市旅游局：《畅游泰安——新编导游词》，泰安市旅游局内部资料，2010 年，第 51 页。

卢卡斯先生曾经说过，每当在泰山上看到一次日出，就感觉新的生活正在开始"。① 当年申遗时的故事也被列入泰山遗产旅游的叙事文本之中，足见编写者对世界遗产的重视程度。同时，也说明了昨日的实践成果有可能会成为明天的遗产，今天的言行也有可能成为明日的叙事内容。

此外，书中还有多处体现了泰山的天人合一、人与自然和谐相处、自然与文化完美融合等观点，以与泰山作为双遗产完美的将自然与文化结合相呼应。

再次，该书中对泰山上历代帝王封禅祭祀活动有较为详细的介绍。从泰山世界遗产的申报书开始，帝王封禅文化已经成为泰山旅游叙事的一个重点，不仅在旅游指南和导游词中屡次提及，还专门建造了相应的文化景观——天地广场，推出了大型实景演出《中华泰山·封禅大典》。泰山原有的文化遗存有许多与帝王封禅有关，以前的旅游指南中偶有提及也是一笔带过，并不多费笔墨，而在该书中对帝王封禅的叙事内容却着力颇多。

最后，对泰山价值的不断挖掘与提升。如果说今日泰山的地位是不断层累造成的，是各种荣誉称号不断叠加的结果，那对泰山的价值也是一个不断挖掘与提升的过程，它体现了地方学者诠释、传播、构建叙事的能力。在该书中，对泰山价值的展示可谓贯穿于每个景点，如对岱庙的介绍，在其他版本的旅游指南或导游词中，只是简单介绍岱庙名称由来、历史发展、建筑规格等内容，而在该书

---

① 泰安市旅游局，《畅游泰安——新编导游词》，泰安市旅游局内部资料，2010 年，第 195 页。

中，对岱庙的介绍却从泰山开始：

> 岱庙的诞生源于泰山，要论自然高度，泰山在国内名山中算不上是高山，它却被历代帝王推崇为"崇高至尊、五岳独尊"。要论自然面积，泰山也算不上是大山，它却是华夏民族心目中魂牵梦萦的精神家园。人们不禁要问：泰山的形象为什么在中华民族的心目中如此高大？答案只有一个：泰山是中华民族的神圣之山。它的雄浑之气来自于雄峙天东的优越位置，来自于先民对大自然的无限崇拜，来自于高度浓缩的历史文化。既然泰山成为中国人的神山、圣山，时常接受古代帝王顶礼膜拜的泰山神就自然的显赫起来。因此，它的建筑规模如同皇宫，建筑模式也就充满了至高无上的帝王之气。岱庙神奇、神秘，威严、辉煌，如果说泰山是中华民族历史文化与自然高度和谐统一的典范，岱庙则是这部鸿篇巨著的前奏。①

介绍岱庙却先讲泰山，将岱庙融入泰山之中，以岱庙建筑规模的宏伟显赫衬托泰山地位的神圣，类似的景点讲解不胜枚举。除此之外，对泰山的赞美之词经常见诸于字里行间，将泰山立于中华民族的精神家园、中华民族的象征，以民族国家之力提升泰山地位。如：

---

① 泰安市旅游局：《畅游泰安——新编导游词》，泰安市旅游局内部资料，2010年，第7页。

天下名山或以其奇，或以其险，或以其俊，或以其秀，闻名于世；唯泰山以其雄，安天下百姓之心，壮天下英雄之胆。中华民族对泰山的情感，不仅仅是极具虔诚的崇拜，还有一份浓浓的期盼和依恋。在整个世界上，您恐怕再也找不到第二座山，象泰山一样——如此完美地把历史文化与自然景观结合在一起的了。——同样，在世界上您再也找不到第二座山象泰山一样，集国家象征、民族精神、文化汇集、文明传承于一体的神山、圣山了。①

将泰山的自然与文化结合置于完美无缺之境，突出泰山集国家象征、民族精神、文化汇集、文明传承于一体，而神山、圣山的称号更直接突显出泰山的神圣地位。类似的表述，还有：

正是这绝妙的自然景观，绝佳的地理位置，特殊的政治地位和丰厚的历史文化铸就了泰山在中华民族中举足轻重的神山、圣山的地位，可以说，在中国，乃至于世界上没有任何一座山能够像泰山一样与一个民族的发展有着如此紧密的关联。它足足见证了中华上下五千年的历史，伴随了一个民族五千年的发展，的确是中华民族的精神家园！

泰山，无愧于历史山、文化山、宗教山、政治山、帝王山、地质山的赞誉。无数事实已经证明，泰山对中华民族的融

① 泰安市旅游局：《畅游泰安——新编导游词》，泰安市旅游局内部资料，2010 年，第 42—43 页。

合、凝聚、发展、统一起到了巨大的推动作用，无论是过去、现在，还是将来。这就是华夏民族的灵魂，炎黄子孙的神山，我们的中华泰山！①

不但表述了泰山的神山、圣山地位及其缘由，而且将泰山与中华民族紧紧相联系，甚至认为泰山对中华民族的融合、凝聚、发展、统一都起到了巨大的推动作用，将泰山提升为中华民族的精神家园、华夏民族的灵魂。将世界遗产的价值与民族国家相联系，是现代遗产运动中经常使用的表述手法，在叙事中通过反复的表述，遗产的价值得以凸显，遗产的地位也得以提升。

无论是旅游指南还是导游词，这些文本叙事都对泰山的旅游发展至关重要。这些文本叙事的主体主要是以泰山管委和旅游局为代表的地方政府，而具体执笔撰写的地方文化精英，则是地方政府的代表，不仅掌握着大量的文化资本，也在叙事中掌握着一定的话语权。"'权力'具有各式各样的表述范畴和表现方式，形成了特殊'遗产语境'中的'话语'强势。这种带有政治性的'遗产叙事'在不同的背景下引领着不同的表述方向。"②纵观各个时期不同版本的旅游指南和导游词，虽然内容上大体相同，都是围绕景点展开的介绍，但仍可以发现其细微的差别。产生这种差别的原因，首先是受时代价值观和意识形态影响。不同年代的导游词其差异性背后

---

① 泰安市旅游局：《畅游泰安——新编导游词》，泰安市旅游局内部资料，2010 年，第 95 页。

② P. Boniface, & P. J. Fowler, *Heritage and Tourism in "the global village"*. London and New York：Routledge. 1993.

所体现出的是人的心意的变化,人类对于自然和自己文化的解释是随着时代变化而具有选择性的,导游词必定符合时代的价值观。建国初的阶级斗争为纲,使得旅游指南中也火药味十足,而泰山被列入世界遗产名录之后,自然与人文的结合、人与自然的和谐相处等理念也反映在导游词中。其次,景观的发现与生产、获得荣誉的变化,都会直接影响到导游词的内容。景观的发现,多见于自然景物,通过象形命名及审美意蕴的提升,形成新的景观。如1958年的《泰山游览手册》中对汉柏院只提到一棵柏树顶部二枝像两只雄鹰,故美其名曰"二鹰争食",列为岱庙名景之一。天贶殿露台东西两侧两棵柏树,枝干像龙头、凤尾,被称为龙升凤落。而这些景观介绍均未见于后来的著作中。取而代之的是"封侯挂印""麒麟望月",以及补植新树之后的"唐槐抱子"等景观。而景观的生产,多指对雕塑、广场等文化景观的修建,如岱庙的修整完善、天地广场、泰山广场的修建,都直接导致导游词内容上的变化。此外,泰山不断获得的荣誉称号,也成为其旅游叙事的重点,而在后来的导游词中体现出来。再次是景点价值与内容的挖掘和再发现。泰山的价值就是一个不断发现的过程,尤其是其美学价值与精神文化内涵,在后来的导游词中不断地丰富。而在泰山被列入世界遗产名录之后,关于世界遗产的内容不断增多,其遗产价值和意义被反复表述,泰山的神圣形象也得以重新建构。

第二节　口头与行为叙事:表达神圣

在遗产旅游叙事中,游客是旅游叙事的受体,而旅游地的政府部门、旅游企业以及导游等旅游中介者共同构成了旅游叙事的主体。不同的叙事主体采用不同的叙事方式，可以对游客产生不同程度的影响。其中，工作在旅游一线、与游客直接接触的导游，可以说是遗产旅游最主要的叙事主体，通过口头和行为叙事，不仅可以向游客展现遗产地的文化和价值，影响游客的认知和行为，还可以传承地方文化、推动遗产的保护和管理。

一、谁来表达：作为遗产旅游叙事主体的导游

广义的导游可以包括所有从事这一职业或活动的人，如清末民初，泰山上的轿夫、香客店伙计等人也担任过导游的职能，为游客提供向导和简单的讲解。这些人来自于民间，是典型的民间叙事者，其讲解主要是为游客服务，内容主要来自于日常生活的积累，讲解方式主要是见物说物的简单介绍。在现代大众旅游业兴起之后，导游逐渐成为一个职业群体，是通过考试获得导游人员资格证书，接受旅行社或导游服务管理机构委派，从事导游服务工作的人员。

作为遗产旅游叙事主体的导游，虽然来自于民间，但无论是叙事目的、叙事内容还是学习方式，他们都与传统的民间叙事者有着明显的不同。作为一个职业化的群体，导游的身份是伴随着旅游业的发展而变化的。建国后，我国的旅游事业最初只是作为外事接待任务，旅行社是外事部门的下属机构，导游作为外事部门的工作人员，承担着对外宣传的功能。如泰山的旅游接待工作最初主要由泰安专署机关事务管理局负责。1957 年，在泰安专署第三招待所附设中国国际旅行社泰山支社，专司国际友人和海外侨胞的接待工作。文革时期，国内的旅游业陷于停滞，中国国际旅行社泰山支社的业

务工作也中断了。直到改革开放后，才逐渐恢复。1978 年，成立了泰安行署外事办公室。1979 年，恢复了中国国际旅行社泰山支社，并新设泰安中国旅行社，二者合署办公，隶属行署办公室。1980 年外事办公室设立了旅游科，负责两个旅行社的业务工作。1985 年撤销泰安地区建泰安市后，设泰安市政府外事办公室、泰安市旅游局，二者合署办公。下设秘书、政工、宣传、行政、接待、财务 6 个科室和泰山旅游开发服务处、中国国际旅行社泰山支社、泰安中国旅行社、泰山旅行社、旅游局车队、泰山宾馆、泰山索道公司、岱顶神憩宾馆等企事业单位。①

20 世纪 90 年代后，随着政企分开，各旅游企业开始独立经营，导游也开始逐渐增多。然而回顾整个 90 年代，泰安的导游并不多。1990 年时，中国国际旅行社泰山支社有翻译兼导游 26 人，泰安中国旅行社有翻译兼导游 10 人。至 1999 年，通过年审的导游才 103 人。虽然这与当时旅游业的发展缓慢有关，但也从侧面反映出当时对泰山文化的宣传及导游的作用认识不足。

进入 21 世纪之后，泰安导游的数量开始大幅度增加。至 2014 年，持证导游大概已有 4 000 余人，除去长期不从业、导游证处于自动作废或者吊销状态的，每年通过年审的相对比较稳定的人数在 1 200～1 500 之间，刨除旅行社其他工作人员，长期奋斗在旅游一线的导游大概在七八百人左右②。目前泰安导游的数量相对比较稳

---

① 山东省地方史志编纂委员会：《山东省志·泰山志》，中华书局，1993 年，第 586 页。
② 以上数字系采访泰安市旅游局东岳导服中心主任张莹和泰安市导游协会会长谢方军所得。访谈对象：张莹、谢方军；访谈人：程鹏；访谈时间：2014 年 7 月 3 日；访谈地点：泰安市旅游局东岳导服中心。

定，而且整体素质较高，大专以上学历者占 60% 以上，中级以上职称者有一百余人，拥有 5 名全国优秀导游，全省模范导游员一名，优秀导游员三名，泰安市模范导游员 22 名，另外旅游局每年举办精品导游大赛也涌现出了一大批优秀的导游员。① 这些导游是泰山旅游叙事的主体，在泰山文化的传播方面起着重要作用。从外事接待阶段的政府部门工作人员，到大众旅游时代旅游企业的员工，导游的身份虽然表面上发生了变化，但其实质仍主要是旅游地的宣传者。

当遗产被作为旅游资源，遗产地政府、游客、导游等各方构成了资本博弈的旅游场域。"旅游场域中的自然、文化资本并不能直接被游客所购买，而是必须与经济资本和人力资本相结合，并最终以一定的形态和方式融入旅游产品中。"② 导游的叙事实际上是通过人力资本将历史文化、神话传说、民俗风情、地方性知识等文化资本加工生产成的旅游产品。导游与遗产地政府不仅在利益方面存在一致性，而且共享着一定的文化资本。作为遗产旅游叙事主体的导游，虽然来自民间，但其学习的导游词底本是政府组织编写的，他们的口头叙事是在文化精英的文本叙事基础上加工改造而成，"民间大使""地方文化的宣传员"等荣誉称号反映的正是官方叙事的民间传播。

导游虽由旅行社委派，其日常的培养和管理也主要由其工作的

---

① 泰安旅游政务网，《泰安市优秀导游员》，http://www.tata.gov.cn/lvyouju/daoyou/2074.htm。
② 宋秋、杨振之：《场域：旅游研究新视角》，《旅游学刊》2015 年第 9 期，第 113 页。

旅行社来负责，但要接受旅游局的监督和管理。旅游局除了每年举行导游资格考试控制准入之外，还为导游举行上岗前的培训及年审培训。对导游的培训，除了旅游行业及导游方面的专家外，还有精通泰山历史文化的学者。旅游局与旅行社出于旅游服务质量的考虑，对导游的培训和管理一般较为严格。导游在取得导游资格证进入旅行社工作后，旅行社一般会安排其先整理导游词，即整合导游词底本，变为自己的语言，当导游能够完整讲述自己整理的导游词时，旅行社再为其安排跟团的机会，听老导游讲解，或者导游自己去景区听其他导游的讲解，再来丰富自己的导游词。导游所掌握的导游词是不断丰富的，其讲解时会根据具体情境对内容进行调整。导游系统学习了泰山文化之后，在日常的带团过程中，将泰山文化介绍给游客，可以说是泰山文化最有力的传播者。

　　作为旅游地的代表，导游是连接旅游者与东道主之间的桥梁，有"民间大使"之称。世界遗产的地方性，不仅是指遗产的具体所在，更在于地方民众对遗产的态度。遗产对地方民众来说，不仅代表着文化上的认同符号，也是个人情感的寄托。作为遗产旅游地的专业叙事者，导游对遗产地的正面叙事，不仅在于其叙事技巧，更在于其所拥有的情感基础。导游对家乡的热爱和为家乡代言的自豪感，是其讲解的重要动力，可以增强其叙事的力量。正如全国优秀导游员韩兆君所说，"一个不热爱自己家乡的导游员怎么能成为一个优秀的导游员？"① 全国优秀导游员谢方军也说，"我讲泰山，五

---

① 访谈对象·韩兆君（全国优秀导游员）；访谈人·程鹏；访谈时间：2014 年 7 月 5 日；访谈地点：岱庙门口花园。

句话我就能激动，包括现在和你去聊，我也能让我自己激动起来。泰山在我心中太神圣太了不起了。[①] 这种对家乡的热爱和自豪感，是支撑导游做好讲解的精神意志，是导游作为遗产旅游叙事主体的内在动力。

　　同时，导游在反复的叙事中，也在不断地强化关于遗产地的记忆，成为深刻于心的文化记忆。导游的成长过程，就是其强化文化记忆的过程。保罗·康纳顿（Paul Connerton）曾指出身体实践是记忆传承的重要方式，并介绍了两种不同类型的身体实践：体化实践（incorporating practices）和刻写实践（inscribing practices）。体化实践强调亲身参与，一个微笑，一个点头，都是为人所牢记的一种意义表达。身体语言、对文化特有姿势的记忆都是体化实践的例子。对于刻写实践，则是通过描述、记录等媒介工具捕捉和保存信息，如文本、照片、录音、录像等记录手段。[②] 导游在工作过程中，不断的调整完善导游词，其对导游词的整理和撰写，实际上就是一种刻写实践。而在讲解导游词的过程中，反复运用口头与行为叙事，即是一种体化实践。在反复的身体实践中，导游对遗产地的记忆早已深入内心，这种记忆又进一步强化了导游的自豪感。正如全国优秀导游员张娟所言：

　　　　你在讲解的时候，时时刻刻带有一种自豪感，我介绍我的

① 访谈对象：谢方军（全国优秀导游员）；访谈人：程鹏；访谈时间：2014 年 7 月 3 日；访谈地点：泰安市旅游局东岳导服中心。
② ［美］保罗·康纳顿著，《社会如何记忆》纳日碧力戈译，上海人民出版社，2000 年，第 91 页。

城市我就是自豪，你每天说，本来你就觉得这个城市很不错，你的工作就是每天去宣扬它，你宣扬了十年，你能不爱到骨头里去吗？除非你没有感情。你每天往车上一站，很骄傲地说，我来为大家介绍，这座城怎么好，这座山怎么好，你天天介绍，你介绍了十年了，你能说你不爱它吗？所以说没有一个导游不爱自己的家乡。①

作为遗产旅游叙事主体的导游，通过身体实践强化了关于泰山的文化记忆和自豪感，同时，在其带团过程中，这些文化记忆又可以随时提取，通过口头和行为叙事将之传递给游客，影响游客的认知与记忆。

此外，在中国旅游业发展还不成熟的情况下，导游员的薪酬体系存在很大问题，许多导游的收入还要靠烧香、购物等的回扣来支撑。因此导游在讲解的时候，有时候还会和旅游景区的经营者合作，通过讲述神话传说等内容来增加景点的神圣性，促使游客选择烧香、求签等活动，以获得提成回扣等收入。而游客的消费水平，一定程度上取决于导游的叙事水平。

总之，导游不仅是连接旅游者与东道主之间的"民间大使"，更是遗产旅游地的代言人，是遗产旅游最主要的叙事主体。其叙事动力包括了内驱力与外驱力，内驱力是其作为遗产地居民的属地自豪感，这种自豪感在长期的身体实践中不断强化，同时也在不断积

---

① 访谈对象：张娟（全国优秀导游员）；访谈人：巴鹏，访谈时间：2011 年 9 月 20 日；访谈地点：泰安市瀛泰国际旅行社。

累相关的文化记忆；而外驱力则来源于遗产地政府的规训及经济利益的诱惑，旅游局等政府部门对导游词底本的编写、对导游的培训和年审，推动着导游不断完善叙事内容和技巧，其叙事内容既代表了景区的宣传意图，又有经济利益和职业道德的平衡博弈。

二、何以神圣：导游的口头叙事结构与逻辑

神圣与世俗原本是涂尔干（Durkheim. E）用以阐释宗教本质的一对概念，圣俗关系在社会整合中扮演着基础性作用，是仪式、信仰研究与宗教实践的核心问题。[①] 当神圣与世俗被引入旅游领域，逐渐成为研究旅游活动尤其是朝圣旅游、宗教旅游的重要概念。然而除了宗教场所，许多旅游目的地都并非单一的神圣之地，而不同的游客对神圣的理解也不同。对于遗产旅游而言，其意在通过开展旅游的方式唤起人们对遗产的珍视，因此，遗产旅游地是否"神圣"？如何表达"神圣"？也就至关重要。

五岳之首的泰山，融雄伟的自然风光与厚重的人文历史于一体，不仅是世界文化与自然双重遗产，更是中国的"国山""圣山"。梳理泰山的旅游发展史，可以发现，其旅游活动的开展与精神信仰密切相关。泰山从一座自然山岳，因太阳崇拜、天地崇拜、山岳崇拜等原始信仰而成为一个神圣空间。历代帝王的封禅祭祀、文人墨客的吟咏题刻、平民百姓的朝山进香，在泰山上留下了丰富的人文遗迹，在形塑泰山景观的同时，也使泰山的地位不断提升。

---

① 张进福：《神圣还是世俗——朝圣与旅游概念界定及比较》，《厦门大学学报》（哲学社会科学版）2013 年第 1 期，第 9 页。

尤其是帝王的巡狩封禅祭祀和对泰山神的加封，以及民间对碧霞元君的信仰崇祀，使泰山的地位日益尊崇，成为上至帝王下至百姓都崇拜敬祀的神圣之山。在当代的遗产旅游中，借助景观生产、仪式展演、表演叙事等多种手段，泰山的神圣形象被逐渐建构起来。导游作为遗产旅游最主要的叙事主体，也成为泰山神圣形象最重要的表达者。然而泰山文化厚重而庞杂，不同的维度和面向又具有不同的特点，这种复杂性增加了叙事的难度。导游在带团过程中，如何安排叙事的结构，如何选择叙事的内容，是影响叙事效果的重要问题。

（一）叙事结构：以熟引生，递进总结

导游从接团到带团再到送团，其讲解整体上构成了一个完整的叙事文本。在这一叙事文本中，导游的叙事包括了旅途中的介绍和景点的讲解。有经验的导游会根据旅游团的整个行程，按照总分总的结构来安排叙事的内容。在古代，由于旅游基础设施的简陋，游览泰山需要耗费大量的时间和体力。在当代大众旅游的发展过程中，随着缆车和盘山公路的修建，方便快捷的现代化公共交通可以使游客在短时间内直达岱顶。目前到泰山的旅游团队，大都是选择从天外村乘车至中天门，然后坐缆车直达南天门。这种方式虽然省时省力，但也省略了泰山上许多的美景与历史遗迹，泰山游变成了岱顶游。这种情况下，导游如何组织叙事的结构和内容，也就尤为重要。全国优秀导游员张娟就指出：

> 泰山我们还是希望游客用心去感受，用脚去量，把更多的时间留给游客，但是我们在车上做的车讲会非常多。导游员是

从一个点到另一个点不断的展开来讲的，而且导游员站的角度要更高一点，要有一个整体的把握。如果在泰山上我们就是讲解员，只有在车上的时候才能够系统地把帝王与泰山、文人与泰山、泰山的刻石、泰山的石头这些东西为游客做一个讲述。①

泰山文化博大精深，要一个导游员在一天、半天甚至几个小时内介绍给游客绝不是一件容易的事情，优秀的导游员不仅注重车讲，在叙事内容的选择和排列方面也有着共同性。在具体内容的表述上，"有一种统一的讲解思路，循序渐进。从熟悉到陌生，从陌生到精通，然后从精通再一个总结就是恍然大悟。让他们觉得原来是这个样子"②。这种从熟悉到陌生的方法，是导游员经常使用的方法。全国优秀导游员韩兆君在提到自己的讲解思路时说道：

　　我现在就是走这个路子，先讲从古至今形成的与泰山有关的成语、谚语、俗语，稳如泰山、重如泰山、泰山北斗、泰山压顶不弯腰、人心齐泰山移、一叶障目不见泰山、泰山不让土壤、登泰山而小天下，我用很快速的语言说出来，哦，泰山厉害，这个气氛就出来了吧。然后说在我们长江以北，泰山还有一个专门的称呼，就是称呼我们的岳父，然后最重要的，拿出

---

① 访谈对象：张娟（全国优秀导游员）；访谈人：程鹏；访谈时间：2014 年 9 月 28 日；访谈地点：泰安市瀛泰国际旅行社。
② 访谈对象：王飞（全国优秀导游员）；访谈人：程鹏；访谈时间：2014 年 9 月 26 日；访谈地点：泰安市东莱国际旅行社。

一张五块钱的人民币，看它的背面是什么？哦，原来是泰山啊。然后再略微讲讲泰山崇拜的最简单的几句话，它从原始的山岳崇拜到后来的帝王登临，怎么样怎么样，到最后回归到登泰山保平安，把这个登泰山的主题讲出来，来泰山为什么来？①

从与泰山有关的成语、谚语、俗语入手，再以5元人民币背后的泰山做引子，调动起观众的气氛，再来深入探讨泰山崇拜，谈泰山地位的形成。而另一位全国优秀导游员张娟，虽然其讲解风格和主要内容都与韩兆君有很大差别，但其讲解思路也是以熟引生，从游客熟悉处入手。

我的游客在听了我的讲解之后都会有什么感觉？这个听过，那个好像有印象。我讲《登泰山记》，我讲《雨中登泰山》，我讲《泰山挑山工》，都学过吧？只是说你记不起来了，但是我可以为你背其中的一些段落。李白知道吧，杜甫知道吧，司马迁、曹植知道吧？大家都知道，可是他们跟泰山什么关系呢？这个不就变成很简单的事情了。②

无论是与泰山有关的成语、谚语、俗语，还是相关的诗词散

---

① 访谈对象：韩兆君（全国优秀导游员）；访谈人：程鹏；访谈时间：2014 年 7 月 5 日；访谈地点：岱庙门口花园。
② 访谈对象：张娟（全国优秀导游员）；访谈人：程鹏；访谈时间：2014 年 9 月 20 日；访谈地点：泰安市瀛泰国际旅行社。

文，都是游客耳熟能详的内容，导游的叙事是通过它唤起游客记忆，并将之与眼前的这座山岳联系起来。这种以熟引生的方式，是导游口头叙事的主要方式。笔者在调查时，所采录的一段关于望吴胜迹的导游词也是如此：

> 咱泰山上来过很多历史文化名人，其中最有名的当属孔子。孔子曾经两次登临过泰山，第一次留下一个典故叫"苛政猛于虎"。第二次来泰山留下了这个望吴胜迹。当年孔子带着弟子颜回来登泰山，站在这里看吴国，孔子问颜回你有没有看到吴国国都的城门，颜回说看到了，他说你有没有看到城门的树上拴着些什么？颜回说是一匹绢，孔子说此言差矣，是一匹白色的马，回去调查以后发现拴着的果然是匹白马，所以人们就借此赞颂孔子是个圣人啊，看得比较远。那么从这里看吴国多远呢，就是现在的苏州城门，直线距离是 680 公里，就是用高倍望远镜也看不到。但是这件事呢，却在孔子圣迹图里面实实在在的记录下来了，后人为了纪念他而修建了这个牌坊，叫做望吴胜迹。①

"苛政猛于虎"的典故，是游客通过学习等方式早已掌握的文化记忆，通过其熟悉的记忆再引出陌生的"望吴胜迹"，可以起到较好的讲解效果。不同于全新开发的旅游地，泰山这类遗产旅游地

---

① 调查人：程鹏；调查时间：2014 年 9 月 21 日；调查地点：泰安市泰山风景名胜区望吴胜迹牌坊前。

往往包含了个人与集体的记忆，是一个"记忆之场"（sites of memory）。文化记忆以文化体系作为记忆的主体，超越个人而存在。记忆不只停留在语言与文本中，还存在于各种文化载体当中。作为一个"记忆之场"，泰山本质上是一个承载了大量历史文化信息的"空间文本"。人们早已通过俗语、诗词散文、图像、影视等载体对泰山有所了解，形成了一定的文化记忆，创造了一个有关泰山历史记忆的意义空间。遗产旅游叙事对这种记忆的唤醒、讲述和传承，包含了众多个人的、社会的和政治的意义。导游的口头叙事，就是引导游客记忆，以熟引生，进而展开对泰山遗产价值的表述。以下是笔者在世界遗产标志碑前采录的一段关于泰山遗产价值和文化的导游词：

今天我们游览的泰山，在1987年12月，被联合国教科文组织公布为世界首例自然与文化双遗产。当时来泰山考察的联合国教科文组织官员卢卡斯先生，看到泰山，第一个具备自然的美，泰山的自然呢是七个字，叫雄、奇、险、秀、奥、旷、幽，第二个泰山还具备了丰厚的文化内涵，泰山的文化分为五个不同的方面，第一个是泰山的神文化，神仙蛮多的，古代说泰山上的神全。第二个呢是泰山的石文化，石头。第三个是泰山的宗教文化，泰山既不是佛教名山，也不是道教名山，是佛道儒三教合一的山，所以说与众不同。第四个是泰山的碑刻文化，泰山上的碑刻据不完全统计有2 516处，最有名的是那个五岳独尊。第五个是泰山的祭天文化，也叫封禅文化，是皇帝来泰山祭祀。所以定泰山为文化遗产还是自然遗产，争论了很长世间，最终是把泰山列为了世界首例自然与文化双遗产，所以就刻了这块标志，世界文化与自然遗产。①

在介绍泰山的世界遗产价值时，导游将泰山的自然与文化分开阐释，将泰山的自然提炼为七字特色，而将泰山的文化归纳为神文化、石文化、宗教文化、碑刻文化、封禅文化。这种归纳总结具有一定的代表性，笔者在田野调查中访谈了多位导游员，对他们的讲解重点与内容进行分析之后，发现几位导游员的叙事方式和内容虽有差异，但叙事主题可以归纳出一个共同的关键词——神圣。围绕着泰山神圣性的成因，从自然地质、古文明发祥地、山岳崇拜、太阳崇拜、部落首领的巡守、帝王封禅、文人墨客的吟咏、宗教文化和民俗信仰等方面展开讲解，引导游客认识泰山的文化和价值。最后又从神圣转入世俗，将叙事重点转向泰山的平安文化，突出"登泰山，保平安"的主题。

（二）叙事逻辑：从神圣到世俗

遗产旅游本质上是一种认同性经济活动，它通过叙事构建认同，从而影响主体的生产实践和旅游者的消费意愿。作为一种特殊的旅游形式，遗产旅游不仅局限于游客的个人感受，更追求一种文化价值上的认同，"是靠宣扬同一观念将人们汇集到一起的一种方式。"② 在遗产旅游中，遗产的价值与意义虽然是叙事的重点，然

---

① 调查人：程鹏；调查时间：2014 年 9 月 21 日；调查地点：泰安市泰山风景名胜区岱顶世界遗产标志碑前。

② Sidney C. H. Cheung, The meanings of a heritage trall in Hong Kong, *Annals of Tourism Research*, 1999, 26（3）：570—588.

而要使游客产生一定的文化认同，与自身联系起来，还需要对旅游活动的意义进行强调。

遗产旅游将神圣的遗产与世俗的旅游相结合，在导游的口头叙事中，泰山是神圣的，人们到泰山旅游也被赋予了特殊的意义。在泰山遗产旅游中，五岳真形图是一个叙事重点，其所凸显的泰山神圣性也被特别强调。虽然对于五岳真形图中各座山岳的形状及含义众说纷纭，但都反映了对五岳的尊崇之情。历代帝王对五岳不断加封，道教则将五岳神化并纳入自身体系，五岳不仅成为洞天福地，而且有专门掌管的神仙，并分掌世界人间等事。下面是笔者采录的一段关于五岳真形图的解说词：

> 咱来看一下泰山——泰山海拔不算高，但是山不在高，有仙则灵，泰山是群灵之府，天底下最灵的一个地方。泰山神是管什么的呢，主于世界人民官职及定生死之期兼注贵贱之分长短之事也。五岳之中唯独泰山是管人的，管人官职的大小，寿命的长短，人是万物之长、万物之灵，所以千百年来帝王要到泰山上来，祈求江山永驻万代相传，祈求风调雨顺、国泰民安，平民老百姓要到泰山上来求子求孙求姻缘求官职求平安求富贵，这是千百年来人们的文化传承。这也是你们今天为什么来登泰山，泰山五岳独尊名气大，为什么名气大，因为泰山他灵，你今天许个愿，明天就实现了。①

---

① 调查人：程鹏；调查时间：2014 年 7 月 10 日；调查地点：泰安市天地广场五岳真形图碑前。

导游在讲解时从五岳的形象切入，介绍各自职责，最后落脚到泰山，强调其神职为管人寿命、官职、富贵，并特别强调其灵验，让游客感觉来泰山旅游确实是不虚此行，以此凸显泰山的神圣性和重要性。

通过对导游的叙事结构进行分析，可以厘清其"神圣叙事"的逻辑。泰山的神圣性首先源自其自身的文化资本，地处东方的古文明发祥地，因为古人的山岳崇拜与太阳崇拜而成为帝王巡守、封禅、祭祀之地，这种原初的信仰赋予了泰山神圣的气质。其次，文人墨客的吟咏歌颂，带来的名人名文效应，进一步深化了泰山的文化价值。浪漫瑰丽的语言、超凡脱俗的想象，为泰山又披上了一层神圣的面纱。最后，平民百姓朝山进香的鼎盛香火，更凸显了泰山是满足世俗愿望的神圣之地。"登泰山，保平安"，通过导游的叙事，长命富贵、平安顺遂的世俗愿望，直接与当下的泰山之旅联系起来，使这一遗产旅游也成为一段神圣的旅程。

三、何以表达：导游的行为叙事缘由与策略

作为泰山旅游叙事的主体，导游在其叙事过程中虽然以口头语言为主，但其行为动作也是重要的叙事方式。行为叙事是"以身体动作为主要媒介来进行的叙事"[①]，"作为一个动态的呈现，能够构成一串可释义的符号链条，并可以在特定文化语境中进行阐释"。[②]

---

① 董乃斌、程蔷：《民间叙事论纲（下）》，《湛江海洋大学学报》（社科版），2003年第5期，第48页。

② 朱卿：《试论行为叙事作为民间叙事研究对象的可能性》，《贵州师范学院学报》，2015年第5期，第9页。

从作为口头叙事辅助的肢体语言，到作为主要叙事方式的动作仪式，行为叙事在某些情境中更具有表现力和感染力，能够更好的达到叙事目的。在旅游情境中，行为叙事主要集中于舞蹈、戏曲等表演行为和信仰、纪念等仪式之中，以往的研究也主要关注表演者或仪式主体。导游在旅游活动中并不完全是客观中立的旁观介绍者，有时也会进入到旅游活动的表演或仪式之中，呈现出特殊的行为叙事。

（一）导游的行为叙事缘由

作为世界遗产的泰山，不仅是自然空间与文化空间的融合，同时也是重要的信仰空间。除了美丽的自然风光和众多的文物古迹，泰山上还广泛分布着佛道儒三教庙宇，其中碧霞祠作为道教著名女神碧霞元君的祖庭，在海内外有着重要影响，是广大信徒祭拜的神圣之所。在碧霞祠这一特殊的空间中，信众、游客、导游等不同群体的行为既有差异又有重合。信众到碧霞祠的目的主要是朝山进香，碧霞祠是其朝圣的"圣地"。对于游客来说，碧霞祠虽然是泰山上的重要景点，然而其游览的时间、深度、感受却深受导游影响，此时导游的语言及行为叙事就至关重要。

欧文·戈夫曼（Erving Goffman）在其《日常生活中的自我呈现》一书中指出个体的表达包括两种根本不同的符号活动：他给予（gives）的表达和他流露（gives off）出来的表达。前者包括各种词语符号或它们的替代物，使用这种方式公认地、仅仅只是用来传达附在这些符号上的人所周知的信息。后者包括了被他人视为行为者的某种征兆的范围广泛的行动，它预示着：表现出来的行动是由某些原因导致的，这些原因与以这种方式传达出来的信息是不同的。① 实际上，在旅游情境中，导游的语言叙事就是其"给予的表达"，是旅游地想要宣传的重要内容，而其在带团过程中有意或无意的行为动作则是其"流露出来的表达"，可能隐藏着某些深层的内涵。

笔者在田野调查中发现，可以将导游分为两种，一种单纯使用语言叙事，简单为游客介绍碧霞祠的历史文化等内容，属于"给予的表达"，往往走马观花或给游客留下短暂的时间自由参观；另一种则在语言叙事之余流露出一些信仰行为，以行为叙事表达泰山的神圣性，可以称为"流露出来的表达"，往往会影响游客的认知和实践行为。

在田野调查中，笔者曾多次遇到导游的信仰行为，如一位导游在碧霞祠山门前介绍了许多关于碧霞元君信仰的内容，然后带着游客来到火池前，将脖子上的导游证和手里的导游旗收起来放进包里，从旁边的桌子上领了三支香点燃，与其他信众一起面朝碧霞祠顶礼膜拜。行为叙事是由一连串具有文化内涵的动作符号所构成的信息系统，导游取香、上香、磕头这一整套行为序列，构成了一个信仰的仪式场景。在信仰仪式之中，上香磕头这一系列行为符号代表着信仰的虔诚，是信众对信仰对象神圣与灵验的反馈。在这一行为叙事场景中，叙事主体为导游，叙事受体为游客，叙事内容为通过上香叩拜表达对碧霞元君的虔诚信仰。对于导游和游客而言，这套信仰仪式行为有着特殊的含义。导游的信仰行为，在一定程度上

---

① ［美］欧文·戈夫曼：《日常生活中的自我呈现》，冯钢译，北京大学出版社，2008年，第2页。

具有示范意义。旅游团中的游客，在看到导游的上香行为后，许多也跟着上香叩拜。后来进到碧霞祠里面，导游又教给游客道教的叩拜方式，在正殿前再次行礼。导游的口头叙事大多是口耳间的单向传播，游客听其言说后的反应取决于听力系统获得的信息，而其行为叙事则是游客凝视的对象，手把手教习的行为更是直接促成游客的亲身实践。此外，游客对导游行为叙事的理解，取决于其文化背景，在拥有相同历史记忆和文化认同的群体中，这种行为叙事被理解和接受的可能性更大，甚至产生情感共振的感染效果。在共同的信仰背景下，这种行为叙事客观上可以拉近导游与游客的距离，使得带团工作更加顺利。上述旅行团的成员是一群来自河北的游客，与导游同属碧霞元君信仰圈，在导游的行为叙事影响下，大部分游客也在火池前虔诚上香叩拜。

在泰安及周边县市，碧霞元君有着广泛的信仰，对于生活于这些地区的当地民众来说，泰山不仅是旅游景区，更是其日常的信仰空间。无论是山下的红门宫，还是山上的碧霞祠，都是民众上香祭拜的重要场所。生长于这一地域空间下的导游，从小耳濡目染也逐渐成为碧霞元君的虔诚信徒，有些导游在初一、十五带团上山时自己也会进碧霞祠叩拜，有的家中还会请碧霞祠的道长去做道场。

在笔者的调查中，发现导游的信仰行为还有很多，比如一位导游带领游客进入碧霞祠后，自己也在神像前叩头，并在功德箱里投了钱，然后拿起供桌上的一个苹果来吃，并告诉游客供桌上的供品是可以吃的，而且食用供品可以沾染福气。还有一位导游在御碑亭前，手里拿着自己身上戴着的其奶奶磨的铜钱，表演磨碑的动作，来介绍过去为祛病而用铜钱摩抚御碑的习俗以及"铜碑磨，御碑蹭，小孩子戴上不生病"的俗语。无论是香、食物，还是铜钱，这些信仰的媒介，都是导游行为叙事的符号语言。这些符号不仅是沟通神与人之间关系的纽带，也是凸显泰山神圣性的重要佐证。当然，游客在看到导游的这些信仰行为后，所表现出的反应也有所不同，既有深受感染虔诚敬拜的，也有从众摸碑祈求福气的，还有不为所动旁观而立的。游客的这些不同的举动既与其文化背景、信仰、惯习等因素有关，同时也取决于其现场所接受到的视觉信息。在目睹导游的信仰行为后，对其行为叙事的理解也左右着其行为实践。

（二）导游的行为叙事策略

欧文·戈夫曼运用戏剧理论对微观社会的互动行为进行解释，他将人际关系的互动看作社会表演，并划分出前台和后台区域。前台区域是某一特定的表演正在或可能进行的地方；后台区域是指那些与表演相关但与表演促成的印象不相一致的行为发生的地方。① 前台和后台之分，仅仅只是就特定表演而言。很多区域在这一时间和含义中是作为前台，而在另一时间和含义中却成了后台。此外，通过营造一种后台氛围，也可以把任何区域变成后台。②

在景区中，导游讲解时的景点是其叙事表演的前台，而在讲解结束后，导游则走入了表演的"后台"，呈现出与前台表演不同甚至完全相反的景象。在前面的案例中，碧霞祠是导游叙事表演的

---

① ［美］欧文·戈夫曼：《日常生活中的自我呈现》，冯钢译，北京大学出版社，2008年，第113页。
② ［美］欧文·戈夫曼：《日常生活中的自我呈现》，冯钢译，北京大学出版社，2008年，第107—109页。

"前台"，在其讲解完毕之后，则走入了火池前的"后台"。其在"后台"的信仰行为，与其"前台"的形象存在一定反差，但其所表达出的神圣性却是一致的。

在遗产旅游的情境下，导游的身份具有双重性：作为一种职业，他们代表的是官方的意志，在科学性解说的要求下，他们往往对源自民间的神话传说予以规避和规范；作为单独的个体，他们来自于民间，在其日常生活中所形成的惯习对其思想行为有着重要影响。导游的信仰行为是其个体性的体现，这一行为叙事有意或无意间会对游客产生一定影响，它与作为导游本职讲解工作的口头叙事是不同的，甚至某种程度上是相悖的。导游在带团过程中，面对这种矛盾，通过隐藏职业性的身份象征（导游证、导游旗）来予以调整，既满足了自己的信仰需求，又不违背自己的职业要求。导游的这种行为叙事，以身体实践展演虔诚的信仰，其产生的示范效应客观上也凸显了泰山的神圣性。

在泰山上有关民间信仰的景观与行为比比皆是，从大量的香社碑、树上栓的红绳与压的石子，到信众的叩拜、上香、拴娃娃等行为，其所展现的是泰山信仰的神圣与灵验。在旅游情境下，导游如何介绍泰山的神圣信仰是一个重要问题。段超、黎帅在研究湘鄂西民族旅游区的导游时，指出其作为文化整合者，一方面将民族文化"祛魅"，另一方面又将旅游区文化事项"附魅"，使当地民族文化"神秘化"。① 面对泰山的神圣性，当地导游的口头与行为叙事实际上也带

---

① 段超、黎帅，《导游与湘鄂西民族旅游区文化变迁》，《中南民族大学学报》（人文社会科学版），2017年第4期，第84页。

有一定的"祛魅"与"附魅"功能。一方面在科学主义的思维下，抛弃荒诞不经的"迷信"成分，另一方面，又从自然地质、历史文化、民俗信仰等方面挖掘遗产价值，强调泰山的"神圣性"。导游的口头叙事与行为叙事具有一定的互文性，可以互相阐释，口头叙事包含了对行为叙事的解释，可以使游客了解泰山的神圣性所在，而行为叙事则验证了口头叙事，是口头叙事的有机补充，可以进一步强化人们对泰山神圣性的认知。此外，导游的行为叙事也是一种身体实践，它在不断的强化着其文化记忆，将泰山的神圣性深深的内化于心。

第三节　景观叙事：神圣空间的生产

景观是旅游景区的主要组成部分，是旅游所赖以开展的重要资源，也是游客凝视的主要对象。作为游客在视觉上的审美对象，景观也被人们赋予了叙事的功能。景观叙事（Landscape Narratives）这一概念最早出现于景观设计领域。它借用叙事、文本等概念，通过图像、雕塑等形式，让景观像文本一样具备讲故事的能力。景观叙事是将原本不善于叙事的景观，用来叙述表达，其强大的叙事与表意功能，可以带给观众强烈的视觉冲击和心理震撼。景观通过叙事发挥其表达功能，可以营造出不同氛围的独特空间。泰山在其旅游发展过程中就借助景观叙事与景观生产，营造出神圣的空间。

一、神圣空间营造：泰山的传统景观叙事

景观通过叙事发挥其表达功能，可以营造出不同氛围的独特空间。景观叙事的表达功能主要分为表意和抒情，表意是能指与所指

间的重要关联，主要以情节叙事为主，讲述某一故事；抒情则属于非情节叙事，重在表达情思、抒发情感。无论是自然景观，还是人文景观，都具有表意和抒情功能，在兼具自然与人文的景区，二者往往混融相合、相得益彰，共同建构起景区的主题形象。五岳之首的泰山，融雄伟的自然风光与厚重的人文历史于一体，不仅是世界文化与自然双重遗产，更是中国的"国山""圣山"。在历史发展过程中，海拔并不高的泰山却被建构成神仙府第、天界所在，与山下的泰安城组成了天庭、人间、地府三重空间。泰山这一神圣空间的营造，可以说是景观叙事的重要结果。

景观叙事依靠的是景观的语言系统，自然山水、人文建筑、花草树木、场所空间、仪式活动等元素，正如文章的字、词、句、段、篇等语汇要素，通过一定的排列组合构成了作为叙事文本的景区，并通过表意、抒情、比喻、象征等手法，共同烘托出叙事文本的主题。如果将泰山作为一个整体的叙事文本，那么山上的自然景物与人文遗迹则共同书写出了这一文本的主题。在独特的自然地理基础上，历代帝王的封禅祭祀、文人墨客的吟咏题刻、平民百姓的朝山进香，在泰山上留下了丰富的人文遗迹，在形塑泰山景观的同时，也使泰山不断地神圣化。尤其是帝王的巡狩封禅祭祀和对泰山神的加封，以及民间对碧霞元君的信仰崇祀，使泰山的地位日益尊崇，成为上至帝王下至百姓都崇拜敬祀的神圣之山，"神圣"也成为泰山景观叙事的关键词。

首先，自然地理的特色与自然景观的表意抒情，为泰山营造出了独特的形象与意境。山川河流、花草树木、日月星辰、风霜雨雪等自然景观，虽然都是天然形成，但经过人们浪漫的想象，或被文人墨客以语言文字吟咏歌颂，或被平民百姓以神话传说附会解读，从而具有了抒情叙事的功能，可以表达独特的含义。泰山崛起于万物交替、初春发生之地的东方，盘古死后头部化为泰山的传说，使得泰山具有了五岳之首的名号。在海拔较低的华北平原上，泰山相对高差1 300米，强烈的视觉对比凸显出"一览众山小"的高旷气势。泰山形体庞大，山脉绵亘100余千米，盘卧426平方千米，其产生的安稳和厚重感，大有"镇坤维而不摇"之威仪，遂有"稳如泰山""重如泰山"之说，反映了其在人们心中的厚重之感。断块掀斜抬升的地质构造特点，使泰山形成了由低而高、凌空高耸的巍峨之势。这种地貌景观，形成了"泰山天下雄""泰山如坐"的特色。自然景观的特色，经过文人墨客的渲染，营造出独特的意境，反映了人们的文化心理想象。

其次，在以自然地貌为底色的基础上，人文建筑进一步构建成凸显主题的景观。为方便登山，泰山上修筑了多条道路，其中从红门至岱顶的中线登封御道这条传统线路最为经典。从红门拾级而上，步步登高，游人如登天庭，沿途的景观也大都以"天"命名，营造出犹如天庭仙界的神圣空间。马修·波泰格（Matthew Potteiger）和杰米·普灵顿（Jamie Purinton）在其《景观叙事：讲故事的设计实践》（*Landscape Narratives: Design Practices for Telling Stories*）一书中，就提出命名（naming）、排列（sequencing）、揭示（revealing）、隐藏（conceal）、聚集（gathering）、开放（opening）[1]

---

[1] Matthew Potteiger, Jamie Purinton, *Landscape Narratives: Design Pratices for Telling Stories*, New York, Chichester: John Wiley, 1998.

等多种叙事策略。命名作为景观叙事的重要策略，可以通过凝练的语言概括表达景观所蕴含的丰富信息。泰山景观的命名，就营造出了天庭仙界的意境，正如导游词中所言：

> 泰山自古就被视作是"天"的象征，登山的路上，一共有三座"天门"，此处为登山初步的"一天门"，山半腰的中天门又称作"二天门"，而在山顶的南天门则被称作是"三天门"了。进了一天门，就意味着我们已经脱离凡尘俗世，进入了天庭仙界，人们开始了升仙的历程。①

从"一天门"到"南天门"，登山过程中景观的变化，实际上也是叙事文本的层层递进，隐含着由人间至天庭的神化路径，而这条登天之路的高潮则是最后的天门云梯一段。天门云梯是泰山上与天相关的景观中最著名的一个，是指从十八盘到南天门这段景观，长度不足一公里，但垂直海拔却有四百余米。两侧山石陡立，中间石壁谷有如一线天，站在盘道上仰视南天门，犹如云梯倒挂，故名"天门云梯"。此处两山夹峙，犹如一门，元代岱庙主持张志纯在此创建南天门，在自然之门上又加人工之门，锦上添花却并不显多余，反而给人相得益彰、完美融合之感，堪称自然与文化有机结合的典范。南天门作为泰山三层空间的天界大门，游客千辛万苦攀登至此，确有登天之感。南天门两侧气势非凡的对联——"门辟九

---

① 泰安市旅游局：《畅游泰安　　新编导游词》，泰安市旅游局内部资料，2010 年，第 46—47 页。

霄，仰步三天胜迹；阶重万级，俯临千障奇观"，既有点题之功效，又抒发了无限豪迈之情。高耸的摩空阁与南天门的匾额，又会使人产生记忆联想，与传说中的天界门庭建立起联系。游客对景观的认知，是依靠其情景记忆，与实地场景的对比，从而引发记忆与共鸣，并进而去了解其他信息。天门云梯在众多媒体介质中的图片形象早已深入人心，情景的熟悉感是这一景观叙事的关键因素，而游客至此俯瞰山下油然而生万丈豪情之感慨，也正体现了景观语言的抒情功能。

"山不在高，有仙则名"，泰山神圣之名还在于其广纳众神。不仅流传有"济南人多，泰山神多"的俗语，还有解释神多原因的传说《白氏郎的故事——泰山众神的由来》①，然而给人最直观感受的还是从山上到山下众多的寺庙宫观、香社碑刻等物象景观。在泰山上，佛道儒三教并存，国家祀典与民间信仰交织。从山脚下的岱庙、红门宫、万仙楼到斗母宫、三官庙，再到山顶的碧霞祠、玉皇庙，不同的地理位置建有不同的宫庙景观，敕修宫庙、敕建铜碑、御赐祭器，彰显的是皇家的威仪和敬重；香社碑、拴红绳、压树枝，反映的则是民间的信仰和崇拜。不同阶层所塑造的景观在泰山上融为一体，更加凸显了泰山的神圣。以碧霞祠为例，这座泰山上建筑规格和规模最大的高山古建筑群，是北方地区信仰极盛的碧霞元君的祖庭。这座金碧辉煌犹如天上宫阙的建筑群，实际上也是集合各种物象符号的景观群。雄伟壮丽的建筑，雍正"福绥海宇"与乾隆"赞化东皇"御书匾额，万历《敕建泰山天仙金阙碑记》与天

---

① 参见附件二：泰山民间叙事文本选录（二）《白氏郎的故事——泰山众神的由来》。

启《敕建泰山灵佑宫碑记》铜碑，体现了泰山神女碧霞元君的尊贵与威仪。香亭火池内旺盛的香火、供桌上香客的贡品、还愿的袍服鞋子，反映了信徒的众多与虔诚。此外，还有神奇的自然景观——碧霞宝光，这些都从不同面向凸显了泰山的神圣。

再次，泰山的神圣伟大，不仅见诸于文人墨客的笔下，更体现在直观的景观语言中。在中国的景观中，诗词题刻是一种特殊的景观语言，它不同于单纯的文字语言，点到为止的含蓄表达可以起到画龙点睛的作用。泰山是中国书法名山，山上有历代摩崖刻石一千余处，历代碑碣八百余块。这些诗词题刻，不仅数量众多、规模巨大，而且艺术精湛、构景巧妙，时代连续性强，风格、流派齐全，可以说是重要的景观叙事资源。而诗词题刻作为景观，其叙事方式又有其独特性。"诗歌点题的特点与方式就是创造一种场合，营造独立回忆的形式，营造独特的文化感想和氛围。"① 游客的个体记忆不同，所形成的共鸣与感受也不同，所以在旅游中，导游的讲解只能起到辅助的作用，游客的感知更依赖于个体的体验，而景观叙事正是影响游客感受的重要方式。正如一位资深导游的经验之谈：

> 在我的团里，打算坐索道的我都会让他爬山，我说你们一定要爬，如果你不爬山的话，你就不能感受到泰山的美，其实泰山沿途的这些刻石啊，真的需要你一个人静静地去走，静静地去看，我在车上的时候会给他们做介绍，我说泰山上的刻石

---

① 唐晓岚、修梅揽，《诗歌点题在景观叙事中的设计实践——关于新城区道路植物景观设计的探讨》，《林业科技开发》2010年第4期，第132页。

是什么？如果你一边走一边看，你会觉得这是在同一个空间里面跟不同时空的古人一种呼应。当你开始爬山了，你说我开始了，旁边四个字，"登高必自"，登高必自卑，行远必自迩，做人就像这登山一样，脚踏实地，往前走你说这不错，风景开始漂亮，这写着什么，"至此始奇"，往前更漂亮，"至此又奇"，哇，有悬崖，"从善如登"，这儿有瀑布，"霖雨苍生"，你觉得累了不想爬了，旁边写什么，"愿同胞努力前进，上达极峰，独立南天门"。看到这里你怎么能不继续往上走，然后就会给他们做这样的介绍，然后客人就会根据我的介绍，带着一颗呼应的心去看这些刻石。①

　　无论是唐摩崖的洋洋大观，还是万丈碑的雄伟壮阔，对泰山刻石的认知和理解，都有赖于游客自身的知识体系与记忆库存。游客在旅游行为中经常是通过对当地的各类象征符号（包括零星的、分散的、拆解的）进行观察、"组装"、体会和解释。② 这一过程是建立在游客的认知记忆基础之上的。传统的文学艺术与媒介，对泰山景观的描绘构成了游客心目中的符号意象。游客根据自身的知识储备、经验及记忆中的符号意象来与景观符号做对比，从而影响认知的结果。在泰山所有的刻石中，"五岳独尊"无疑有着特殊的意义。"五岳独尊"刻石与天门云梯一样都是泰山神圣空间的表征，这一

---

① 访谈对象：张娟（全国优秀导游员）；访谈人：程鹏；访谈时间：2014 年 9 月 28 日；访谈地点：泰安市瀛泰国际旅行社。

② 彭兆荣：《"遗产旅游"与"家园遗产"：一种后现代的讨论》，《中南民族大学学报》（人文社会科学版），2007 年第 5 期，第 19 页。

象征符号广泛出现于各种媒体、商品及景观雕塑之中，而且还被印在第五套人民币五元纸币背后，融入人们的日常生活。其带给游客的熟悉感与记忆，是其他景观所无法比拟的。虽然五岳独尊刻石历史并不算悠久，游客至此也常感叹实体景观不如想象中的雄伟，但其所代表的象征意义却无可替代。

"五岳独尊"的文字语言，也是其景观语言的表达，最能诠释泰山的神圣地位，所以这一景观历来也被作为泰山的象征性标志物。游客到此，无不合影留念。从网络上搜索"五岳独尊"图片都可以搜索到上百页的结果，而在游客的游记博客中，这一景观的照片也是频频出现，足见游客对其的重视与认同。

图4.1　五岳独尊刻石①

总之，景观具有强大的叙事功能，其所表现出的表意与抒情功能、其带给游客视觉上的冲击和心理上的震撼，是其他叙事形式所无法代替的。景观叙事是景观以及主体审美时所生成的意境，

---

① 拍摄者：程鹏，拍摄时间：2014年9月21日，拍摄地点：山东省泰安市泰山旅游风景区岱顶。

通过语言叙事的辅助，景观可以营造出神圣庄严、雄奇秀丽等不同的空间氛围，突出景观地的主题。地处东方的古老泰山，在现代大众旅游业兴起之前，就通过景观叙事与景观生产建构起了神圣的空间，而文学艺术与媒介又进一步强化了泰山的神圣意象。泰山的地理位置与地质特征，引发先民的崇拜与信仰。帝王的巡守、封禅、祭祀和对泰山神的加封，文人墨客的吟咏题刻，百姓的信仰活动，在泰山上留下了众多的景观。泰山的景观叙事与语言叙事互构互文，借景叙事，寄情于景，再辅以语言符号的阐释，烘托出了泰山的雄伟气概和神圣地位，营造出神圣的空间。泰山自然景观与人文遗迹的相得益彰，体现了中华民族"天人合一"的思想观念，是东方文化智慧的缩影，也为日后申报成为世界文化与自然双重遗产埋下伏笔。

二、文化空间再造：遗产旅游语境下泰山的景观生产

在当代的遗产旅游发展过程中，泰山上设计和生产了许多景观，使景观的叙事功能得到了全面的发挥。景观叙事作为连接过去、现在与未来的桥梁，将时间序列上的叙事功能置于空间层面，其满足的不仅是大众的审美需要，还有大众对历史记忆的社会需求。对于传统景观来说，通过重新排列设置其空间位置，可以达到不同的叙事效果。如岱庙将不同时期的碑刻置于同一空间之中，就给人以历史穿越之感，共同的叙事内容也有利于人们全面了解泰山的历史宗教等文化。而当物质景观无法移动时，则可以采取调整旅游线路的方法，移步换景，依次通过不同景观展开叙事。在泰山成为世界遗产之后，其封禅文化成为叙事的重点，然而相关的景观却

较为分散，无法全面呈现这一文化。2000 年修建的天地广场，不仅具有旅游售票、交通枢纽、分散人流等实用功能，更是再造的文化空间，是对泰山文化全面集中的展示平台。

天地广场，位于大众桥西侧，其址旧称"天外村"，为泰山西路登山之始，是中外游客进入泰山景区的重要通道和交通枢纽，每年有一半以上的游客都是由此登山。广场占地总面积 3.5 万平方米，由圆形广场、方形广场和石雕连廊三部分组成，全部由泰山花岗石材铺装。方形广场边长为 36 米，面积 1 000 平方米；圆形广场直径为 108 米，面积 1 万平方米。方形广场四周的栏板，由 42 块泰山花岗岩石板组成，从东南方第一块栏板开始，按先秦到明清的时代顺序逆时针排列。每块栏板上面以诗配画形式，分别镌刻着孔子、孟子、司马迁、李白、杜甫等 42 位历代名人歌咏赞颂泰山的名言佳句。这些诗词字体上真草隶篆样样俱全，并且全都配以浮雕图案，诗画书法相映生辉。文人墨客的登临吟咏题刻虽然是泰山文化的重要内容之一，然而在这一景观生产中却居于次要地位，被刻写在方形广场周围栏板上这一并不显眼的位置。

在方形广场的中央，有一块红色大理石组成的巨型图案，这一图案最早见于 1959 年出土的大汶口文化陶尊上，是中国最早的图像文字。图案由三部分组成，底部是山的形状，中间是半月形，上面是圆形。对于这一图形，专家学者的观点存在一定争议，虽然大多都认可底部的山形代表泰山，上面的圆形代表太阳，但对于中间的符号是火、月、水还是鸟则有着不同的观点。然而在当代的旅游活动中，导游的口头叙事却大都将之解释为是泰山封禅活动最为真实的写照，非常形象地记录了先民们在泰山顶上燔柴祭天的活动。

"在新的语境中，人们会根据现在的情形和需要对过去进行想象，而那些考古遗物也就成为这种想象的'物的媒体'——根据现在的需要想象出过去的形象。"① 大汶口文化出土的这一符号，被作为天地广场的主要标志，并赋予了燔柴祭天的解释，反映的正是当下对封禅文化的重视及对神圣空间的建构需求。

连接圆形广场和方形广场的是石雕连廊，连廊中间是长 27 米、宽 3 米的深浮雕图案，展现了盛唐时期，开元年间，唐玄宗李隆基大举东封泰山时的浩大情景，浮雕自下而上由告祭、封天、禅地、朝觐四部分组成，即所谓"四封制"，描绘了唐玄宗封禅泰山的宏伟场面。两侧设 36 级台阶，台阶两侧，耸立石雕龙柱各 6 尊，每尊高 7.2 米，直径 0.9 米。每根龙柱由三部分组成：上部是 0.3 米高的圆形云头纹饰；中部是 5.4 米高的深浮雕九龙柱；下部是 1.5 米高的方形须弥座。十二根龙柱分别代表了在不同时期来泰山封禅或祭祀的十二位帝王。在每根龙柱的底座四面还有四幅表现各个帝王登封泰山的浮雕图案，图案下部刻有所处朝代的钱币和典型纹饰，代表了那个时代的经济和文化发展水平，借以展示中国经济和文化发展的历史。龙柱与石雕连廊将天地广场相连，构成有序而丰富的空间。十二根龙柱可以说是综合了景观叙事和抒情的功能，龙柱的造型，给人以庄严肃穆之感，达到了抒情的功效；而龙柱上的雕塑，则集合了官方历史叙事与神话传说等民俗叙事，集中展示了历代帝王巡狩、封禅、祭祀泰山，是封禅文化的全面呈现。

天地广场作为泰山景区的一项新的景观群，在充分理解泰山文

---

① 彭兆荣：《遗产：反思与阐释》，云南教育出版社，2008 年，第 155 页。

化的基础上，将文化记忆转化为物态的空间，有效的整合了自然环境与历史文化，使广场成为可视可读的对象。古代帝王封禅，先在泰山极顶设圆坛以告天，然后在山下设方坛以祭地。天地广场与古老的泰山文化相对应，取"天圆地方"之意。方形广场代表着人们生活的广袤大地，石雕连廊是人间通往天堂的登天之梯，而圆形广场则是高高在上的天界。整个广场表现了天、地、人的关系，体现出"天人合一"之感。广场地处泰山脚下，站在广场上仰望泰山，视觉的差距和冲击使人油然而生景仰之情，景观的抒情表意功能也得以展现。

图 4.2　泰山天地广场①

广场所选取的叙事内容——方形广场中间的"日火山"图案、反映唐玄宗封禅泰山情境的石雕连廊、表现十二位帝王来泰山巡

① 拍摄者，程鹏，拍摄时间：2014 年 10 月 1 日，拍摄地点：山东省泰安市泰山旅游风景区天地广场。

守、封禅、祭祀的龙柱，无一不是围绕泰山封禅文化所展开。"日火山"图案虽然仍存在争议，但景观设计者选取了"燔柴祭天"这一表现封禅的意义进行阐释，在导游词的撰写和讲述中占据主流。历史上曾到泰山巡守、封禅、祭祀的帝王有很多，所选取的十二位帝王，多为文治武功非凡者或有较高的知名度和代表性。其在泰山的活动，包含了巡守、封禅和祭祀，然而景观的呈现并没有将之区别，仍需要借助导游的口头叙事加以阐释。文人墨客的登临吟咏题刻虽然也是泰山文化的重要内容之一，然而在这一空间生产中却居于次要地位，被刻写在方形广场周围栏板上这一并不显眼的位置。

天地广场本质上是一个具有叙事能力并承载了大量历史文化信息的"空间文本"，各个具有历史意义的景观并不是简单的堆砌，而是有着内在的逻辑关联。作为一个"记忆之场"，天地广场将泰山的封禅历史与诗词文化融合在一起，创造了一个有关泰山历史记忆的意义空间。龙柱与甬道，不仅是叙述历代帝王封禅的纪念物，其庄严肃穆的形象也象征了王权与神圣。"传统在时间上的意义必须是在空间里来体现的，即便是精神性的东西也必须通过"现在"可感知的个案或文本作为载体而得以体现。"① 无论是历代帝王的巡守、封禅、祭祀，还是历代文人墨客的吟咏，集中于同一空间，以时间序列排列，更易于游客的感知和理解。无论是表现帝王封禅的龙柱、甬道，还是文人题刻的组合，其实都是景观符号的重新编码，被赋予了更加神圣的意义。当代的泰山旅游，虽然交通大为方

---

① 范可：《传统与地方——"申遗"现象所引发的思考》，《江苏行政学院学报》2007年第4期，第48—49页。

便，但也错失了许多散落分布于各处的景点，天外村是乘车进山的入口，天地广场将不同历史时期的文化记忆共同置于当前时空之中，其共时性特质实现了游客凝视的空间转向，在遗产旅游发展方面有着重要意义。

简·赛特斯怀特（Jan Satterthwaite）在论述景观叙事策略时，指出除了设置历史保护性场所如纪念馆、博物馆等勾起人们对过去事物的联想和回忆外，特定的植物、花卉也能向人们叙述特定的故事，还可以设计一些场所，用于特定的节日、活动、集会。所以具有叙事功能的不仅有物质实体的文化景观，还有自然景观及节日仪式等非物质形态的存在。泰山天地广场的修建，不仅是简单的景观生产，更是文化空间的再造。广场不仅是泰山文化静态展示的重要空间，也是举办重要仪式的场所。从 2016 年起，连续多年举行的"中华民族敬天祈福"仪式就在泰山天地广场举行，整个仪式分为迎神、奠玉帛、进俎、行初献礼、行亚献礼、行终献礼、撤馔和送神八个环节。庄重肃穆的仪式叙事，复刻了封禅祭祀的神圣模式，反映了中国传统文化中的"大一统"思想和"国泰民安"的追求，强化了参与者的国家意识和民族自豪感。

天地广场是一个文化再造的空间，它将不同层面的泰山文化汇聚一处，经过排列组合，以新生景观的面貌呈现于游客面前。天地广场融贯古今，既展现了泰山厚重的文化和天人合一的传统思想，又凸显了泰山世界文化与自然双重遗产的话语表述。排序作为景观叙事的重要策略，通过将不同文化元素的景观进行排列，可以突出想要表达的主题。泰山文化博大精深，天地广场把帝王封禅文化作为景观叙事的主题，将相关的景观图像置于中心，文人墨客的歌颂吟咏被边缘化处理，而平民百姓的民间信仰文化则被淡化。天地广场这一文化空间的再生产，顺应了遗产旅游文化展示的需求，景观的生产在无形之中弱化了代表平民百姓的民俗文化，呈现出遗产化的倾向。

三、符号景观化：泰山遗产旅游中的符号景观生产

景观语言是一种符号系统，景观叙事正是依靠高度概括的叙事符号而展开，符号所具有的象征意义是旅游目的地被选择的重要标准。面对符号景观，游客通过景观释读和记忆联想，可以引发认同共情的体验。景观生产需要从不同时空中选择与本地历史文化高度相关的文化事象，形成符号化表征，呈现于景区的公共空间。在泰山建设天地广场时，有两处符号景观的建造有着特殊的意义。

（一）世界遗产符号的景观化

对于世界遗产地来说，世界遗产的标志无疑是一个重要的符号。1978 年，在华盛顿举办的世界遗产委员会第二届大会上，采用了由比利时著名图像设计师米歇尔·奥利夫（Michel Olyff）设计的世界遗产的标志。它表现了文化与自然遗产之间的相互依存关系：代表大自然的圆形与人类创造的方形紧密相连。圆形的标志代表世界的形状，同时也是保护的象征。世界遗产标志象征《保护世界文化和自然遗产公约》，体现缔约国共同遵守这一公约，同时也表明了列入《世界遗产名录》中的遗产。它与公众对《公约》的了解相互关联，是对《公约》可信度和威望的认可。总之，它是《公约》所代表的世界性价值的集中体现。委员会决定，该标志可采用任何颜色或尺寸，主要取决于具体用途、技术许可和艺术考虑。标

志上必须印有"world heritage"（英语"世界遗产"），"Patrimoine Mondial"（法语"世界遗产"），"Patrimonio Mundial"（西班牙语"世界遗产"）的字样。但各国在使用该标志时，可只保持英语、法语原样，而使用自己本国的语言来代替"Patrimonio Mundial"（西班牙语"世界遗产"）字样。中国的世界遗产标志由蓝色线条勾勒出的代表大自然的圆形和代表人类创造的方形形状相系相连的图案及"世界遗产"的中英文字样构成。1998 年 5 月 25 日，中国教科文组织、建设部、国家文物局在北京联合向被联合国授予《世界自然和文化遗产》的遗产管理单位颁发世界遗产标志牌。"世界遗产"标志开始在中国被列入《世界遗产名录》的地方永久悬挂。

　　泰山在被列入世界遗产名录后，曾于 1989 年 10 月 15 日在泰山景区立过一块体量较小的遗产标志碑，但当时未有世界遗产标志图案，也并未引起太多关注。1998 年中国教科文组织、建设部、国家文物局在北京联合颁发世界遗产标志牌后，泰山上的世界遗产标志碑按照标准予以重新安设。其中一块设在天地广场的入口。

　　天地广场入口处东面的世界遗产标志碑，是 2000 年按照统一

图 4.3　天地广场入口处的世界遗产标志碑①

① 拍摄者：程鹏，拍摄时间：2014 年 7 月 3 日，拍摄地点：山东省泰安市天地广场。

标准尺寸设立的泰山花岗岩石碑。世界遗产标志碑高 2.70 米，宽 0.99 米，厚 0.27 米。碑阳的上部镶嵌着铜质世界遗产保护地标志，标志下面是中英文对照的"泰山"二字，再往下有铭文为：联合国教科文组织世界遗产委员会一九八七年十二月公布。山东省泰安市人民政府一九八九年十月十五日立。① 碑阴有中英文双语的铭文："根据《保护世界文化和自然遗产公约》，联合国教科文组织世界遗产委员会确认泰山之独特自然和历史文化价值，并于一九八七年批准将其作为人类文化和自然双遗产列入《世界遗产名录》，为了全人类的利益，保护泰山，人人有责。"除此之外，2001 年，在岱顶碧霞祠西侧北面山崖上，也加刻了"泰山""世界文化与自然遗产"几个大字和世界遗产的标志。

图 4.4 岱顶的世界遗产标志②

① 2000 年按统一标准重新设立世界遗产标志碑，设在各进山路口，但立碑的时间仍沿用首次立碑的 1989 年 10 月 15 日。

② 拍摄者：程鹏，拍摄时间：2014 年 9 月 21 日，拍摄地点：山东省泰安市泰山风景名胜区岱顶。

世界遗产标志象征了《保护世界文化和自然遗产公约》，是其所代表的世界性价值的集中体现。标志牌的建立，是世界遗产符号的景观化，它的设立，往往会改变原有空间的民俗叙事，使传统的民俗叙事呈现出遗产化的倾向。在这一转化过程背后，是政府代表的官方主流文化的权力操控。在遗产旅游的语境下，原有的民俗叙事也被商业化所裹挟，逐渐变成商业化的状态，遗产所带有的象征资本使其逐渐代替民俗叙事，成为叙事的主流。世界遗产的标志牌，成为新的神圣符号，它将原有民俗叙事语境下的神圣空间转化为了遗产语境下的文化空间，民俗叙事正在被遗产叙事所吸纳和改变。在这一过程中，各地情况不尽相同，有的地方呈现出民俗被遗产遮蔽的情况，而有的地方民俗与遗产则呈现并存的局面。

泰山上的这两处世界遗产标志牌，虽然作为新的神圣符号正在越来越多的受到游客凝视，然而面对泰山强大的民俗叙事传统，其并未能占据主导。泰山原有民俗叙事语境下的神圣空间与遗产旅游语境下的文化空间呈现重叠并存的局面。据笔者观察，这两处世界遗产的标志碑，对游客的直接吸引力不足，并未引起游客太多的关注和兴趣，尤其是国内的游客，很少在此驻足或拍照，相反，国外游客则大都比较关注世界遗产的标志，在标志碑前留影者相对多一些。这不仅反映出游客对标志碑的凝视与其对世界遗产的认知相互关联，同时也说明了民俗叙事在地方社会仍有较大发挥空间。

（二）民俗景观的再生产

在方形广场东南面，立有一块复制的"五岳真形图"碑。"五岳真形图"原碑最早在岱庙延禧殿旁，清乾隆间移置县署土地祠，1979 年又移置岱庙院，1983 年移置岱庙碑廊。碑高 126 厘米，宽

74 厘米，圆首。碑阴刻《张宣慰登泰山记》，为元代至元二年
（1265）东平路宣慰张德辉登泰山记事，碑阳为明嘉靖年间刻"五
岳真形图"。其右上部刻东岳泰山真形图，图下刻图说 10 行 80 字；
右下部刻南岳衡山真形图，图下刻图说 8 行 56 字；左上部刻北岳
恒山真形图，图下刻图说 9 行 62 字；左下部刻西岳华山真形图，
图下刻图说 9 行 58 字；中部刻中岳嵩山真形图，图下刻图说 11 行
66 字。皆正书，字径 1.5 厘米。另中上部刻五岳概说 9 行 58 字，
字径 2 厘米，正书。下部刻五岳称号 5 行 50 字，字径 1.5 厘米，亦
正书。最下部刻《抱朴子》中的一段记载，多残缺，行数、字数不

图 4.5　岱庙碑廊内的　　　图 4.6　天地广场上的
　　　　五岳真行图碑①　　　　　　五岳真形图碑②

---

① 拍摄者：程鹏，拍摄时间：2014 年 7 月 5 日，拍摄地点：山东省泰安市岱庙碑廊内。
② 拍摄者：程鹏，拍摄时间：2014 年 7 月 3 日，拍摄地点：山东省泰安市天地广场。

详。额篆书阳刻"五岳真形之图"横列六字，字径 8 厘米。除天外村处的这块复制碑外，在岱顶天街南端升中坊东面、岱庙遥参亭门前也都有相同的复制碑，足以看出其在当代泰山旅游中的重要性。五岳真形图在当代被大量复制，正是其所凸显的泰山神职被强调的结果，在当代旅游中借助导游的口头叙事又进一步强化。

五岳真形图，相传为太上老君最早测绘的山岳地图，有免灾致福之效，是道教中的重要符箓。最早出现"五岳真形图"记载的是古代文献《汉武帝内传》，相传汉武帝见西王母，得见五岳真形图，西王母示之曰："此五岳真形图也……诸仙佩之，皆如传章；道士执之，经行山川，百神群灵，尊奉亲迎。"而这一说法也见于《万花谷记》《太平广记》。而晋代葛洪的《抱朴子》则记载，"凡修道之士，栖隐山谷，须得五岳真形图佩之，则鬼魅虫虎一切妖毒，皆莫能近"。将五岳真形图视为道士进山的护身符，属道家符讖之说，而近代的科学研究主要涉及两个方向，一是将其作为古代地图，分析其地图绘制思想；一是将其作为道教符箓，探讨其宗教象征意义。前者如日本地理学家小川琢治就通过将《五岳真形图》之一的《东岳真形图》与实地考察用等高线绘制的泰山地形图作比较，认为《五岳真形图》中蕴涵有等高线制图法的地图绘制思想。而后日本学者井上以智为、英国李约瑟博士等都认同这一观点。而 1987 年，中国科学院自然科学史研究所的曹婉如、郑锡煌在其《试论道教五岳真形图》一文中，也指出现存的古本五岳真形图，可以称之为具体山岳的平面示意图，蕴涵了先进的地图绘制科学思想①。姜

---

① 参见曹婉如、郑锡煌：《试论道教五岳真形图》，《自然科学史研究》1987 年第 1 期。

生以东岳真形图为例，通过与泰山区域地形图的对比，指出其绘制方法汇集了两晋南北朝隋唐道教地图学成就，具有很高的地图学史意义和历史地理学价值。①

后者如施舟人（Kristofer M. Schipper）在其《五嶽真形圖の信仰》中就强调这些神秘图像的仪式意义。② 严耀中、曾维华则认为《五岳真形图》反映了道教的五行思想。③ 而刘凌则认为《汉武帝内传》《抱朴子》等古籍中的《五岳真形图》，疑是对自然抽象、象征之似字图符，而岱嵩明刻《五岳真形图》，则体现出明代复归民俗自然神的巫教倾向。④

然而两者观点的差异，除了各位学者的学科立场不同外，其所采用的《五岳真形图》版本也不一样，如姜生的分析就采用了《灵宝五岳古本真形》《洞元灵宝五岳真形图》《灵宝无量度人上经大法》之泰山真形图、《上清灵宝大法》之泰山真形图等版本。而岱庙明代刻制的《五岳真形图》，已经有别于地图形象的真形图，已是类似于象形文字的符篆。

关于五岳真形图中各座山岳的形状及含义，历来有着不同的说法。有的观点认为五岳真形图是表示五岳形状的，也有观点认为五岳真形图是代表"五行"演化而来的五个方位和五种物化。还有观

① 参见姜生：《东岳真形图的地图学研究》，《历史研究》2008 年第 6 期。
② 参见施舟人著，苏远鸣译：《五嶽真形圖の信仰》，载吉冈义丰、苏远鸣编：《道教研究》，昭森社，1967 年，第 2 册。
③ 参见严耀中、曾维华：《〈五岳真形图〉与道教五行思想》，《学术界》1990 年第 3 期。
④ 参见刘凌：《〈五岳真形图〉发疑——兼与小南一郎商兑》，《泰安师专学报》1999 年第 1 期。

点认为五岳真形图是"四象"和土神的形象表示。几种观点虽然众说纷纭，但都反映了对五岳的尊崇之情。历代帝王对五岳不断加封，道教则将五岳神化并纳入自身体系，五岳不仅成为洞天福地，而且有专门掌管的神仙，分掌世界人间等事。

景观语言作为一种广义上的语言符号，不同于口语或书面文字等自然语言，其被接受需要符号解码，从"物的语言"转换为旅游者可以接受的"人的语言"①。旅游者对景观叙事的理解程度，受到自身文化背景与知识储备的限制。当景观符号超出游客的认知记忆范围，则需要自然语言的辅助。即借助于标示牌、旅游指南或导游的讲解，将景观语言转化为自然语言进行阐释，否则就无法达到叙事的效果，甚至出现误读。对于五岳真形图这一复杂的人文景观来说就是如此，它需要借助导游的口头叙事进行再阐释。以下是笔者在五岳真形图碑前采录的一位导游的讲解：

> 这个五岳真形图是怎么来的？元丰二年七月七日夜，汉武帝见了王母娘娘，看到有本书是用锦囊装着，这本书就是五岳真形之图，是干什么用的？这地方有一句话，叫谨按《抱朴子》云，"凡修道之士，栖隐山谷，须得五岳真形图佩之，则鬼魅虫虎一切妖毒，皆莫能近。"就是你要进山或在山里面修炼，你要把它刻成五个符号挂在身上，一切妖魔鬼怪不能近身，后来融合了五行八卦之说，就形成了这五个符号。看西岳

华山，像以前戴的长命锁，它管什么呢？叫主于世界金银铜铁兼羽翼飞禽之事也。北方为水，像很多河流汇集成一个湖泊，管什么呢？主于世界江河淮济兼四足负荷之类。南方为火，它就像个火苗，它管什么呢？主世界星象分野兼水族鱼龙之事。中央为土，土为地，天圆地方，是最方正的一个，上面象牛羊的犄角，它管什么呢？叫主于世界土地山川谷峪兼牛羊食稻之种。历代以来，只有泰山是唯一一座向皇宫交纳香火税的山，为什么我们不去其他地方烧香交香火税呢？看一下泰山管什么，叫主于世界人民官职及定生死之期，兼注贵贱之分、长短之事也。你这个人寿命多长，你这辈子是富贵还是贫贱，它都管，所以求官求寿求富求财都来泰山。①

图 4.7　导游在讲解五岳真形图碑②

---

① 调查人：程鹏；调查时间：2014 年 9 月 21 日；调查地点：泰安市泰山风景名胜区岱顶五岳真形图碑前。

② 拍摄者：程鹏，拍摄时间：2014 年 9 月 21 日，拍摄地点：山东省泰安市泰山旅游风景区岱顶。

在这一讲解过程中，导游从汉武帝见西王母到《抱朴子》入手，先将五岳真形图的来龙去脉做了说明，继而从五行及五岳符号形象入手解释其职责，最后落脚在泰山的职责——主管世界人民的官职、寿命及富贵。并特别强调了这一神职的范围——世界和能力——长短，以凸显泰山的神职重要性，所以人们求官求寿求富求财都来泰山。

遗产是根据现在需求而创造、建构的，为现时需求服务。① 现存于岱庙碑廊中的明代五岳真行图碑，被复制成多块石碑立于泰山上下。这一具有丰富意义的图像，已经脱离了其原来的语境，被重新编码。"编码过程就是将多元复杂的意义凝缩为对潜在的旅游者来说最具旅游价值的主题"②。对旅游者来说，长命富贵无疑是更有吸引力的意义，所以五岳真形图才成为被选择生产的景观和重点叙事对象。相较于世界遗产标志牌前导游的简单讲述，五岳真形图可以说是当代导游口头叙事的重点，绝大多数导游都会在五岳真形图碑前进行细致的讲解，尤其是突出泰山神职的重要性及灵验，以凸显泰山的神圣性。五岳真形图作为传统的民俗符号，在泰山的遗产旅游叙事中，并没有被遗产话语所遮蔽，甚至呈现异常活跃的境况。民俗叙事在面对国内游客时，其所呈现出的信仰追求反映了人们普遍的民俗心理，这种认同性使得民俗叙事在当代的遗产旅游中依然拥有强大功能，依然可以占据重要位置。

---

① Ashworth, G. J., Brian Graham & J. E. Tunbridge, *Pluralising Pasts: Heritage, Identity and Place in ulticultural Societies*, London: Ann Arbor, MI: Pluto Press. 2007.
② 周宪：《现代性与视觉文化中的旅游凝视》，《天津社会科学》2008 年第 1 期，第 113 页。

　　总之，泰山神圣空间的营造是景观叙事与景观生产的结果。景观叙事是景观以及主体审美时所生成的意境，具有表意和抒情的功能，通过语言叙事的辅助，景观可以营造出不同的空间氛围。泰山的自然地理特征，引发古人的崇拜与信仰，帝王、文人、百姓都在泰山上留下了众多的人文景观。泰山的自然景物与人文遗迹相得益彰，借景叙事，寄情于景，通过命名、点题等景观叙事策略，再辅以语言符号的阐释，营造出了神圣的空间形象。从景观"物的语言"转换为旅游者可以接受的"人的语言"过程中，导游及旅游手册、宣传牌等旅游媒介起着重要的解码作用。导游的口头叙事可以进一步强化景观叙事的主题，并以更加生动形象的解读使旅游者的感受和理解更加深入。

　　景观生产是基于景观叙事功能的文化再造，是在对历史文化与地方知识的深度挖掘基础上，综合考虑艺术设计、市场开发等因素，通过可视可感的景观演绎历史文化，建构文化价值。在遗产旅游兴起之后，遵从生产—消费的逻辑，泰山修建了天地广场等景观。当代的景观生产，将时间序列的叙事转向了空间层面的呈现，将原本不善于叙事的景观用来叙述表达泰山的文化。天地广场作为遗产旅游生产的文化空间，与泰山传统的神圣空间存在一定的错位，以帝王封禅为主的泰山文化成为最主要的叙事主题，文化符号的代表——世界遗产标志与神圣符号的代表——五岳真形图，被并置于广场之上。景观的生产在无形之中弱化了代表平民百姓的民俗文化，呈现出遗产化的倾向。在当代的遗产旅游中，传统的民俗叙事仍然具有顽强的生命力，泰山的神圣叙事仍被强调，泰山原有民俗叙事语境下的神圣空间与遗产旅游语境下的文化空间呈现重叠并存的局面。

第四节　表演叙事：神圣仪式的展演

当遗产成为被消费的商品时，为了吸引游客，让更多的人认识了解它，遗产地选择性的将其某些特质用于表演，这些被选择的特质便成为叙事的主要内容。在遗产旅游中，依托旅游目的地历史文化或民俗风情，辅以歌舞演出等形式而发展出的旅游演艺项目是遗产旅游叙事的重要形式。在当前遗产旅游的开发中，旅游演艺项目随处可见，既有直接编排地方曲艺、民族歌舞的表演，也有利用神话传说内容策划设计的话剧、歌剧、舞剧、音乐剧等演艺项目。作为一种表演叙事形式，旅游演艺利用旅游地历史文化或民俗风情中的象征符号进行加工再生产，以一幕或多幕的表演形式展开叙事，构建起代表旅游地的话语形象，并向旅游者传播这一形象。

表演叙事与传统的行为仪式叙事有一定的相通性，两者都是一种文化和价值的象征体，是由众多的象征符号组成的交流系统，叙事主体借由这一系统表意抒情传达文化信息。但表演叙事是旅游的"前台"，是为了展现旅游地形象、吸引游客，这一明确的目的性也使得其在叙事主题、内容和形式的选择上需要精心谋划。遗产不只是固化的遗址文物，还包括一系列发生在特定地方或空间的行为。这些特定的地方之所以成为遗产地，是因为在这些地方发生过的行为仪式制造了意义，承载了历史文化记忆。在遗产旅游的发展过程中，一些遗产地对传统的仪式遗产进行挖掘和再造，以现代旅游演艺的形式进行展示，建构起遗产地的独特文化形象。

作为历史记忆的封禅，是泰山的重要遗产，而泰山也为封禅提供了场景感与真实感。泰山在 1987 年被列入世界遗产名录，在申报书中，封禅文化就成为重要的叙事内容，而在之后的旅游发展中，封禅也一直被作为叙事的重点。无论是口头叙事、文本叙事还是景观叙事，封禅文化都是最主要的表现内容。1987 年，第一届泰山国际登山节在泰安召开，为配合这一活动，泰安市推出了旅游观光项目——仿宋代帝王封禅泰山祭祀仪式，这一表演不仅成为登山节上的亮点，而且经过改编后成为多年来的重要表演项目。在当代的遗产旅游中，封禅文化被选择进行再次开发，以旅游表演项目的形式来展现封禅仪式。2009 年，泰安市推出的大型山水实景演出项目《中华泰山·封禅大典》，就是对封禅文化的集中展示。

一、神圣主题与宏大叙事：泰山封禅仪式的展演

《中华泰山·封禅大典》是泰安市委、市政府和泰山管理委员会推出的旅游开发重点项目，它采用大型实景演出的模式，依托天烛峰景区的自然山水作舞台，运用现代化的声光电技术，使用大规模的演员阵容和舞美制作来演绎泰山的封禅文化。这一项目以泰山历史文化为核心，以秦、汉、唐、宋、清五朝皇帝登山封禅祭祀的历史为主线，在泰山自然与文化双遗产的基础上对封禅祭祀活动进行艺术提炼，是一部全面展示古代封禅文化的实景演出作品。

（一）神圣主题：聚焦封禅的叙事表演

虽然泰山早在 1987 年就被列入世界遗产名录，然而很长一段时间以来，对于泰山的遗产价值并没有很清晰的认识，泰山旅游一直也处于传统的观光游状态，并没有进行深入的旅游开发，夜间游览休闲项目基本处于空白阶段。

进入 21 世纪以后，随着《印象·刘三姐》《禅宗少林·音乐大典》《大宋·东京梦华》等多部旅游演艺项目的上演，国内逐渐探索出以山水实景演出为核心的旅游演艺模式，而这一模式也引起了泰山景区管委会的关注，于是邀请梅帅元及其山水盛典团队来泰安考察，谋划泰山的旅游演艺项目。经过细致的实地考察和文献梳理之后，主创团队抓住了一个关键词——封禅。

旅游演艺项目的选题需选择能够代表旅游地独特文化的内容。封禅作为古代最重要的祭祀大典，是泰山神圣性的重要体现，也是泰山文化的核心要素，具有独特性和唯一性。古代帝王在泰山祭祀活动，起于巡守，盛在封禅。拔地通天的泰山，不仅是崇祀的对象，也是与天对话的祭台。太平盛世，天降祥瑞，帝王来到泰山登封报天、降禅除地，报天地之功。神圣的仪式彰显出君权神授，也突出了泰山的神圣地位。而对风调雨顺、国泰民安的祈求，也超越了时空，具有突出的普遍价值。主创团队选择以封禅为主题，可以说是抓住了泰山文化的精髓，而且也与当代的价值追求一致。

山水实景演出是遗产旅游的重要表现形式，它深入挖掘旅游地的自然与文化遗产资源，经过加工再造以表演的形式呈现于舞台之上。这一形式秉承"此山·此水·此人"的创作理念，在山水间讲述中国故事，所以剧场都选择在地的自然山水。泰山作为世界文化与自然双重遗产，其自然风光亦是其重要的遗产资源。拔地通天的气势与雄伟壮丽的自然风光，造就了封禅仪式展演的舞台。选择山水实景演出的形式，可以凸显泰山自然与文化双重遗产的特质。封禅文化作为泰山的无形遗产，通过有形的山水舞台得以展现。

主创团队选择了泰山东麓天烛峰下作为演出场地，借助自然山水营造出神圣的剧场空间。天烛峰位置绝佳，仰头可见玉皇顶，景色雄伟壮丽，是泰山风景"奥绝"所在，充分展现了泰山的自然风光之美。剧场依山势而建，总占地面积为 8 600 平方米，其中舞台占地面积为 5 300 平方米，观众区占地面积为 3 300 平方米。剧场周围青山环绕，溪水潺潺，体现出山水实景演出的特点和优势。舞台以泰山石作为主要建设元素，融入雄奇险秀的自然山水之中，营造出宛若自然天成的意境和无与伦比的宏伟气势。主舞台的基本造型是一个巨大的封禅台，在演出灯光、音箱和 LED 大屏幕的优美视听作用和周围山形林相背景的配合下，给观众呈现出雄伟壮丽的泰山自然环境和悠久绵长的历史意境。声光电技术与自然山水的相互映衬，给观众带来身临其境的视听感受和无限的想象空间。

2010 年，《中华泰山·封禅大典》正式与游客见面，在华丽的场景、雄浑的音乐和优美的舞蹈下，五个朝代的帝王亲赴泰山封禅祭祀的盛大仪式场景一一展现，给游客带来了独属于泰山的视听感受。这一演出不仅成为泰山文化的亮丽名片，也是国家记忆及民族记忆的艺术再现，是游客学习和了解泰山封禅文化的重要媒介。《中华泰山·封禅大典》弥补了泰山多年来的夜间旅游空白，成为泰山旅游夜经济的核心驱动项目。不仅提高了泰山的旅游品位和品牌效应，而且还弘扬了泰山文化，成为泰安市对外宣传的重要窗口。

（二）宏大叙事：泰山封禅的历史再现

《中华泰山·封禅大典》的叙事内容是以封禅为主题的宏大叙事，从泰山历代的帝王封禅祭祀活动中选取了秦、汉、唐、宋、清五朝，经过艺术提炼和加工，来展现泰山的封禅文化。演出以泰山的自然与文化双重遗产资源为基础，通过山水实景与舞台表演，再现了五朝帝王来泰山封禅的仪式场景。同时，还对五个朝代的政治文化与社会生活进行了展现，凸显了六位帝王的文治武功和封禅背景。

《中华泰山·封禅大典》呈现的是五朝六帝封禅泰山时的场景，演出共分为七个篇章：分别是序幕、金戈铁马·秦、儒风雅乐·汉、盛世气象·唐、艺术王朝·宋、康乾盛世·清、祈福。首尾采用旁白叙事的形式，由一位老者向其孙女讲述故事的方式，将五代帝王到泰山封禅祭祀的场景串联起来。依托泰山的山水实景，序幕与祈福两幕展现的是现代的泰山，挑山工、游客、参加成人礼的少年们是现实场景的代表符号。中间五幕，借助屏幕的变幻、声光电的特效，展示了五个朝代的历史文化背景和封禅场景。如第二幕"金戈铁马·秦"所展示的核心主题是"统一"。秦始皇封禅泰山，是建立在他创建了中国历史上第一个大一统的封建帝国的功绩之上，所以这一幕描绘了许多金戈铁马的战争场面。第三幕"儒风雅乐·汉"以汉武帝"罢黜百家，独尊儒术"为背景，表现的核心主题是"思想的高度"，重点展现了"儒"与"韶乐"。第四幕"盛世气象·唐"以"开放与气度"为表演主题。唐高宗的封禅大典，是历史上规模最大、最辉煌的一次祭典，完整的再现一整套皇家仪仗是这幕表演中的一大亮点。而封禅队伍里的大量外国使节，也重现了万国来朝的盛大场面。第五幕"艺术王朝·宋"以"文化的高峰，艺术的情怀"为主题，展示了宋朝文化艺术的灿烂辉煌。第六幕"康乾盛世·清"以"民族融合"为背景，展现了康乾盛世的泰山祭天仪式。最后一幕"祈福"，则又回归现实，泰山归于寂静又恢复了最初的模样，在庄严的祈福音乐中，演员带领观众一起祈福，祈求国泰民安，祈求家人和自己平安、幸福！

《中华泰山·封禅大典》是当代遗产旅游语境下对封禅文化的集中展现，它以多幕叙事的形式将历代帝王的封禅场景串联起来，通过宏大的场景来展演泰山封禅的宏大叙事。当然，这种宏大叙事与其说是一种历史叙事，不如说是一种历史构想，是对中华民族辉煌历史的选择性呈现。首尾老者的讲述，则将历时的场景以共时的叙事方式呈现出来，最后的祈福活动则将演员与观众的距离拉近，让观众在互动中有参与沉浸之感。

二、表演与观赏：封禅大典的叙事主体与受体

在表演叙事之中，叙事主体与受体是一对相辅相成的对象，两者既是叙事主题表达的两端，信息符码由主体向受体移动，同时又是合作的关系，在互动中共同呈现表演的主题。

（一）介绍与讲述：表演叙事主体的呈现

表演叙事中充满了符号、象征、隐喻，如果缺乏相应的文化背景与知识储备，则很难了解叙事的内容。此时就需要语言叙事的进一步阐释，所以语言叙事在某种程度上是在表演叙事基础上的再叙事。原叙事与再叙事的叠加，将会增强解释力，使受众更容易明晰叙事内容及叙事主体的目的。

泰山封禅大典的演出，虽然有简单的文字介绍和现场解说，但对封禅文化的深层解读是不够的，游客如果想了解关于泰山封禅深层次的知识，只能自己去查阅相关资料。相对于散客来说，团队游客在观看封禅大典之前，往往会听到导游的介绍。导游的口头叙事

是对表演叙事的铺垫与补充，笔者在田野调查的时候曾采访过多位导游如何讲述《中华泰山·封禅大典》，其中泰安市模范导游员王立民的介绍就非常有代表性：

> 我在讲这个封禅大典的时候会说，它给你展示的是什么呢？是一个你所看不见的泰山。今天讲泰山的时候，讲到了很多泰山的封禅遗迹，比如说御帐坪、南天门啊，玉皇顶上的古登封台，都牵扯到了封禅文化，都会讲到皇帝谁谁来泰山封禅，我给你讲是这样的，当然皇上来是什么样的？你只是一种想象，咱们想了解一下的话，有一个具象的，你可以去体验当时皇上来封禅是什么样子的。当年《管子》记载历代是有七十二位帝王来泰山封禅，司马迁说那些足证不余，盖能言之？说没有历史遗迹，所以呢我们说有代表的是十二位皇帝。但是史料记载的比较全又极具代表性的就是五位，封禅大典呢，其实演出的是四位皇帝的封禅。历来封禅有一个过程，第一有祭天的过程叫柴望，燔柴祭天，柴望之后是封禅，第一个封禅的是秦始皇，最后一个封禅的是宋真宗，以后叫祭祀了，康熙乾隆为代表。那么这五位是谁呢，秦始皇、汉武帝、唐高宗李治、然后是宋真宗和康熙，那秦始皇第一个来封禅，留下了五大夫松和秦刻石，第二个汉武帝，无字碑，第三个是唐高宗，留下了双束碑，而且他是中国历史上唯一一个帝后同治，然后宋真宗在泰山上留下南天门上面的未了轩和三灵侯，还有天贶殿，然后再就是康熙，所以这个历史要让他知道，然后告诉他这个队伍怎么壮大，演出场面多么恢弘，梅帅

元怎么怎么样，就这么讲。①

导游的讲解经验是将封禅大典与白天游览时所看到的泰山上与帝王封禅有关的景点相联系，以"看得见"的景观引出对"看不见"的景象的想象，从而引起游客的兴趣，再将封禅文化与演出情况介绍出来。

在演出现场，将历史上一幕幕封禅祭祀场景串联起来的，则是首尾两处老者的讲述。在序幕中，山上一位老者用浓厚的泰安口音缓缓道来："这是座神山，历史上很多皇帝都来过。"旁边一位小女孩问："爷爷，皇帝们为什么要来呢?"老者回答：

> "因为它在东方，是最早见到太阳的地方。主生死，是国家的根基。但凡成了大业，都来向泰山神汇报汇报。相传，远古时期，有72位帝王来过。后来，秦始皇来了，汉武帝来了，唐朝高宗皇帝和武则天来了，宋朝的真宗皇帝来了，康熙、乾隆都来了，就在这条山道上，和我们一样走嘛，呵呵。"

在最后一幕时，老者的形象再次出现，感叹到："皇帝们都走了，秦始皇走了、汉武帝走了、女皇武则天走了、写字画画的真宗皇帝、骑马打江山的康熙爷都走了，只有泰山还在，我们还在，每天都在这条路上走着。"首尾呼应，建构出一段叙事情境，中间五

---

① 访谈对象：王立民（泰安市模范导游员）；访谈人：程鹏；访谈时间：2014年7月4日；访谈地点：泰安市旅游局东岳导服中心。

个朝代的五幕封禅场景，则成为叙事的内容。这种表现手法，将历时的封禅场景以共时的表演呈现出来，形成了一个完整的闭环。

（二）观看与参与：表演叙事受体的互动

作为表演叙事的受体，观众在观看演出的过程中，并不是完全被动的接受叙事主体所传达的信息。叙事主体往往通过一定的互动行为，将观众纳入到表演活动之中，从而共同完成表演。美国民俗学家理查德·鲍曼（Richard Bauman）就将表演看作是一种交流展示的模式，表演者与观众的交流互动共同构成表演事件。"表演的一个核心特性，即在于通过唤起和满足观众对于形式的期待（formal expectations）——也就是将观众'导入正轨'——以及激起共鸣，从而具有'打动'观众的力量。"[①] 封禅大典建于国内山水实景演出大兴之际，其山水实景舞台侧重于营造身临其境的封禅场景，通过历史化场景的再现，传达给观众神圣庄严的感觉，引导观众的情感走向。从封禅大典到祈福仪式，不仅是叙事内容的转换，也是从神圣到世俗的转折。这一转折，在第六幕"康乾盛世·清"时，已经有所铺垫。在历史上，最后一位在泰山上举行封禅大典的是宋真宗。明清时期，随着泰山信仰的世俗化，帝王不再举行规模宏大的封禅大典，取而代之的是相对简化的祭祀仪式。在第六幕表演场景中，康熙所言"朕细考地络形势，泰山与长白山一脉相连，择吉日，朕亲率百官于东岳泰山拜天祈福，愿苍天神圣永保我大好河山万事兴旺、国泰民安。"从中可以看出，其登泰山是为拜

---

① ［美］理查德·鲍曼，《作为表演的口头艺术》，杨利慧、安德明译，广西师范大学出版社，2008年，第78页。

天祈福，祈祷河山永固、万事兴旺、国泰民安。与前面几幕以朝代符号的呈现为主相比，这些愿望的表述，拉近了观众与表演的距离。而最后邀请观众一起祈福的互动环节，则给予观众更强的参与感。讲述故事的老者走下舞台、走近观众，用平和亲切的语气说道：

> "瞧，今天来了好多客人啊，来的好啊。咱别光看这个戏，也给自己来一个封禅。您别笑，你以为封禅是皇帝的事，跟百姓没关系。啥叫封禅啊，依俺说就是求老天爷给自己、给家人、给江山求个好。泰山离老天爷近，在这儿跟老天爷说话，老天爷听得真切，求了管用。你在心里跟老天爷念叨念叨你最想实现的——家里有老人的，求个健康长寿；有孩子的，求个学业上进；没成家的小伙子、大闺女，求个桃花运来，泰山保佑你明年今日洞房花烛；做官的，求给老百姓多做几件好事，保佑你步步高升。来吧，五洲同胞，四海亲人，按老汉的样子站起来，把手臂往两边伸直了，看山上，合臂拢掌给泰山作揖，封禅喽！"

将祈福与封禅相联系，以帝王对国泰民安、长治久安的祈求引导游客对幸福平安的祈求，不仅是增加互动，体现实景演出的优点，更是呼应了泰山近年来为发展旅游所提出的平安文化。正如在其网站中所宣传的："在旅游中彰显中华，在演出中弘扬泰山，在演绎中祈求洪福，在祈福中保佑平安，使封禅大典的祈福文化与泰山的平安文化完美融合。登泰山，看封禅，'拜天拜地'泰山封禅圆满行将是一次完美的祈福遂愿之旅。"① 封禅大典的参与性，一定程度上消解了封禅仪式原本所具有的神圣性，消解了帝王成就的宏大叙事，它以亲身参与的方式，将帝王典仪与百姓民俗结合在了一起，赋予游客泰山之旅以祈福之意，将泰山的神圣性与游客的世俗愿望联系起来，将封禅与泰山的平安文化相结合，以民俗叙事的方式凸显出泰山的神圣性，实现了神圣与世俗的交融。

三、抒情与叙事：封禅表演叙事的成功与失败

表演艺术大体可以分为抒情与叙事两类：一般而言，音乐、舞蹈等单纯的艺术形式以抒情为主，而戏剧、影视等综合艺术则更侧重于叙事。根据表演内容的不同，旅游演出大体可以分为以抒情为主的歌舞类与以叙事为主的戏剧类。当然，这种划分并非二元对立泾渭分明，比如《中华泰山·封禅大典》这类山水实景演出，往往综合了抒情与叙事的功能。

（一）宏大场景：封禅表演的成功抒情

表演叙事在讲述泰山封禅文化方面，有着独特的优势。它是在语言符号叙事基础上进行再创作的叙事形式，集合了物象（舞台、道具）、语言（台词、旁白、字幕）、行为（动作、舞蹈、仪式）三维一体的综合叙事，可以全面细致地呈现泰山的封禅文化。历史上的封禅是在太平盛世或天降祥瑞之时，为彰显受命于天，帝王在泰山上举行的祭祀天地的神圣仪式。当代旅游中的封禅表演，是传统

----

① 泰山封禅大典实景演出官方网站，http://www.taishanfs.com/Article.asp?ArticleID=1。

仪式的再生产，虽然并不具备先天的神圣性，却通过恢弘的气势、壮阔的场面、高亢的音乐给游客带来视觉和听觉上的冲击与感染，以营造出神圣的氛围。通过对封禅仪式的反复展演，以强化泰山在人们心目中的神圣性。

《中华泰山·封禅大典》综合了音乐、舞蹈、表演等多种艺术形式，运用舞台变幻与声光电等技术，展现了泰山封禅的恢弘场景，带给观众热血澎湃与无限豪迈之情。从抒情层面来讲，它可以说是成功的，强烈的视听冲击，让观众对封禅的神圣场景印象深刻。

首先，舞台的设置营造出神圣的场景感。演出的整个场地呈 V 字型，舞台最高点为 27 米，观众席最高为 16.5 米，观众席与舞台之间形成 45 度的独特仰视观看视角。仰视的视角，会使舞台上的对象散发出庄严、高大的视觉效果，带给观众神圣伟大的心理感受。

其次，恢弘的景象给观众带来的是气势雄伟的感觉。如秦朝的金戈铁马，是通过色彩的强烈对比来呈现，红色的战火、白色的硝烟、黑色的衣甲，带给观众强烈的视觉冲击。还有唐高宗和武则天共同主持封禅大典，一主封天，一主禅地，帝后双祭、日月同辉的场景也带给观众强烈的震撼。

最后，适配的音乐也带动观众的情绪，跟着表演叙事的内容而转换。从秦朝的壮怀激烈，到唐朝的繁荣昌盛，再到宋代的清新婉约，不同的音乐引导观众在时代的画面中穿梭，为历史的辉煌油然而生感慨之情。

（二）单薄故事：封禅表演的失败叙事

《中华泰山·封禅大典》是一场立足于历史文化的实景演出，

为了多角度立体展示五朝帝王的封禅活动，采用多幕剧的形式，力图逐一展现每位帝王的封禅故事。然而，叙事的不完整与内容上的相对空洞，使得演出呈现出形式大于内容的非叙事性特点。

纵观整个演出项目，除了首尾老者采用给孙女讲述故事的叙事表达手法，每个篇章大多是选取这一朝代具有代表性的社会文化符号，通过歌舞艺术和声光电的技术予以呈现，抒情多于叙事。尤其是对泰山封禅文化的展示远远不够，弱化的叙事性表达，使得每个时代的封禅故事都不尽如人意。

概括而言，《中华泰山·封禅大典》的不足之处主要表现在以下三个方面。

一是叙事不够完整。每个朝代的封禅活动都有丰富的故事可以展现，然而对于史料的挖掘不足，使得每个朝代的封禅都仅仅停留在背景介绍。比如，虽然秦始皇封禅是在其统一六国的背景下，然而对于封禅泰山时的活动如下诏刻石、敕封五大夫松等均未表现。汉代同样只是展现了时代背景，并且只体现了儒家文化，对于汉武帝的文治武功都没有表现出来；而汉武帝八至泰山，五次修封，修建明堂、亲植汉柏、封玉牒书等活动内容均无展现。宋代的篇章主要表现了书法绘画等艺术成就，也只是背景的展现，对于宋真宗封禅泰山时的降天书等活动，也没有表现。

二是对封禅文化的表现不足。古时帝王到泰山的活动可以分为巡守、封禅与祭祀，对于三者的联系与区别，演出并没有给予解释。对于何为"封禅"，演出也没有交代清楚，燔柴祭天和扫土祭地均没有任何展示的内容。此外，对泰山文化中与封禅相关的《鱼龙曼衍》等乐舞挖掘不足，而演出所展示的汉宫乐舞、唐代霓裳羽衣舞则都与泰山封禅无关，仅作为时代背景。

三是历史知识方面的瑕疵。如汉武帝祭文中出现"东岳大帝"之名①，唐代众国来朝，此时的倭国并不流行和服折扇；大食、波斯的服饰明显错误，以及唐高宗时代吐蕃并未归化等。② 当然，《中华泰山·封禅大典》自开演以来也经过了多次改革，修正了一些历史硬伤。

诚然，不同的游客其文化背景与知识储备不同，其对封禅大典的感受也就有所差异。当笔者在"携程""去哪儿"和"大众点评"等网络上查阅游客的评价时，也发现游客的评价不一。评价好的大多赞其气势壮阔、场面宏大、意境唯美，而对封禅的内容并不太关注。这也代表了部分游客的符号消费特点，只关注表面的象征符号，而并不在意历史文化的真实性，反映了当下旅游演艺消费的娱乐性本质。

总体说来，《中华泰山·封禅大典》是采借泰山封禅的符号，运用夸张缩略的手法重构历史的一台演出项目。它通过山水实景与舞台表演，再现了泰山封禅的神圣仪式，让游客在雄浑壮阔的视听盛宴中感受到泰山的神圣性。但传统的封禅仪式与今日的封禅大典并不是完全重合的符号组合，两者之间的误差，容易使符号的接收者造成误读。在舞台上依次变换的是各个朝代的文化符码，封禅大

---

① 泰山神帝号自宋代方有，宋真宗大中祥符四年（公元 1011 年）加封泰山神尊号为"东岳天齐仁圣帝"。

② 参见周郢.《不仅要"泰山实景"，更须显"泰山文化"——周郢对〈中华泰山·封禅大典〉剧组编导的谏言》http：//blog. sina. com. cn/s/blog＿4c3e6ba40100i7v5. html。

典只选取了代表性的时代背景与帝王符号，而其内涵及意义则没能充分展现。实景演出是在语言符号叙事基础上进行再创作的叙事形式，它同样注重叙事内容的完整性和真实性，脱离叙事的本真而只追求声光电等科技效果则是本末倒置。缺乏对历史文化内涵的深度挖掘，只追求演出效果，使得封禅大典流于简单化与表面化。当然，传统封禅仪式所具有的神圣象征与政治意义已经消失，今日的封禅大典并非要重现泰山封禅的历史仪式，它只是借用封禅符号重组的商业旅游项目，是传统仪式的再生产，所追求的是游客量与经济效益。对于泰山封禅文化的全面深度阐释，还需要在深入挖掘史料的基础上，进一步分析整理，增强叙事性创造。

第五节　影像叙事：神圣形象的传播

遗产的叙事是带有选择性和主观性的，特别是在当代的遗产旅游中，遗产的某一特质经常被予以凸显、张扬、强化甚至夸张。这一过程往往借助不同的叙事形式。影像叙事因其独特的表现力而在遗产旅游叙事中被经常使用。影像叙事比文字叙事和口头叙事更加立体生动，它以语言文字叙事为基础，辅以图像画面与声音，可以部分满足人们不能身临其境的缺憾，给人以更直接的视觉冲击。同时借助于现代传媒，还可以起到广泛传播的宣传作用，成为吸引游客前来的重要动力。

一、从风景到文化：泰山旅游影像的多面叙事

有关泰山的影像叙事，发展较早，类型多样，依据叙事目的的

不同，可以简单分为纪录片、风光片、宣传片。这些影像的长度不同，角度各异，其拍摄者涵盖了从地方到中央、从国内到国外的多家电视台、影视公司等单位。叙事目的和叙事主体的不同，使得泰山的影像呈现出多种角度和内容的叙事特点。

早在 1918 年，上海商务印书馆影戏部的摄影师廖恩寿就摄制了无声风景影片《泰山风景》。1922 年，商务印书馆影戏部又摄制了风景影片《泰山风光》。1934 年，明星电影公司在泰山拍摄了有声风景影片《泰山》。无论是有声还是无声，这些风景影片都对泰山的旅游发展起到了重要的宣传作用。当然，这些影片主要以介绍泰山的美丽风光为主，制作相对简单，展现的内容也比较有限，主要是自然景观与人文建筑的简单呈现。

1949 年后很长一段时间内，关于泰山的影像记录都处于空白状态。1984 年，山东电视台录制了 5 集电视风光系列片《泰山》，并先后在全国放映。1986 年，珠江电影制片厂拍摄了以泰山为背景的 2 集电视音乐风光片《情缘泰山》在国内外播放，该片由铁源等著名作曲家谱曲，蒋大为、董文华等著名歌唱家演唱，将泰山的壮丽风光与优美的音乐结合在一起。1995 年 1 月 1 日，由中央电视台海外中心和泰安电视台联合摄制的三集旅游风光片《泰山三题》，在中央电视台开播。在大众旅游的复兴和发展阶段，这些风光片对于泰山旅游的发展无疑具有重要的推动作用，而内容上的丰富性也使得观众可以更加全面的了解泰山。除了电视播出之外，1996 年 12 月，泰安市第一盘以宣传泰山风光为主要内容的"泰山之旅"VCD 激光视盘问世，这一形式大大拓展了泰山旅游影像的传播渠道。

出于旅游开发与宣传的目的，早期许多关于泰山的影像往往较为短小，其拍摄视角更多的是取材风光，即使涉及历史文化和民俗风情，也往往较为浅显，更多的是为旅游宣传服务。随着传统文化的复兴和对文化的日益重视，泰山旅游影像中关于历史与民俗的内容逐渐增多，从更加全面的视角为人们展示了泰山的魅力。如1991年2月，泰山管委、泰安市旅游局、泰安市电视台联合摄制的电视系列片《话说泰山》告成，该片就对泰山的历史文化进行了全面系统的介绍。1995年3月，由山东省人民政府新闻办公室、泰安市人民政府新闻办公室联合制作的大型电视系列片《中华泰山》开机拍摄。系列片作为多剧集的影像叙事，在展现较为丰富的内容方面有着特殊的优势，可以将内容庞杂的客体全方位多角度展示。该片共15集，视角开阔，涵盖内容丰富，全面展示了泰山的魅力。如1996年夏天，摄制组就拍下了福建省惠安县农民进香团来泰山朝山进香的全部过程，从中可以了解到南方香客在泰山进香的有关仪式。1997年12月22日该片摄制完成，并先后在山东电视台、中央电视台和地方台相继播出，不仅受到专家学者和广大观众的好评，而且还荣获了山东省对外宣传精品和对外传播特别奖。

进入21世纪以后，随着世界遗产运动大潮的兴起，世界遗产的概念日益深入人心，于是出现了许多围绕世界遗产这一关键词拍摄的纪录片。如2003年《探索·发现》就推出了"世界遗产之中国档案"系列，其中的"世界自然文化遗产之泰山"不仅介绍了泰山当时申报世界遗产的经过，还分析了泰山作为世界遗产的价值。除此之外，2008年，中央电视台新影制作中心又出品了38集高清系列纪录片《世界遗产在中国》。该片历经七年拍摄制作，首次以高清纪录片的方式，系统、集中地展现了中国 2008 年之前列入联合国教科文组织《世界遗产名录》的 33 处世界遗产。其中《泰山》一集，通过高清的画面展现了泰山作为世界文化与自然双重遗产的魅力。2012 年世界遗产系列纪录片《泰山》，则采用了先进的 3D 拍摄技术，立体真实地呈现出了气势磅礴的泰山全貌，表现出泰山巍峨、雄伟的特色及一览众山小的气势。两部影片在画面上可以说是非常完美，既有宏观的全景，呈现出泰山的雄伟壮阔之势，又有微观的特写，可以让人领略泰山细处的唯美。然而影片整体叙事节奏缓慢，内容上也稍显单薄，对泰山的历史文化表现不足。

除了中国本土的影视机构外，许多海外国家和地区的摄制组也到泰山拍摄专题片。如 1991 年 11 月 9 日—15 日，法国电视三台就到泰山拍摄《泰山风光》的专题片。2013 年，德国黑森电视台也来泰山拍摄了纪录片《中国奇山之泰山》。这类影片从西方的文化视角来审视泰山，带有一定的东方主义色彩。相对来说，与中国同处东亚文化圈的日韩等东亚国家，因为受中国文化影响深远，且与泰山有着一定的历史渊源，所以在拍摄相关的影像时就有着不同的视角和重点，从而带给观众不同的感受。如 2013 年泰山景区与韩国文化传媒公司合作拍摄的微电影《祈愿遂愿之泰山》，以祈愿遂愿为主题，彰显出的是东方的信俗文化。

由于叙事目的、主题、角度、方式等方面的差异，同一个事物在不同的影像中往往有着不同的形象，对观众的认知也有着不同的影响。旅游宣传片以传播旅游地形象、提高旅游地知名度和吸引力为主要目的，依据讲述内容的不同，可以分为情节叙事与非情节叙事。在非情节叙事中，自然景色、人文景观、民俗事象往往都是一些片段式的呈现，其叙事逻辑主要是根据旅游路线的推进和转换。而情节叙事，则是根据故事情节推动镜头，将一个个景观串联起来。在非情节叙事中，民俗只是以碎片化的事象形态存在，作为一种文化符号点缀其中。而在情节叙事中，民俗则可以成为叙事主题，推动故事情节的发展，呈现为一个完整民俗事件的展演。在泰山的旅游宣传片中，既有非情节叙事的宣传片，也有情节叙事的微电影。近年来，泰山管委拍摄的两部旅游宣传片，就分别采取了两种叙事方式。在两部影片中，民俗或隐或显，以不同方式建构展示了泰山的神圣形象。下面就以此为例，分析民俗叙事在旅游宣传片中的作用。

二、"登泰山，保平安"的文化隐喻

旅游宣传片的拍摄目的主要是作为旅游广告在电视台等媒体长期滚动播出，时间限制在几分钟甚至几十秒内，因此在极为短暂的时间内如何呈现旅游地的形象也就成为重要的考虑因素。旅游资源具有一定的地域性与独特性，旅游宣传片的受众也有地区、民族、阶层、文化背景等差异。为了使旅游宣传片达到最大的传播效果，往往忽略观众的差异性，采用最大众化的叙事方式。非情节的叙事方式，将各个景观的图像叠加转换，在较短的时间内可以展现旅游地丰富的旅游资源，因此成为许多旅游宣传片的首选。然而平铺直叙的表达，往往没有将旅游地标志性的特点提炼出来，没有建构起旅游地的鲜明形象，从而使得旅游宣传的效果也大打折扣。许多旅游地在发展旅游的过程中，逐渐构建起具有鲜明特色的形象，围绕这一形象拍摄的旅游宣传片，往往主题更加集中，短小精悍的影片极大的突出了旅游地的形象。泰山拍摄的旅游宣传片《登泰山，保平安》就是一个典型的案例，它以泰山信俗为主题，利用隐性的民俗叙事突出了泰山的形象。

2003 年，泰安市旅游局推出了"登泰山，保平安"的旅游宣传口号，主打平安文化的品牌，并投资拍摄了以此为主题的旅游宣传片，在中央电视台、山东卫视等媒体长期播出。这一宣传片时长只有 30 秒，在如此短暂的时间内，怎样展现泰山的文化和景色是一个重要问题。博大厚重的泰山文化与多姿多彩的泰山美景显然无法在 30 秒内充分展现，必须要有所取舍，而取舍的标准则是影片的主题。该片抓住了"登泰山，保平安"这一信俗主题，以简单的游览路线展开叙述，片中少年充满童趣的歌谣"南天门，九重天，下面有个十八盘。看日出，登泰山，奶奶给我保平安"推动着镜头，随着岱庙天贶殿、一天门、十八盘、南天门、大观峰、五岳独尊刻石、碧霞祠、姊妹松等一个个标志性景观的叠加转换，展示了一家老小登泰山的场景，片中慈祥的奶奶为孙子戴上"平安牌"，而"奶奶给我保平安"一句实则隐喻了泰山老奶奶（碧霞元君）保佑平安的内涵，片中泰山上下挂满红灯的景象放大为一家人提着的写有"平安"二字的红灯笼，最后在画外音"登泰山，保平安，中国泰山"中，定格于旭日东升的泰山。

该片虽短，但主题明确。它以泰山的重要信俗"平安文化"为主题，镜头不仅捕捉到了泰山的主要美景，而且隐含了"登上泰山，就能保佑全家平安"的叙事逻辑，这一隐藏的深层结构依靠的是画面中多次出现的"平安"二字、画内音"奶奶给我保平安"、画外音"登泰山，保平安"三者的叠加互文实现的。

当然，该片也存在一定的局限性，旅游广告的短小使得信息的传递有限，对于观众而言，如果不是泰山信仰文化圈内的人，可能无法理解为什么登泰山就可以保平安呢？文化背景的不同，使得旅游影像的跨文化传播可能会出现文化折扣的问题。霍斯金斯（Colin Hoskins）和米卢斯（R. Mirus）在 1988 年首次提出文化折扣的概念，所谓文化折扣，是指任何文化产品的内容都源于某种文化，因此对于那些生活在此种文化之中以及对此种文化比较熟悉的受众有很大的吸引力，而对那些不熟悉此种文化的受众的吸引力则会大大降低。语言、文化背景、历史传统等都可以导致文化折扣的产生。[①] 在旅游广告中，自然风光最易被观众接受，所以也最常被作为叙事主角，而历史、民俗、信仰等内容则需要考虑受众群体，在跨文化传播中可能会产生文化折扣甚至文化误读，所以在短小的旅游广告中也应用相对较少。《登泰山，保平安》的目标市场主要是山东省内及受泰山文化影响较深的周边省市，这一区域的民众大多也是碧霞元君的信众，所以对于"登泰山，保平安"的理解和接受也更加容易。相比于过去以自然风光为主的旅游宣传片，《登泰山，保平安》独辟蹊径，以民俗信仰的隐喻突出泰山的平安文化，在传统经典景观基础上又增加了泰山的吸引力，可以说是一则相对成功的旅游宣传片。

三、"祈愿遂愿"的圣地建构

在当前如火如荼的遗产旅游中，遗产成为不同地区、不同民

---

① 潘皓、王悦来：《短视频叙事与中华文化国际传播——以 YouTube 平台李子柒短视频为例》，《中国电视》2020 年第 10 期，第 92 页。

族、不同文化间交流的媒介和场所。当遗产被作为旅游资源进行开发时，需要对其价值进行挖掘、再造与阐释。遗产的叙事是带有选择性和主观性的，在当代的遗产旅游中，借助不同的叙事形式，遗产的某一特质经常被予以凸显、张扬、强化甚至夸张。影像叙事的特殊表现形式，使其在遗产旅游叙事中具有独特的优势。在深入挖掘遗产地文化特征与价值内涵的基础上，可以针对特定的受众群体，以独特的叙事逻辑展现出遗产地的魅力。泰山在发展遗产旅游的过程中，针对韩国市场拍摄的《祈愿遂愿之泰山》就是一个运用民俗叙事呈现遗产地特色的典型案例。

韩国因为与山东临近的地理关系，一直是山东旅游主要的客源市场。泰山在历史上就与韩国有着密切的联系，朝鲜半岛的高丽、百济、新罗不仅有官员参与泰山封禅，而且一些朝鲜的文人墨客还登岱赋诗留有佳作，朝鲜诗人杨士彦的一首关于泰山的诗《泰山歌》在韩国就广为流传，并且被选入教材之中。明代的时候，高僧满空来到泰山，重建竹林寺、普照寺，最后也圆寂于此。根据"微软大数据下的旅游业"发现，在"外国人感兴趣的中国景点"一项中，泰山仅次于长城，排名第二。① 为开拓韩国旅游市场，2013年泰山景区投资500余万元与韩国文化传媒公司合作拍摄了形象宣传片《祈愿遂愿之泰山》，该片以微电影的形式，采用情节叙事的手法，讲述了男主人公因在事业上遭遇挫折，无意间看到泰山祈愿遂愿的旅游广告，于是抛掉烦心的工作，来泰山旅游散心，在泰山上

---

① 郑燕，黎晓倩《泰安：山岳景区争吃韩国这块"香馍馍"》，泰安大众网，http://taian.dzwww.com/xinwen/taxw/tash/201504/t20150409 _ 12190653. html。

许愿后,不仅事业上有了转机,而且还邂逅了女主人公,收获了爱情。该片除了展现出岱庙、南天门、天街、孔子庙、碧霞祠、唐摩崖、玉皇顶、普照寺等传统旅游景点,还加入了赤鳞鱼博物馆、彩石溪、《封禅大典》、天乐城等新的旅游休闲地,而天外村游客中心、中天门索道等现代化的旅游设施的衔接,也让人感受到了泰山旅游基础设施的完善和便利。在大力发展遗产旅游的背景下,该片对泰山的遗产资源进行了相对全面的呈现,泰山的自然景观、人文建筑、生物物种、民俗传说等不同种类的遗产都在片中一一展示,带给观众一个更加丰满的泰山形象。

《祈愿遂愿之泰山》抛弃了传统旅游宣传片的模式,采用了微电影这种新形式向韩国观众展示泰山厚重的历史文化及现代化旅游资源,在叙事情节上也更加丰富完整。围绕着祈愿遂愿这一主题,事业顺遂、爱情甜蜜、绵延子嗣三种愿望在片中四个人物身上实现,从而彰显了泰山的灵验。作为媒体化的景观形式,旅游宣传片在选择景点时需要精心设计和编排,片中所选的景点除了传统的著名景观之外,还有一些新的或非著名的景点,这些景点除了需要提升知名度,培育新的旅游产业生长点,有的还具有特殊的意义。如该片所选择的普照寺,这个在山脚偏僻之处的寺院,经常被大众旅游者所忽略,但因为明代高丽僧人满空的缘故,而被作为联系韩国游客感情的重要景点在片中凸显。另外,对于韩国民众非常熟悉的杨士彦的诗《泰山歌》也在片中出现,"泰山虽高亦是山,登登不已有何难。世人不肯劳身力,只道山高不可攀。"男主人公想登上诗中提到的泰山去看看,随着中韩字幕在屏幕上滚动后,祈愿遂愿之泰山几个字短暂定格,并拉开了男主人公泰山之旅的帷幕。因为是微电影的形式，所以片中人物语言更加贴近生活，使得观众有很强的代入感，而画外音和字幕的使用，则起到了点题和解释的作用，三者配合，使得叙事更加充分。

旅游宣传片在景观的呈现中，体现了知识性宣教、现代性认同和唯美性表达等叙事特征，不仅有效地将大量的观众转换为游客，而且为观众预设了视觉图式。① 《祈愿遂愿之泰山》以民俗叙事为核心，巧妙融合了各类景观，展示了泰山丰富的遗产旅游资源和神圣灵验的形象。虽然有观众认为祈愿遂愿的情节设置太过刻意，但许多观众对这种形式还是比较认可，对祈愿遂愿的民俗认同，推动了观众产生旅游动因，甚至直接促成了观众的旅游实践。该片在韩国的投放就取得了良好的效果，"2014 年，泰山景区接待韩国游客突破 10 万人次，连续三年保持 10% 以上的高速增长，韩国客源市场已经是泰山景区第一大境外客源市场。"②

总体说来，《登泰山，保平安》与《祈愿遂愿之泰山》都采用了民俗叙事的方式，选取了平安祈福的民俗信仰这一普世价值作为叙事主题，并且抓住泰山的代表景点，选取合适的象征符号以表现主题，有着较强的代入感和吸引力，可以说是旅游影像叙事的成功之作。

四、遗产旅游影像中的民俗叙事

作为遗产地重要表述方式的旅游影像，在叙事时需要对展示内

---

① 钟福民、张杨格：《浅议旅游宣传片的传播语境、叙事特征及文化意义》，《中国电视》2019 年第 2 期，第 46 页。

② 郑燕，黎晓倩《泰安：山岳景区争吃韩国这块"香馍馍"》，泰安大众网，http://taian.dzwww.com/xinwen/taxw/tash/201504/t20150409_12190653.html。

容进行深入细致的梳理和综合全面的考量。民俗作为遗产地的主要组成部分，首先应该成为遗产旅游影像叙事的重要内容。"十里不同风，百里不同俗"，民俗的独特性，使其成为不同地域和族群重要的文化遗产和旅游吸引物。在当前的遗产体系中，民俗不仅广泛附着于其他类型的遗产中，而且很早就被许多国家视为文化遗产加以保护。在当前如火如荼的非遗保护运动中，许多民俗经由遗产化而被列入非遗名录。这些非遗项目是遗产地重要的文化符号，是遗产地历史根脉和文化独特性的重要体现。在拍摄旅游宣传片时，无论是何种类型的遗产地，都可以将民俗作为重要的展示对象。

其次，民俗可以作为叙事主题贯穿旅游影像始终，构建文化认同，吸引潜在游客。《祈愿遂愿之泰山》就是典型的以祈愿遂愿这一信仰民俗作为叙事主题，在故事情节的推进中展现了泰山的遗产旅游资源，建构起泰山的圣地形象。这部遗产旅游影像叙事的成功之作，通过民俗叙事推动观众产生旅游动因。所谓旅游动因，是指"直接推动一个人进行旅游活动的内部动因或动力，其产生和人类的其他动因一样，也来自人的需要"①。民俗的普世价值是民俗叙事构建认同性的重要基础。比起单纯的观光游览，保佑平安、祈愿遂愿等民俗心理所产生的旅游动因显然更强。无论是隐晦的暗示，还是直接的表述，利用民俗叙事都成功吸引了观众的注意，游客量的增加、旅游经济的发展等现实效益，也证明了民俗叙事在旅游影像中的重要作用。

再次，民俗事象可以作为叙事符号点缀其中，展示完整的遗产

---

① 屠如骥：《旅游心理学》，南开大学出版社 1986 年版，第 30 页。

价值。作为一种叙事方式，旅游影像是通过语言符号和非语言符号编码而成，这些符号是叙事内容的信息载体。语言符号（画外音、画内音、字幕等）可以清晰表达叙事主题，再辅以非语言符号（图像、配乐）的表达，表意符码的叠加所产生的隐喻不仅能更完整传达信息，而且可以充分调动观众的感官，从而引起共鸣与感同身受。观众对叙事内容的认知主要依靠其视觉与听觉，所以影像叙事所选用的视觉符号与听觉符号也就尤为重要。在视觉符号上，选取哪些元素组成画面，需要充分了解景区的各个景点和元素，并合理利用其象征意义，以使镜头语言符合符号与画面之间的内在逻辑。民俗事象作为遗产地最有特色的文化遗产，经常被选择用于影像叙事之中。民间建筑、民族服饰、地方饮食、民间音乐、民间舞蹈、地方曲艺、民俗仪式等都常作为视觉符号出现于影像叙事之中。观众在看到这些民俗事象的视觉符号时，常常将其与自我的同类民俗事象相对比，从而增进对遗产地民俗事象的理解。如《祈愿遂愿之泰山》中的男主人公就将碧霞元君理解为韩国的山神奶奶。

最后，在听觉符号方面，民间音乐可以穿插其间，突出遗产地的地域特色。影像叙事作为语言叙事的延伸，其表意功能也与自然语言的记叙、说明、抒情相一致，这些功能的实现除了视觉符号外，其听觉符号也很重要。音乐可以调动观众情绪，直抵内心深处，所以在所有的影像中几乎都离不开配乐。一部好的影像，配乐会随着剧情变化而发生高低起伏和节奏快慢的变换，有的纪录片甚至是配乐先行，推动剧情发展。在音乐的选择上，怎样贴近主题又富有特色是选择的重要标准。民间音乐富有地域和民族特色，不仅可以突出遗产地的独特性，而且可以将视觉符号串联起来，展现影像的主题。所以在许多旅游影像中，都采用了当地的特色民歌或民间器乐。除了配乐之外，画内音和画外音也是影像叙事的主要方式。画内音，主要指片中人物的语言，可以点明主题，推动剧情发展。当画内音以方言俗语、歌谣谚语等民俗语言表达出来时，更加贴近遗产地的日常生活，很容易让观众产生代入感，引起感同身受和共鸣。《登泰山，保平安》中的童谣，琅琅上口，以儿童稚嫩的语言将泰山上的重要景点串联起来，并点出了影片的主题"保平安"。同时，画面中的自然声音，如流水声、雷声、雨声、鸟鸣虫叫等声音，这种声音的使用可以创造一种拟态世界，给观众以身临其境的感觉。所以在许多纪录片、形象宣传片中都会使用。画外音，则主要是指影片的旁白之声。画外音在各类影像中使用频繁，或质朴，或清新，或华丽，或真挚的语言，将故事娓娓道来。画外音往往使用字正腔圆的普通话，但在叙事时穿插使用俗语、谚语、歇后语等民俗语言，不仅更接地气，而且可以增强遗产地的独特性，给观众留下深刻印象。

总之，遗产旅游不同于大众旅游时代的观光行为，它对遗产价值有着深刻的认知追求。遗产旅游影像也不同于早期的旅游宣传片，不应停留在对风景、建筑、文物古迹等的简单罗列层面。民俗是遗产地重要的组成部分，是活着的遗产，应该成为遗产旅游影像叙事的主要内容。民俗叙事具有广泛的认同性，可以作为遗产旅游影像的主题，构建文化认同，吸引观众成为游客。同时，遗产地的众多民俗事象可以作为视觉符号、听觉符号穿插应用于旅游影像之中，不仅可以凸显遗产地的独特性，也更容易让观众获得代入感，推动其产生旅游动机。

小　结

世界遗产虽然为全人类共享，但"任何遗产都有一个'地方性'，它指遗产的'所在'。地方人民会将这些遗产看作是他们自己的而非其他。主观上他们不仅为之感到骄傲；客观上也通过某一个遗产确定地方人群共同体的'文化指纹'"。① 在关于泰山的叙事中，无论是政府官员、文化精英还是导游群体，都存在一种地域性的自豪感，这种地域自豪感是"讲好遗产故事"的重要内驱力。

世界遗产作为民族国家的代表，其遗产叙事也体现了国家的意志。不仅在申报阶段，在被列入世界遗产名录后，其景观建设与相关叙事也反映了官方意识形态与国家权力。泰山管理上的政府归属，使得以泰山管委和泰安市旅游局为代表的政府始终占据着叙事主体的地位。官方正统叙事一直占据主导，体现出国家权力的隐形在场。来自民间的导游代表的是政府，是以官方编撰的导游词为底本展开叙事。讲解中所突出的泰山平安文化的旅游宣传口号，是政府旅游规划下的发展主题。而在其他形式的叙事中，景观生产是为建构神圣空间，表演叙事是为展演神圣仪式，而影像叙事则主打祈愿平安的世俗愿望，凸显出泰山的平安文化。民俗叙事被广泛用于建构泰山的神圣形象，为其圣地建构添砖加瓦。

作为世界遗产的泰山是由多元主体所创造的，在历史的发展过

---

① 彭兆荣：《遗产政治学：现代语境中的表述与被表述关系》，《云南民族大学学报》（哲学社会科学版），2008 年第 2 期，第 11 页。

程中也经历了多种传承方式。在当代的遗产旅游中，同样需要采用多维的叙事方式，来展现泰山的遗产价值。各种叙事形式之间相互辅助和配合，共同构成泰山遗产旅游的多维叙事体系。在这一叙事体系中，不同形态的叙事文本之间存在着互文性，交织成一个互证叙事网络。围绕泰山的神圣及平安文化，在反复的叙事过程中，泰山的神圣形象被建构起来。中华神山、圣山、中华民族的精神家园等口号不断地强化着泰山的神圣地位，其背后隐含的平安文化被突出弘扬，普罗大众追求平安幸福的世俗愿望也被寄托于这一神圣空间。

泰山遗产旅游的发展是遗产再生产的过程，这一过程实际上也是不断创造新的供给与需求，即创造新的旅游资源与培养新的消费人群。遗产旅游改变了遗产存在的原生形态，通过景观生产、舞台展演等形式，遗产被不断再生产。当代修建的天地广场等景观，是遗产旅游发展背景下的文化再造，突出泰山的封禅文化及平安文化，以应对游客的心理需求。五岳真行图所蕴含的泰山神职被凸显，并经导游的口头叙事而得以强调。旅游宣传片以平安祈福文化为主题，通过民俗信仰的方式叙事，将神圣的泰山与世俗的愿望结合起来。实景演出《中华泰山·封禅大典》以表演叙事，展现历史上神圣的封禅仪式，并利用祈福互动将游客直接拉入体认实践，将泰山的平安文化内化于心。

遗产旅游不同于大众旅游时代的观光行为，它对遗产价值有着深刻的认知追求。民俗是遗产地重要的组成部分，是活着的遗产，应该成为遗产旅游叙事的主要内容。纵观泰山的遗产旅游叙事，可以发现民俗叙事发挥了重要作用。无论是导游词底本中关于泰山神话传说等民俗事象的介绍、导游对泰山信仰的口述和内化于心的行为实践，还是景观生产中对神话传说的借用、封禅大典中采用讲故事的形式和祈福的互动环节，还有影像叙事中对祈福、保平安等信仰习俗的运用，都展现了民俗叙事在遗产旅游叙事中的重要功能。当面对作为游客的民众时，贴近生活的民俗叙事具有很强的亲和力，容易产生共情与认同，不仅可以让受众增强对遗产的认知，促使潜在游客产生旅游动机，而且可以推动遗产的保护和遗产旅游的可持续发展。

虽然民俗叙事在当代的遗产旅游发展中发挥了重要作用，但是世界遗产的科学性解说要求，也使得民俗叙事呈现出遗产化的倾向。在当代的遗产旅游中，国泰民安的宏大叙事与平安遂愿的神圣叙事相交织，世界遗产语境下的文化空间与原有民俗叙事语境下的神圣空间呈现出重叠并存的局面。

第五章

泰山遗产旅游叙事的消费与再生产

在遗产旅游中，叙事对旅游消费者也发挥着重要影响作用。遗产旅游叙事不仅可以有效的提升、建构、宣传遗产地的价值，促成旅游者的消费意愿，而且在旅游中还可以提升旅游者的游览趣味，增强其对遗产旅游地的感知，并进一步实现重构记忆、提升自我价值的升华。同时，在另一时空，旅游者也可以成为叙事主体，其对遗产旅游叙事的再生产，是与遗产地互动的结果，是对遗产价值的传播。依托当代社会发达的网络系统，旅游者的个人叙事也集合成一个关于旅游体验的语料库，进而影响广大受众的感知和行为。

对于遗产旅游来说，重要的不仅是旅游目的地的遗产资源，还有旅游者以观赏遗产为目的的旅游动机。亚尼夫·波利亚（Yaniv Poria）、理查德·巴特勒（Richard Butler）和戴维·艾里（David Airey）就认为遗产旅游的主要动机是基于对目的地的个人遗产归属感的感知。并根据旅游者的旅游动机（是否是因为遗产的吸引）和对旅游地的感知（是否将该旅游地当作是自己遗产）而将旅游者分为三种类型：认为遗产地与自己无关的游客；认为遗产是属于自己的游客；不知道这是遗产地的游客。[①] 在当代的遗产旅游中，叙

[①] Yaniv Poria, Richard Butler, David Airey, "The core of heritage tourism", *Annals of Tourism Research*, 2003, 30(1): 238—254.

事文本表达出独特的遗产认知："世界遗产"具有更强的国际影响力和更高的含金量，利用价值更大。这种认知与事实可能存在一定的差异，"世界遗产"的价值不仅取决于其评定主体的地位、影响力的范围，还取决于游客对遗产的感知。只有当游客认识并感知到其是著名的"世界遗产"，其遗产价值才体现出来。

泰山是世界文化与自然双重遗产，也是世界地质公园、首批国家级风景名胜区、首批国家 5A 级旅游景区、中国书法名山、楹联名山、国家级全面健身基地①，更是广大信众心目中的神山、圣山。这些称号是不同话语主体从不同角度所赋予泰山的荣誉，众多的荣誉称号反映出泰山丰富多样的旅游资源。泰山依据多元化的旅游资源，开发出多种旅游产品，以满足不同旅游者的需要。

图 5.1　泰山的"荣誉称号"宣传牌②

---

①　相关荣誉称号参见附录一"（六）泰山主要荣誉称号"。

②　拍摄者：程鹏，拍摄时间：2015 年 5 月 5 日，拍摄地点：山东省泰安市泰山旅游风景区。

　　到泰山来的游客，其旅游动机是非常多元化的，来泰山的旅游者也并不全是遗产旅游者。而且即使是同一个旅游者，其到泰山的行为目的也并不是单一的。根据亚尼夫·波利亚（Yaniv Poria）等人的标准，对于广大游客来说，遗产地丰富的历史文化遗产是吸引游客产生旅游动机的原因之一，但对于旅游地的感知来说，却大多不会将该旅游地当作是自己的遗产。这一点，从广大遗产地的污染和破坏就可见一斑。虽然遗产的公共性已经充分扩展，但享用的权利与保护的责任在公共性上显然并不对等。现代遗产运动是以民族国家为主导的，地方政府、遗产管理委员会等代表国家权力的政府机构成为遗产选择、命名、阐释、保护、管理的直接实践者。中国的旅游者对世界遗产的理解往往是狭义的，很难从"主位"视角来看待遗产。中国人对旅游地的感知始终处于一种"客位"视角，即使面对世界遗产旅游地，也仅是将其当作一项世界荣誉的桂冠，却绝少会有主人翁的态度去消费、尊重和保护遗产。笔者在田野调查中曾随机采访过几位游客，考察他们对泰山作为世界遗产的认知情况，结果发现有许多游客并不清楚泰山是世界遗产。综合来看，不仅旅游地政府与旅游者在对世界遗产的认知上存在差异，旅游者的认知也因经济水平、文化程度等的不同而存在较大差别。社会经济的发展和后现代社会文化的影响，使得遗产旅游者更加多元。在当代社会，中产阶层往往被认为是遗产旅游的主力，"因为只有超过平均收入，具有一定文化知识的人才能更好地理解遗产的意义，而更多的普通大众去遗产地不是为了体验遗产，只是把遗产地当作满足好奇心、

娱乐休闲的场所。"① 对于大多数旅游者来说，到遗产地仍然属于
浅层的观光旅游，甚至有着很强的盲目性与从众心理。

纵观我们的遗产旅游，基本还处于"符号旅游"阶段，一方
面，遗产旅游地对遗产价值的挖掘与表述流于表面，缺乏深度，过
于注重名誉称号等外在符号；另一方面，大多数游客对遗产旅游地
的认知也只停留在表层符号，仍然是走马观花式的浅层观光旅游，
以在标志符号前拍照打卡为特色。对于泰山来说，"世界遗产"及
其标志牌也只是一种表层的符号，而其世界遗产的价值则体现在泰
山厚重的历史文化内涵中，体现在其独特的地质地貌和瑰丽的景色
中。旅游者对泰山的认知取决于其对泰山的了解与感知程度，换言
之，即其对泰山旅游叙事的接受与消费程度。

考察游客对旅游目的地的感知，一个重要的研究方法是分析其
个人叙事。叙事主体与受体的划分，是基于同一时空下相对的产
物，在另一时空，游客也可以成为叙事主体，讲述旅游地的种种见
闻及感受，并进而影响潜在游客的旅游行动意向。传统观念中的遗
产旅游叙事主要是由遗产地的文化专家与导游主导，围绕遗产本身
展开阐释，往往会忽视旅游者的主体感受和体验。旅游者的个人叙
事，则强调旅游者在遗产地的具身化体验，注重旅游者与遗产的交
流互动过程，反映了旅游者对遗产地叙事的接受程度。所以对游客
进行异地访谈及叙事文本分析，是研究旅游者感知的重要方法。

旅游者的叙事，主要分文字与口头两种形式，文字叙事主要是

---

① 张朝枝、屈册、金钰涵：《遗产认同：概念、内涵与研究路径》，《人文地理》2018
年第 4 期，第 23 页。

旅游者所撰写的游记，在当今网络时代，除一小部分报纸、杂志等纸质媒体外，旅游网站、论坛、博客、QQ空间是大多数人发表游记的主要阵地，而且上面的评论和留言也可以用于分析叙事主客体的互动及影响。目前对游记的研究主要采取词频检索的内容分析法，如陈宁基于扎根理论，利用ROST Content Mining 6软件对90篇关于泰山的网络游记进行词频分析，对泰山的旅游形象感知进行了研究[①]。本书无意考察分析词频，所以放弃定量研究法，只选取有代表性的文本进行分析。泰山每年都有大量的游客涌入，虽然在网络上撰写游记的只是很少一部分，但笔者以"泰山游记"为题在新浪博客、网易博客、腾讯博客、搜狐博客、天涯社区、携程、去哪儿等网站都搜索到上千篇甚至几千篇相关的游记文章，而且许多游记下面都会有提问、评论等互动，这也从一个侧面反映了旅游者叙事的重要性。从这些旅游者叙事中，我们可以窥见其对泰山旅游叙事的接受、消费和再生产的情况。

第一节　旅游前：遗产叙事的记忆

遗产旅游叙事有着多个层次、多种形态的呈现，其对旅游者的出行计划与旅游决策也有着不同程度的影响。在旅游前，根据旅游者的旅游时间进程及意愿，旅游者对遗产叙事的认知可以划分为两个阶段：一个是前旅游阶段，影响旅游者的遗产叙事是其人生经历

[①] 陈宁，《基于扎根理论的泰山风景区旅游形象感知研究》，《湖北文理学院学报》2018年第8期。

中积淀的观念信息和潜在意识，是经过长期积累形成的文化记忆；一个是旅游前阶段，具有旅游意愿的旅游者通过主动的选择和搜索来获取遗产叙事，是潜在旅游者对前人叙事的消费与互动。

一、前旅游阶段：遗产叙事的文化记忆

在前旅游阶段，即旅游者尚无旅游意向时期，遗产地的遗产叙事内容就已经对旅游者产生了潜移默化的影响，使其形成了关于遗产地的文化记忆。对于旅游者来说，其对这些遗产叙事可能并非主动有意的选择，而主要是在学习、工作、生活中相对被动的接受。

首先，在旅游者的成长过程中，关于遗产地的诗词歌赋、散文游记等文学作品，是影响其对遗产地认知的重要内容。许多遗产旅游地都有着深厚的文化内涵或较高的知名度，历史上的许多经典文学作品就是关于这些遗产旅游地的，或是栩栩如生的描绘，或是借景言情、借物言志，将遗产地与经典紧密联系起来。这些文人墨客的诗词歌赋早已成为旅游地的重要标志，如《岳阳楼记》之于岳阳楼、《滕王阁序》之于滕王阁、《望庐山瀑布》之于庐山，此类案例，不胜枚举。对于泰山来说，历史上留下的经典名篇浩若烟海。《诗经》中的"泰山岩岩，鲁邦所詹"，气象壮阔；《孟子》中的"登泰山而小天下"，大气磅礴；杜甫《望岳》名句"会当凌绝顶，一览众山小"，气魄雄伟；李白《登泰山》"天门一长啸，万里清风来"，飘逸潇洒。这些名句极具神韵地描绘出泰山的奇丽景象，给人以无限遐想，也成为人们登临泰山的重要吸引力。此外，泰山现代四大著名散文（姚鼐的《登泰山记》、杨朔的《泰山极顶》、李健吾的《雨中登泰山》、冯骥才的《挑山工》）因为曾经先后入选语

文课本成为国人教育中的必读篇目，而有着较大的影响力。翻阅当代游客的游记，可以发现这些名篇就经常出现在旅游者的游记当中。如一位叫张春耘的游客在其游记《安心了愿登泰山》中写道，

> 可以说，此前我之于泰山是一直处于望岳的状态，随诗词、随名言、随资料、随图片……只是向往、只是做虚拟观赏，但游泰山真的是很久的愿望，很早很早：与上学的课文有关，《雨中登泰山》《登泰山记》《泰山挑山工》……每一篇课文都是重点；与太多诗句名言有关："会当凌绝顶，一览众山小""登泰山而小天下""人心齐泰山移""重于泰山""安如泰山"……每一个都感觉有力；也与自己的爱好有关，作为足迹已遍及全国近三十个省市的山东人，居然还没去过泰山，这些都让我每次回老家总是心痒痒的，都想去泰山。①

而有的网友甚至专为了某篇记忆深刻的文章，而激发了其旅游行为。如一位网友在其游记《为了散文〈泰山极顶〉而登泰山》中就写道：

> 我登泰山源于四十年前初中时读过的我国著名散文家杨朔《泰山极顶》，杨朔把泰山比作是一大幅徐徐展开的青绿山水画的画卷，登泰山犹如画卷徐徐展开，描写登泰山极顶的景色。

---

① 张春耘，《安心了愿登泰山》，http://you.ctrip.com/travels/taishan6/1360736.html。

语文老师还倡议以后登泰山按照杨朔《泰山极顶》的画卷去登，那时有了登泰山的想法，至今记忆犹新。①

这些游记文章对泰山的精彩描绘，甚至直接促成了读者的旅游意愿。当然，对于不同时期、不同年龄段的游客来说，其所受教育背景及知识储备不同，其对泰山的印象与认知也不同。《泰山极顶》是早期入选语文课本里的散文，对于许多年轻人来说，可能有些陌生，而对后期选入语文课本的《雨中登泰山》更熟悉一些。如一位网友在其游记《周末二日曲阜泰山全攻略》中就写道："对于泰山的印象应该来自中学语文课本里李健吾的《雨中登泰山》，一个个景点名，即便还未去过但也耳熟能详。"②

其次，关于遗产地的领导人讲话或重要文件，也会影响人们对遗产地的认知。毛泽东主席曾在《为人民服务》中寓意深刻地讲道："中国古时候有个文学家叫做司马迁的说过：'人固有一死，或重于泰山，或轻于鸿毛。'为人民利益而死，就比泰山还重。"这段讲话，不仅赋予了泰山精神以重要的时代内涵，也使"重如泰山"的形象更加深入人心。

1981 年 7 月 1 日，胡耀邦总书记在庆祝中国共产党成立六十周年大会上讲话，以登泰山比喻克服社会主义现代化建设前进道路上的困难：

---

① 《为了散文〈泰山极顶〉而登泰山》，http://you.ctrip.com/travels/taishan6/2639236.html。
② 《周末二日曲阜泰山全攻略》，http://you.ctrip.com/travels/qufu129/1725034.html。

好比登泰山，已经到了"中天门"，前面还有一段要费很大气力的路——三个"十八盘"。要爬过这一段路，才能到达"南天门"。由"南天门"再往前，就可以比较顺利地向着最高峰"玉皇顶"挺进了。到了那里就好比我们实现了社会主义现代化建设的宏伟任务。只要上了"南天门"，就能够领略杜甫的著名诗句"会当凌绝顶，一览众山小"的意境了：曾经有如"众山"的许多艰难困苦，就显得渺小了；通往"绝顶"道路上的困难，就比较容易对付了。毫无疑问，在伟大征途上，我们一定能够征服"十八盘"，登上"南天门"，到达"玉皇顶"，然后向新的高峰前进。①

他当时还打破常规，确定在发给纪念大会与会者的讲话文本中，附上一张三个"十八盘"的登山路径图，刻意把登山路径之艰难曲折形象直观地描画出来。他说，我们要准备走曲折的路，要给大家留下这个印象！② 这段讲话，不仅为攀登泰山赋予了新的精神，也进一步提高了泰山的知名度，"中天门""十八盘""南天门""玉皇顶"等景点的名字也给人们留下深刻印象。在一些旅游者的游记中，就表示自己曾经受到这段讲话的影响，产生了攀登泰山的想法。

再次，关于遗产地的绘画、图片、影视等作品，也是形塑旅游者印象记忆的重要影响物。图像作为人类视觉的基础，可以客观反

---

① 胡耀邦：《胡耀邦文选》，人民出版社，2015 年，第 276 页。
② 《秘书郭必强回忆胡耀邦 言四篇经典文献如何诞生》，搜狐网，2011 年 02 月 11 日，http://news.sohu.com/20110211/n279287177.shtml，2021 年 12 月 1 日。

映遗产地的景物，是旅游者认识遗产地的重要源泉。历史上，有许多关于泰山的绘画作品，从不同的角度运用不同的题材展现出泰山多样的美感。无论是吴冠中《忆泰山高峰》这类概括写意的描摹，还是张大千《泰山秦松图》这类以小见大的单一景物描绘，都会给观者留下深刻的印象。当然，对于大多数民众而言，第五套人民币五元纸币背后的泰山风光，更是每天都可以接触到、影响最为直接的图像。

此外，影视作品作为一种时空综合艺术，可以更加立体全面的展现遗产地的风景。遗产地的独特风光，成为许多影视作品的取景地。随着影视作品的播出，许多片中的景观也成为人们熟悉的对象。如电影《末代皇帝》因为在故宫实景拍摄，所以影片中关于故宫的片段，也成为人们熟悉的景观。还有电影《庐山恋》，以庐山上的主要景点仙人洞、芦林湖、白鹿洞书院、望江亭等为背景推动故事发展，以景传情，由情带景，使观众在观看影片的同时也记住了这些秀美的景色。关于泰山的影视作品，同样有很多。1985 年，由香港亚洲电视出品的《八仙过海》就曾在泰山取景，剧中的多个镜头都是泰山上的著名景观，如"探海石""仙人桥"等都给观众留下深刻印象。2014 年由钱雁秋执导的电视剧《石敢当之雄峙天东》也曾在泰山取景拍摄，剧中的多个泰山景观同样令人印象深刻。

最后，遗产地各种各样的广告宣传也是影响旅游者的重要方式。现代社会的旅游广告宣传，利用多种媒体和渠道介入到人们的日常生活之中，影响着人们对旅游地的认知。泰山的旅游广告早在民国时期就已诞生，纸质的旅游宣传品上除了文字之外，还有更为

图 5.2　《石敢当之雄峙天东》剧组在泰山拍摄外景

直观的照片图像。泰山上著名的景点经石峪、十八盘、"五岳独尊"刻石、"探海石""玉皇顶极顶石"等景观的照片和描述曾经多次出现于报纸、杂志、广告及影视当中，作为泰山的标志性景观，对游客构成一定的吸引力。而影像作为更加直观全面的叙事方式，对游客的影响力更为直接。比如有网友看了韩国电影摄制组拍摄的《祈愿遂愿之泰山》后，感叹："韩国人真是能把任何素材排成言情剧啊，还蛮不错的。没去过小鱼博物馆，没看过封禅大典，没泡过盐浴，也没许过愿，所以，要再去一次泰山啊！"①

　　总之，遗产旅游地通过一系列叙事构建起特定的社会文化语境，营造出独特的地方性景物空间。无论是诗词歌赋、散文游记，还是图片影像、旅游广告，都从不同视角描绘了遗产地独特的形

① 《祈愿遂愿之泰山》，http：//v. youku. com/v＿show/id＿XNTkxODMyODg0. html。

象，构建起一个符号组成的空间。遗产旅游是将旅游者引导进入文化符号交织的情境中，为其提供文化符号消费、验证文化记忆的过程。

二、旅游前阶段：遗产叙事的主动选择

对遗产旅游叙事的主动消费，主要出现于旅游前阶段，即产生旅游动机后而正式旅游前的时期。游客出于旅游的心理及现实需求，开始主动查阅相关书籍、影像、游记等关于遗产地的内容，制定旅游计划。

许多旅游者在旅游之前，都会查攻略、看游记，吸取前人的经验。潜在旅游者对旅游目的地的选择具有很强的主观性，对于一个陌生的地方，其认知是有限的，其主要信息来源除了自身的知识储备和亲朋好友的介绍，还有各类媒体的广告宣传等信息，而网络上前人留下的游记攻略也是其主要的信息源。

相比于前旅游阶段的被动接受，旅游前阶段的旅游者往往有着很强的目的性。在明确旅游目的地之后，许多旅游者会重温曾经被动接受的叙事作品，从中提取有用的相关信息。关于遗产地的游记文章往往是旅游者最早最直接的接触对象，尤其是一些著名的篇章，因为曾经给其留下深刻印象，所以也往往是其重温的重要对象。

从古至今，到过泰山的游客无以计数，无论是帝王将相、文人墨客还是平民百姓，都以不同的叙事方式展示自己对泰山的认知。除了表意简单的物象叙事之外，语言叙事是最主要的记录方式。历代的语言叙事，无论是文人的诗词散文小说，还是口头流传的俗语

传说故事，都对形塑旅游者的认知记忆起着重要作用。而直接影响游客认知的，则是历代流传下来的精彩游记。

游记是旅游者将游览过程中的所见所闻所感所想真实记录下来的一种散文。它注重作者的亲历性、纪实性，是旅游者自身阅历与知识体验的真实反映，表达了旅游者内心的真实情感与体悟。

游记具有较强的大众性，旅游者来自不同的地区、民族、职业、阶层，通过个人的记叙向广大社会受众传播旅游地的形象。因为是旅游者的亲历亲闻，所以有着较强的可靠性，其中保留了大量富有认知和研究意义的学术资料。但游记又不同于景点导游词的客观陈述和介绍，它带有旅游者的主观感受。虽然这类叙事掺杂着一定的主观情感因素，但却更有温度，更容易引起受众的共情和认同，从而激发游客的旅游动机。

有关泰山的游记，历代均有许多传世之作，民国时期，随着大众旅游和现代传媒的发展，有关泰山的游记也更多的涌现在报纸杂志上。相比于史书和方志，游记这种体裁的自由性更大一些，叙事文学性较强，具有较高的审美意义和可读性。文人墨客游览泰山大多结伴而行，很少有独来独往者，有的身为官员还会受到地方政府的热情接待。所撰写的游记多采用民族志及第一人称的叙事方法，开篇描写环境，从较大范围概览，后面则主要按照游览路线移步易景，展开叙事。文中常将自己的感受与前人做对比，如司马迁的《封禅书》、应劭的《封禅记》等就常出现于文中。围绕早期作品所记录和称颂的历史遗址和景点一一展开，并进一步确认、质疑、观察，充分体现了文人士大夫的考古训诂情思。如对无字碑的探讨就常出现于游记之中。另外，文中还常出现说教之词、感慨之语。比较来说，古代文人对个人的感受描述不多，大多以写景状物为主；而现代尤其是建国后所撰写的三篇有关泰山的游记散文，大多采用人物刻画和景物描绘有机结合的游记模式，带有很强的主观意识，这也反映了当代作家更注重自我表达。当然，旅游者在重温这些游记时，更多的是从游览的视角对其中的景观描述进行回味，而原作中描绘的游览路线也推动着旅游者重走经典路。

旅游者对遗产地的文化想象一般来自前人游记转述所传达的形象。虽然这些游记都是标榜所谓"实录""亲历"，但其实其中包含了很多情感因素和被再次加固的先在之见。旅游者的游记中表达、塑造并呈现出的旅游地面貌，往往是由叙事者的心情和文化背景所决定的。实际上，由于文化的差异，旅游者在异地遭遇文化的误读和误解往往是无法避免的。所以游记只能传达旅游者个人的心情和观感，而无法代表旅游地真实的景象。

对于游记，需要考虑谁在叙事、对谁叙事、何时叙事、叙事内容等因素，尤其需要注意叙事者各自不同的历史语境，通常叙事者都是有特定文化背景和写作立场的。正如爱德华·W. 萨义德（Edward Wadie Said）所言："作者并不是机械地为意识形态、阶级或经济历史所驱使；但是我相信，作者的确生活在他们自己的社会中，这在不同程度上塑造着他们的历史和社会经验，也为他们的历史和经验所塑造。"① 如杨朔的《泰山极顶》（1959 年）对泰山景色

---

① ［美］爱德华·W. 萨义德：《文化与帝国主义》，北京三联书店，2003 年，第17 页。

的描写是象征化的，虽未目睹泰山日出却"分明看见另一场更加辉煌的日出"，以旭日东升代指新中国的诞生，是民族主义话语下的隐喻。此外，游记作者游览时的天气、心情都对叙事内容有着很大影响，也从不同视角展现了旅游地的景色。如同是登泰山，姚鼐的《登泰山记》描写的是雪后初晴的瑰丽景色；李健吾的《雨中登泰山》，则是描绘了烟雨迷蒙的雨中泰山，以"雨趣"独辟蹊径。这些著名的游记不断地被转发、转载，广为传播，成为人们了解遗产地的重要资料来源，也成为遗产地的重要营销载体。

当然，历史文献中的知识是滞后于遗产旅游地的发展现实的，现代的旅游者还会主动查找当代的游记等旅游叙事，了解旅游地情况，寻找旅游攻略。在当代社会，遗产旅游地的发展可谓日新月异。历史上的诗文游记，描绘的是历史上的景观。重温这些诗文游记，更多的是增强对旅游地的感受。而当下的旅游需求，则需要查阅当代的游记，制作适合自己的旅游攻略。得益于网络技术的发展，旅游者在游览完遗产地之后，可以将旅游体验、感受和评价发布到互联网上，同时可以配以图片或视频，这些游记信息在互联网上构建起遗产地的网络形象，成为潜在旅游者了解旅游目的地的重要信息渠道。游记这类非官方信息，具有口耳相传的口碑效应，在互联网上可以吸引大量受众的关注，已经成为旅游地形象塑造和营销宣传的重要方式。

遗产地一般有着独特的自然地理风貌或文化遗迹，有些还与神话传说、历史事件、文化名人相联系，这些区别于其他旅游地的资源具有不可复制的唯一性，是其地方性的表现。游记对于遗产地的地方性塑造和文化传播具有重要作用，旅游者在旅游过程中根据自身阅历、知识、体验的所思、所想所形成的游记，是旅游者对遗产地感知的文本再现，可以影响他者对遗产地地方性的认知，同时也可以从中了解旅游者所认同的遗产地地方性要素。游记最主要的三项要素分别是游览路线、主要景观和体验感受，那些在游记中经常被提及的标志性景观，是获得旅游者认同的重要要素，在网络上经过广泛传播之后，往往成为网红打卡点。

此外，旅游者还会通过主动问询亲友获得相关的信息。亲朋好友的旅游体验及其口头叙事，也是影响潜在旅游者的重要信息。在旅游客源地，亲朋好友关于旅游目的地的口头叙事，既有对旅游目的地的美好描述，也有旅游经验的分享，可以让潜在旅游者避免不必要的麻烦，增强其安全感。这种口头叙事，简单直接又方便，可以直接影响到潜在旅游者的旅游意愿。马明对泰山的研究就表明，旅游者对泰山的熟悉度越高，则形象越积极。而影响游客熟悉度的信息源，排在前两位的是"亲朋好友"和"有关泰山的书籍/文学作品"。①

总之，旅游前，旅游者在日常的学习、工作、生活中已经接触到了关于遗产地的叙事，潜移默化中形成了深刻的文化记忆。在这种初步印象的基础上，旅游者产生了一定的旅游动机，并通过主动查询遗产地的旅游叙事，制定旅游计划，进一步推动旅游活动的产生。

---

① 马明：《熟悉度对旅游目的地形象影响研究——以泰山为例》，《旅游科学》2011年第 2 期。

第二节　旅游中：遗产叙事的消费

相比其他类型的旅游，在遗产旅游中，遗产叙事更为重要也更有必要。从旅游者角度来说，旅游者在遗产旅游过程中所消费的是遗产叙事，旅游者对遗产叙事的体验和感受是衡量遗产价值感知成效的重要指标。作为文化记忆的载体，遗产地可以说是一个记忆之场，集合了众多社会文化记忆，是联系记忆和历史的纽带。"遗产旅游"是一种"自觉的"将自己的休闲活动"与记忆中的或是认定的过去联系起来"的行为。① 在旅游之前，各种关于旅游目的地的叙事（如旅游指南、旅游宣传片、游记攻略等），"已经完成了对旅游者的规训，规定了他们对景观的期待和满足感，尔后的旅游不过是这一规训的实践而已。"② 在旅游前，游客的认知受语言叙事、图像叙事及影像叙事的影响，形成了对遗产旅游目的地的原初记忆。当游客到达旅游目的地之后，面对整个遗产旅游叙事体系，游客并不是完全被动接受遗产旅游叙事的教育。在游览过程中，他们会选择将个人记忆与叙事内容进行对比，在理解遗产价值的基础上，重构对遗产地的认知。

在旅游消费市场，遗产地的景观和相关产品，被塑造成具有象征意义的文化符号和消费符号。遗产旅游所消费的是产品的象征价

---

① B. Kirshenblatt-Gimblett. Intangible heritage as metacultural production. *Museum International* 2004，56(1—2).

② 周牢，《现代性与视觉文化中的旅游凝视》，《天津社会科学》2008 年第 1 期　第 112 页。

值，关注的是对相关文化符号和消费符号的认识和接受。这一消费过程受遗产旅游叙事的影响，游客的视觉、听觉及身心感受直接来自遗产旅游地的叙事体系。

景观叙事是游客最主要的感受来源，是以物象景观作为叙事媒介，通过能指与所指的符号学途径，向游客表达景观意义，激发情感体验。遗产旅游遵循商品与市场的运作规则，将部分遗产"景观化"，以达到游客"凝视"与"体验"的需求。在旅游场域中，视觉是最主要的消费方式和体验方式，游客的"凝视"是其体验核心，它推动了旅游地景观的符号化过程。游客的凝视是通过符号被建构起来的，旅游的过程实际上就是收集、消费和体验符号的过程。无论是游客观察到的景观，还是记忆及想象中的景象都是由符号构成的。在游客的凝视下，所有的景象均被赋予符号的意义。在旅游目的地的叙事系统中，旅游广告、旅游指南、旅游景观、旅游纪念品、旅游图像等共同构成了一个符号的世界，引发游客的凝视。游客的凝视是对景观叙事最主要的消费，这一消费过程主要通过两种方式进行，第一种是观看，即通过视觉欣赏景观。游客在短暂的视觉接收后，会将现实中的真实景观与记忆画面中的印象符号进行对比，最终形成其旅游认知。第二种则是拍摄，即通过相机将景观进行长久的视觉留存。游客拍摄的照片，不仅是对景观的视觉消费，也是其构建记忆的一种辅助手段，可以在日后多次观赏反复消费，重新唤起对遗产地的记忆。游客在旅游的过程中，收集景观符号，消费景观叙事，并将之与记忆中的叙事符号进行对比，从而重构记忆。可以说，游客自己也是制造者，参与旅游景点的制造，他们可以通过各种形态、感官、时间，从不同角度体验一个地方。

许多景观经过游客的凝视而成为新的符号，网络时代这些新的景观符号往往会成为网红景点，即使其曾经非常普通甚至不能算作景观。

在泰山上，五岳独尊刻石是最具代表性的景观之一，一直处于被游客凝视的状态。不仅每天在此排队留影者无数，而且在网络游记中也有大量的照片。有的游客还会掏出五元人民币，将背面的"五岳独尊"刻石图像与实物做对比。而游客的凝视也催生了这一景观符号的再生产，不仅在火车站等地建起复制的石刻，而且还开发出小型的刻石作为旅游纪念品。旅游者拍摄五岳独尊的照片或购买仿制的石刻纪念品，实际上就是收集、消费这一符号的过程。

许多旅游者并不是第一次到泰山游览，所以往往还会将之前的几次游览做比较，重构记忆。无论是真实经历还是想象的图景，每位旅游者心目中的泰山都是不一样的，将眼前看到的景象与记忆中的景象相对比，当下的游览也就有了不同的意义。从新建的景观中，不仅可以了解泰山旅游的发展过程，也可以明晰泰山挖掘与展示的遗产价值。泰山天地广场的建造，就是遗产旅游发展所生产的文化空间，是对泰山遗产文化的深入挖掘和集中展示。游客参观天地广场，就是一个了解泰山遗产价值的学习过程。

景观叙事虽然在视觉上非常直观且具有冲击力，但往往无法完整表达遗产价值，所以还需要借助语言叙事予以阐释，而语言叙事也自然是遗产旅游消费中的重要方式。遗产地的语言叙事包括了文字叙事与口头叙事。文字叙事，主要是指通过标识牌、旅游指南等文本对遗产的阐释，口头叙事则主要是指导游对遗产的解说。文字叙事虽然在遗产阐释方面也发挥着一定作用，但这一方式具有很大的局限性。以标识牌为例，一般只在重要景点设立，数量较少，而且介绍往往比较简略，对于遗产地的历史、社会、文化等无形价值，仅仅通过文字、图片的形式无法完整展示，旅游者能够获得的信息非常有限。并且这类传统的旅游解说方式主要侧重于对物象景观的介绍，而不太注重游客的主体体验，既无法提供生动有趣的故事，也不能与游客互动交流。

　　首先，对于文化遗产类的景点，标识牌一般仅介绍其名称来历、建造年代、建筑形制、长宽高面积等相关数据。这种叙述简单单一，无法激起旅游者的游览兴趣，也不会给其留下深刻印象。即使涉及神话传说等民俗叙事，往往也只是一笔带过。以泰山上著名的景点舍身崖为例，景点标识牌上的介绍如下：

图 5.3　泰山舍身崖标识牌①

　　　　舍身崖，危崖险绝，旧俗祈福还愿，以身投崖相报，故名"舍身崖"。明代巡抚何起鸣为杜绝舍身陋习，更名"爱身崖"。

---

① 拍摄者：程鹏，拍摄时间：2014 年 9 月 21 日，拍摄地点：山东省泰安市泰山旅游风景区。

这段介绍通过寥寥数语交代了舍身崖的得名与更名，虽然提供了基本的信息，然而却不够生动完整。关于舍身崖背后的传说故事，无法从标识牌中获知。比较而言，导游的讲述可以更加生动灵活，可以将这一景点的来龙去脉清晰地讲解出来。例如导游王立民以山东快书的形式演绎这一传说，就极富艺术性与趣味性。①

其次，对于自然遗产类的景观，标识牌一般从地理地质角度介绍景观的形成、得名来历等内容。这种介绍一般较为简略，相关的专业名词则有些深奥晦涩，如醉心石的学名称作"辉绿玢岩涡柱构造"，万笏朝天则是"角闪斜长片麻岩"，如果单纯介绍地质景观的成因，则较为枯燥。导游除了运用生动的文学语言介绍这类景观，还通过介绍相关的传说故事、影视片段等使游客产生联想，加深游客的记忆。如岱顶著名的景观拱北石，旁边的标识牌写着：

> 拱北石，直立岩块受重力影响折断而形成，因斜逸北向故名，也称"探海石"，此处为观日出、看云海最佳处。是泰山标志性景观。

拱北石这一泰山标志性景观曾在许多旅游广告中出现过，给旅游者留下过深刻印象。笔者在调研时，就听到有导游讲解时谈起香港亚视版《八仙过海》中吕洞宾在上面打坐的画面。这种联想叙事法将眼前的景物与记忆中的符号进行关联，可以起到重构记忆、加深印象的效果。

---

① 参见附录二：泰山民间叙事文本选录"（五）舍身崖"。

图 5.4　泰山著名景观拱北石①

　　此外，景区的标识牌等主要是对物质景观的介绍，缺少对民俗事象的解说。例如在泰山上有许多香客信众压子、拴子留下的景观，因为没有相关的介绍，所以旅游者对这类习俗也并不了解。笔者在调查中曾发现两个大学生在往树枝上放石子，当笔者问他们为什么这么做时，"祈福吧，我也不太清楚，看他们都放。"而当笔者告诉他们"压子"的涵义（求子）时，他们大吃一惊，将石头扔掉了。这种典型的从众行为，从一个侧面反映出游客对泰山的认知存在一定的局限性，单纯的文字叙事无法满足游客对遗产地认知的需求，众多的民俗事象需要民俗叙事的深入阐释。

　　遗产旅游的民俗叙事，是以人为中心，强调游客在遗产旅游中

---

① 拍摄者：程鹏，拍摄时间：2014 年 9 月 21 日，拍摄地点：山东省泰安市泰山旅游风景区。

的具身化体验，重视游客与遗产的交互过程，关注游客对于叙事内容的接受度等。导游通过口头叙事将遗产价值以生动有趣的形式讲述出来，在与游客的互动过程中，增强游客对遗产的感知。正如乌泽尔（David L. Uzzell）所言，不是阐释本身而是阐释所引发的互动和讨论导致观者学习，因而旨在鼓励社会互动的阐释才能够有效发挥其教育功能①。口头叙事的优点在于其所具有的感染力，游客在听导游讲解的时候，是视觉观看的同时接受听觉的洗礼，一段饱含深情的讲述，会带动游客的情绪，增强游客的感受。一段风趣幽默的讲解，则可以提升游客游览兴趣，给游客流行深刻印象。正所谓"祖国山河美不美，全靠导游一张嘴"，导游的口头叙事生动的诠释了"看景不如听景"的奥秘。

遗产旅游的消费是典型的体验经济。"它意味着消费主体在一个符号系统中和心理系统中获得了某种满足感。"② 作为一种深度旅游，遗产旅游不同于观光游的走马观花，是需要深入感受遗产地的。在遗产旅游的消费中，游客通过深度的参与互动，可以更深入的理解遗产地。通过一些互动游戏，游客在体认实践中增加了游览的趣味性，也深化了旅游的记忆。如导游引导游客去抚摸石龟、石碑、铜碑、树洞，游客在轻松的游戏中通过触觉增加了对旅游地的感知。而游客系红绳、压石子、抚摸石碑等行为，实际上也是其信仰实践活动，是其对遗产地民俗信仰的认同表现。此外，导游的行

① David L，Uzzell R. Ballantyne（eds.）. *Contemporary Issues in Heritage and Environmental Interpretation: Problems and Prospects*，London：The Stationery Office，1998：11—25.

② 周宪：《视觉文化的转向》，北京大学出版社，2008 年，第 106 页。

为叙事也对游客的体认实践有所影响，当导游身体力行，虔诚叩拜碧霞元君时，其行为以无声的方式影响了游客的感受。当游客也虔诚叩拜时，其对泰山的神圣感受是内化于心的。还有泰山封禅大典中的表演互动，也让游客增加了体验的感受，提升了对泰山神圣性的理解。

图5.5　游客抚摸岱庙中的扶桑石①

此外，传承至今的地方饮食可以说是遗产地最富特色的"遗产"，它包含了一整套与食材遴选、辅料搭配、加工制作和消费分享相关的知识、技艺和实践，是人们日常生活、人际交往、礼仪节庆等社会活动的重要组成部分，传达着国人尊崇自然、顺应时节、食治养生等思想观念。品尝地方特色饮食，不仅可以满足口腹之欲，也是了解地方文化、感知遗产的重要实践方式。游客到泰山

---

① 拍摄者：程鹏，拍摄时间：2014年7月5日，拍摄地点：山东省泰安市岱庙内。

来，品尝泰山三美、泰山赤鳞鱼、泰山豆腐宴等特色美食，不仅是通过味觉来感受泰山的地域特色，也能在特色饮食的传说中了解泰山的风土人情，从而更深入的理解泰山的价值。

随着科学技术的发展，遗产旅游叙事的方式更加多元，而游客的需求也在不断增长，真实性、沉浸感、趣味性、体验感，成为考验遗产旅游叙事的重要指标。运用新兴科技，增强体验与互动，在遗产地叙事与游客感知之间建立适配的纽带，可以深化遗产旅游叙事效果、改善遗产旅游体验、提高遗产地的重游率、推动遗产价值的传播。

遗产旅游叙事不仅是一个遗产价值阐释的过程，也是一个面向游客进行遗产教育的过程，是一种包含了教化伦理意蕴、具有价值导向性的公共教育活动。遗产旅游与其他类型旅游的区别，通常亦在于游客对景点的学习兴趣以及是否愿意承认教育是遗产旅游体验的重要一环。① 让游客在叙事过程中了解旅游对遗产地的影响，自觉保护遗产，推动旅游地的可持续发展，是遗产旅游叙事的重要意义。在遗产旅游中，遗产消费与遗产保护的矛盾困境主要体现在旅游者身上，旅游者作为外来的客人，进入遗产地这个陌生的文化世界后，"仪式化逆转"的空间位置致使旅游者处于"阈限"状态，暂时游离于"出发地"和"目的地"社会行为规范伦理，两地的道德约束力和文化强制力失效②，往往出现破坏遗产等问题。遗产地的叙事系统会从多个方面对游客的破坏行为进行劝诫，除了标识牌

---

① 彭兆荣：《文化遗产学十讲》，云南教育出版社，2012年，第146页。
② 吴兴帜：《文化遗产旅游消费的边界体系构建》，《民族艺术》2017年第4期，第61页。

的警示外，景区工作人员的引导和监督也起着重要作用。而导游作为遗产地东道主的代表，在面对游客的破坏行为时一般也会出言制止，保护遗产。全国优秀导游员张娟就表示：

> 我每次在泰山上看到谁踩着刻石去拍照，就会自然而然地去跟他生气，然后告诉他：你下来，你不要这样拍照。很多人去摸古树的时候，我们也会直接去制止。就是把维护景区当做了自己的一种责任。①

所以，遗产旅游叙事与遗产责任行为之间有着重要联系，通过叙事可以提高旅游者对遗产价值的感知。旅游者感知决定了其对遗产价值重要性的认识和理解，帮助唤醒旅游者在行为发生前、中、后的责任感、责任意识、公民意识，并最终促进旅游者的负责任行为、环境责任行为等，使其从"旁观者""学习者""体验者"逐渐转变为"保护者""参与者""传播者"。②

总之，旅游者在旅游中受遗产叙事的影响较大，其视觉、听觉及身心感受直接来自遗产旅游地的叙事体系。在遗产旅游开始之前，遗产地的各类叙事已经完成了对旅游者的规训，建构起其对遗产地的文化记忆。在遗产旅游过程中，遗产叙事又进一步提升旅游者的感知、增强其游览趣味性与知识性，从而影响其旅游体验。在

---

① 访谈对象：张娟（全国优秀导游员）；访谈人：程鹏；访谈时间：2014 年 9 月 28 日；访谈地点：泰安市瀛泰国际旅行社。
② 彭兆荣、秦红岭、郭旃等：《笔谈：阐释与展示——文化遗产多重价值的时代建构与表达》，《中国文化遗产》2023 年第 3 期，第 22 页。

游览过程中，旅游者将记忆中的景象与现实中的景象进行对比，从而重构记忆、建立新的印象。

第三节 旅游后：遗产叙事的再生产

旅游者选择遗产地的主要目的之一是学习与体验，在参观游览的过程中，旅游者会根据自己的文化背景和知识经验对遗产进行理解和阐释。遗产叙事不仅是专家学者与导游的专业阐释，还包括了旅游者的个人叙事。旅游者在消费了遗产叙事后，也可以成为遗产叙事的主体。旅游者在与遗产叙事的互动中产生两种行动动机：一是到遗产地去旅游，体验和消费；二是把遗产地的所见所闻、亲身体验感受带回自己的日常生活之中，诠释遗产，赋予意义。在遗产阐释方面，旅游者虽然是被动参与的，但却是比较活跃的主体，可以在游览遗产地过程中生产个人化的叙事。

遗产地为旅游者提供了旅游目的地，并使其获得身体力行的知识认同、经验认可。旅游者通过参观访问遗产旅游地产生了自己的意义，他们用各种不同的方式使用和阐释遗产。遗产地虽然是同一个，但不同的旅游者对其的认知和阐释却有可能差异巨大。旅游者不是被动接受遗产教育的对象，他们在旅游过程中加入了各自的认识、解释和互动，通过多种方式去理解和利用遗产叙事，建构历史感。遗产不仅是外在的物质实体，还包括了对其的认知、解释、记忆、选择、认同、制造等多种因素，这些因素相互作用，共同构成完整的遗产体系。

旅游者参与遗产叙事，有利于建设一个具有包容性、开放性和协作性的遗产叙事体系。旅游者关于遗产地的文化记忆或生活史内容是其叙事的独特视角和信息来源，其对遗产叙事的再生产就是其与遗产地互动后的结果，可以推动遗产意义和价值的多元表达。从遗产叙事的再生产来说，遗产旅游不仅是消费地方，而且也是创造地方的动态力量。

在对遗产的阐释中，由于阐释主体不同，不同的群体、不同的阐释者会用不同的方式阐释遗产，讲述遗产故事，赋予其不同的联系和意义。① 作为历史的参与者和生活见证者，旅游者是以个人叙事的方式对遗产进行表述，是对遗产的非专业阐释。旅游者在阐释遗产的情感价值和社会价值方面，往往因其以个体生命历程或生存境遇为参照的方法而更具优势和感染力。

当旅游者在遗产地结束游览后，遗产旅游叙事对其的影响并未马上结束，在将旅游地的感知转化成为记忆的同时，遗产旅游叙事的内容也得以转化，成为其向亲朋好友讲述或在游记中撰写的主要内容。旅游者由叙事受体向叙事主体的转换，也使得在旅游地所接受的信息得以重新编码组合，以一种全新的符号信息出现。旅游者对遗产旅游叙事的再生产，标志着遗产阐释权的转移，从东道主（供给方）的叙事转向旅游者（消费方）的叙事，客观上推动了遗产的共享。

当我们查阅这些个人旅游叙事的时候，可以发现每一篇游记都是一个故事，都反映了作者的游览路线与心路历程。芬兰学者凯米

---

① 彭兆荣、秦红岭、郭旃等：《笔谈：阐释与展示——文化遗产多重价值的时代建构与表达》，《中国文化遗产》2023 年第 3 期，第 7 页。

科宁（Kai Mikkonen）在其《叙事即旅行：空间序列与开放结果》中，曾指出理解叙事一般是"与旅行体验紧密联系在一起的"。[①]米歇尔·塞尔托（Michel de Certeau）也认为，"每一个故事都是一个旅行的故事，一个空间实践"。[②] 如果我们将这些游记与仪式过程相联系，会有助于我们理解这些个人叙事。纳尔逊·格雷本（Nelson Graburn）将旅游看作是"具有'仪式'（ritual）性质的行为模式与游览的结合"，是一种"神圣的旅程"[③]。他在阿诺德·范根纳普（Arnold Van Gennep）和维克多·特纳（Victor Turner）的研究基础上，使用分离、阈限和再融合来描绘游客出行与仪式的过程特征。游客离开惯常居住地，就是一个脱离日常生活的过程，而旅游正是其非日常的阈限阶段，最后回到家中则又融入日常生活。旅游前后是日常的、世俗的，而旅游这一过程则是非日常的、神圣的。

当旅游者离开惯常的工作与生活环境，进入陌生的旅游目的地之后，实际上进入了一个非此非彼的"阈限期"，此时原有世俗社会中的社会关系和行为规范都暂时失效了，旅游者之间无所谓高低、贵贱、贫富，平等单纯地交往，共同感受朝圣者般"神圣"的旅游情感体验。[④] 在阈限期阶段，旅游者完全进入一个与理想沟通

---

① Mikkonen, Kai, The "Narrative is Travel" Metaphor：Between Spatial Sequence and Open Consequence, *Narrative* 15，3（2007）286—305.

② De Certeau, Michel，*The Practice of Everyday Life*，Berkeley 1984.

③ 张晓萍、黄继元：《纳尔逊·格雷本的"旅游人类学"》，《思想战线》2000 年第2 期。

④ 郑晴云：《朝圣与旅游：一种人类学透析》，《旅游学刊》2008 年第 11 期，第83 页。

和交融的神圣时空，整个过程充满了真实神圣的氛围，此时的旅游者追求心灵愉悦与精神自由，其行为与以前呈现出明显的反差，表现为一个自由、本真、纯粹的"真我"。① 对于遗产旅游者来说，其旅游的意义正在于此。当旅游者进入遗产地之后，暂时进入了一个神圣时空，在感叹大自然的鬼斧神工与先辈的丰功伟绩时，油然而生的景仰之情也让神圣之地的印象深入内心。在泰山遗产旅游过程中，游客通过一系列遗产叙事的体验和消费，形成了对"神圣"的文化认同，并参与了文化的再生产，重塑了对泰山的认知。

旅游者选择遗产地不仅是为了学习和教育，也是去感受和表达情感，尤其是在一些他们认为具有历史感和纪念意义的遗产地，来进行感情的释放、宣泄与投射。在旅游者的个人叙事中，泰山成为一个由个人的记忆、情感和人生感悟构成的叙事空间。在泰山的游记中，可以发现许多遗产旅游叙事的印记，旅游者在阐述心灵感悟的同时，也描述了泰山相关文本对其人生的意义和影响。如一位网名为"wangdan398"的游客在其《泰山游杂记》中就以大段篇幅谈论他所看到的挑山工及其内心感受。

> 山路上遇见各色各样的人群，男女老少，不同的性别、年龄、穿着，不同的腔调、语言、肤色。这中间，最了不起、最值得称颂，但也最值得同情的是那些挑山工，一种十分复杂、矛盾的心情。……很矛盾——赞美的是他们的意志，同情的是

---

① 郑晴云：《朝圣与旅游：一种人类学透析》，《旅游学刊》2008 年第 11 期，第 84 页。

他们的境况。能为他们做些什么呢？自己也回答不了这个问题。最后，还是回忆回忆小学课文里的"挑山工"吧！对人生很有启迪的一段话。……挑山工十分平淡毫无修饰几乎不用形容词的一段话，细细品味，却能回味无穷。人生的道路上，经常想想这段话是很有裨益的。①

　　游客在"遗产"和"旅游"的互动过程中，能够利用自己的想象力与过去进行信息交流，重构历史场所感（sense of historic places），并且发现新的生活意义和找回自我。② 这正是遗产旅游的意义所在，随着叙事时空的转换，旅游者对记忆中的历史场景会逐渐遗忘，而通过遗产旅游的实践活动则形成了新的意象与情感，被赋予了与遗产旅游地相关的价值和意义。正如一位游客在其博客中写道：

　　　　在泰岳那巍峨厚重，清新芬芳中，我品味出了美好人生的意趣神旨，领略到了外师造化，中得心源的风流神采，感受到了泰山取之不尽用之不竭的恩泽和潇洒的卓然风姿，在这里我看到了人生的一种全新的风景画。泰山，已成为我生命中一篇伟大而又深刻的潜台词，从这里我读出了"雄峙天东，唯我独尊"的雅韵与雄健的精神。③

---

① wangdan398；《泰山游杂记》，http：//www. geoparkhome. com/detail. aspx? node＝tsms&id＝2602。

② Nuryanti W, Heritage and Postmodern Tourism, *Annals of Tourism Research*，1996，23（2）：249—260.

③ 《雄峙天东独为尊——泰山游记之一》，汀华瑶的博客，http：//blog. sina. com. cn/u/2070567801。

而一位网友在其游记《我征服的不是泰山，而是倔强的自己》中也写道，"旅行的前半段看风景，后半段看清自己，内心无美，世界再美也只是到此一游，能把美放在心里滋养脾性，善待周遭，温柔过活，才是旅行的意义"。①

实际上，旅游者的情感反应是其与遗产地的互动中产生的，也是旅游者的文化背景与遗产地的文化之间互动的结果。情感的反应不仅仅是在情不自禁、情不由衷的情况下产生的，也是通过游客的期许、寻找以及调整情感反应的能力而产生的。因此，一种语境性的反应，不仅只凭借遗址或展览的作用，也要视旅游者与其关系、旅游者的政治或社会背景以及旅游者在认可并带着他们的情感反应时的技能。②

旅游者对遗产价值的理解和接受能力各不相同，是以其自己的方式消费遗产理解遗产价值，用不同的符号建构属于自己的意义。在追求个性化、差异化、多样化的旅游消费过程中，旅游者希望通过特色旅游产品的消费，彰显自我的身份。旅游结束后的叙事再生产，是将特色旅游消费进一步放大的过程，他者对其旅游叙事的反馈与互动，进一步凸显了其自我的身份认同。

遗产叙事的再生产，是旅游者将对遗产价值的感受与认知表达出来的结果，主要由叙事和分享两个部分构成。旅游者的个人旅游叙事一般是在旅游结束之后，有些游记甚至撰写于多年之后。在传

---

① 《我征服的不是泰山，而是倔强的自己》，http：//you．ctrip．com/travels/taishan6/2028037．html。
② 劳拉简·史密斯：《游客情感与遗产制造》，《贵州社会科学》2014 年第 12 期，第 14 页。

统的媒体时代，受限于信息传播技术，旅游者的个人叙事影响范围较小，一般是以旅游者的亲朋好友为主，主要通过口头叙事或辅以图像叙事为他人讲述旅游经历及体验，为潜在游客提供建议和咨询。当然，旅游者在旅游地就有可能成为叙事主体，向其他游客提供介绍、建议和咨询。这类口头叙事，一般包含了旅游地的文化介绍、故事讲解、游览路线、注意事项等内容。此外，旅游者的行为叙事，如行为动作、信仰仪式等，也会潜在影响其他游客。笔者在田野调查的过程中，就看到有年轻的游客向正在磕头的香客请教关于神职及叩拜仪式等问题，而年长香客的口头及行为叙事就对年轻游客的认知产生了一定的影响。

此外，旅游者购买的旅游纪念品与特产，也成为重要的物象叙事资源。在被旅游者带回客源地之后，这些带有遗产地特色符

图5.6　泰山石敢当刻石纪念品①

———————

① 拍摄者：程鹏，拍摄时间：2014年9月25日，拍摄地点：山东省泰安市天外村。

号的纪念品成为讲述遗产地风土人情等隐性价值的重要叙事媒
介。带有碧霞元君、泰山石敢当符号的纪念品，不仅代表着泰山
的形象，也在讲述着泰山信仰及其灵验传说。泰山女儿茶、泰山
灵芝、泰山墨玉、木鱼石等特产，是泰山地理物产的典型代表，
其价值不仅在于物质功用，还有其背后的自然特色、传说故事与
文化内涵。

在当代社会，情感消费日益占据重要地位，人们在日常生活中
越来越重视分享。旅游行为具有一定的情感消费属性，旅游者通过
分享旅游体验可以增强社会联系、提升情感交流，获得归属感与满
足感。随着互联网与移动通信技术的发展和普及，旅游者的个人旅
游叙事分享更加简便易行。旅游者的个人旅游叙事内容呈现出多角
度的特点，方式也更加多元化。从网站、贴吧到微博、微信，再到
抖音、快手，在新媒体时代，旅游者的个人旅游叙事分享发生了翻
天覆地的变化。得益于互联网技术的互连性与开放性，旅游者的个
人旅游叙事传播范围更广、速度更快，任何互联网用户通过搜索引
擎就可以马上查找到与旅游目的地相关的旅游叙事，大大提高了信
息分享的时效性，而叙事主体与受体之间的互动也更为便捷。在新
媒体时代，旅游者的个人旅游叙事可以通过多种形式进行分享，除
了传统的文字、图片外，智能手机的普及，使得视频、直播等新兴
方式也流行起来，图像叙事、影像叙事更加简单易行。在网络上可
以看到各种各样关于泰山的景观图像，还有拍摄的短视频，从不同
角度对泰山的景观进行了全方位的呈现。

得益于新媒体时代网络信息技术的发展，旅游者的个人旅游叙
事内容与形式都发生了较大的变革。旅游者分享的旅游叙事，不再

仅限于旅游之后的口头、文字与电脑传输，而是可以通过随身携带的手机贯穿旅游过程的始终，即时分享。旅游者可以在叙事主体与受体之间随时转换，既可以即时分享旅游体验，也可以随时浏览他人分享的旅游信息。旅游者的叙事，不仅是其个人感受旅游目的地的展现方式，也是影响他人感知、构建旅游目的地形象的重要因素。

旅游者从一个旅游叙事的受体转变为主体，从一个旅游地民俗文化的接收者转变为传播者，其个人旅游叙事会影响潜在的游客。在传统社会，旅游者的个人叙事对旅游地产生的影响受到多种因素制约。旅游者的知名度、叙事方式、传播渠道等因素，都会对旅游地产生不同的影响。即使是名人名作名篇，因为叙事方式的单一和传播渠道的狭窄，也使得旅游叙事产生影响的时间滞后、范围狭小。诸如《望岳》之类的佳作，都是经过了岁月的沉淀，才转化为泰山的遗产叙事资源。在当代社会，新媒体技术的发展，使得旅游者的个人叙事形式更加多元、传播更为快速和广泛，不仅给旅游地的形象带来了快速的影响，也提高了旅游者个人叙事的作用。它可以为潜在游客提供更直观的信息，影响其旅游意愿；可以为旅游目的地提供体验感受，反馈的信息有助于其改进旅游服务。所以，对于旅游目的地，应重视旅游者的个人叙事，对其中所反馈的负面信息及时予以解决。

审视当代关于泰山的旅游叙事，可以发现除了旅游路线、景点简介、个人感受等内容外，也有一些神话、传说等民俗叙事。民俗叙事的趣味性，增加了景观的记忆点，可以留给旅游者更深刻的印象。同时，由于网民的年龄及文化程度等原因，旅游者在网络上的个人旅游叙事也呈现出一定的遗产化倾向，更侧重于个人化的经历体验的叙述，经常出现对泰山的价值感受认识等内容。

遗产旅游叙事不仅在讲述历史，也在形塑当下，并且还会影响未来。遗产旅游叙事的再生产，实际上是将继承自古人的文化遗产，赋予当代的记忆和思想价值而完成新的代际传承交于后代，从而保证遗产的延续性和历史完整性。当然，遗产旅游叙事与旅游者的理解一般存在一定间距，旅游者对遗产地的认知与真实的遗产地之间可能存在体验差异，旅游者往往难以完整理解遗产地的价值。通过旅游者的个人叙事可以帮助遗产地了解这种差距，并通过多种方式予以弥合。对于游记中提及较少的遗产要素，需要在今后的旅游开发与文化建设中重点关注。当代社会发达的网络，将旅游者的个人叙事集合成一个关于旅游体验的语料库，这个语料库的信息范围广泛、叙事内容多样、叙事方式多维、游客背景多元，构成了旅游体验、分享与互动的公共文化空间。这些旅游叙事可以影响受众的体验和行为，对其进行研究可以深刻理解游客的感受和认知，从而进一步改善旅游目的地的服务和产品，提升旅游目的地形象。因此，在新媒介时代，旅游目的地政府、旅游企业和旅游民俗学者都有必要对旅游者的个人叙事予以关注。

小　结

遗产旅游不仅取决于旅游地的资源供给，也关乎旅游者的旅游动机和对旅游地的感知。遗产旅游以消费行为实现了对遗产的"象征式占有"。① 然而根据亚尼夫·波利亚等人的标准，中国的游客大部分属于不知道这是遗产地的游客或认为遗产地与自己无关的游客，只有少数认为遗产是属于自己的游客。中国游客对旅游地的感知始终处于一种"客"的地位，即使旅游地是世界遗产，也仅是一项世界荣誉的桂冠，却绝少会有占有式的享有感或主人翁的态度。

旅游者对旅游地的感知受制于其知识背景与消费观念。不同的旅游者，其对遗产旅游地的认知存在差异。游客原有的对遗产地的知识储备，不仅关系到其旅游动机，也影响到其旅游深度。浅层旅游者对旅游地知之甚少，游览过程中更注重观赏自然景色，对历史人文知识的需求不甚强烈，游玩之后甚至没有什么印象。深度旅游者往往对旅游地有较多的知识储备，在游览过程中会将现实中的景物与记忆中的印象符号做对比，其对历史人文知识的需求相对更多，在团队游中是导游叙事的积极接收者，自由行时也会更注意观察阅读景点的标识牌、旅游指南等文本叙事内容。

从古至今，到过泰山的游客无以计数，他们都以不同的叙事方式展示自己对泰山的认知。除了表意简单的物象叙事与不易保存的口头叙事之外，文字叙事是最主要的记录方式，所以考察历代游记文本，可以分析旅游者对泰山的感受和认知状况。

游记的自由性较大，叙事文学性较强，多采用民族志及第一人称的叙事方法，开篇描写环境，从较大范围概览，后面则主要按照

---

① 耿波，《"后申遗"时代的公共性发生与文化再生产》，《中南民族大学学报》（人文社会科学版）2012 年第 1 期，第 40 页。

游览路线移步易景，展开叙事，具有较高的审美意义，可读性强。文中常将自己的感受与前人做对比，并围绕早期作品所记录和称颂的历史遗址和景点展开，并进一步确认、质疑、观察。古时游记文中常出现说教之词，而少内省之语。比较来说，古代文人对个人的感受描述不多，大多以写景状物为主；而现代的游记散文，大多采用人物刻画和景物描绘有机结合的游记模式，带有很强的主观意识。

当代由于大众旅游业和网络传媒技术的发展，游记也大量涌现。通过分析这些游客的个人叙事，可以发现游客对泰山的认知，并不太在意其世界遗产的名号，而更注重自己的认知记忆，这些记忆是由其所认知的象征符号重新排列组合而成，而这些象征符号大多曾经出现于书本、广告或影视中。在遗产旅游的过程中，游客利用自己的想象力，将认知记忆与当前景物进行对比互动，重构历史场所感，从而改变其观念性认知，并且发现新的生活意义和找回自我，这正是遗产旅游的意义所在。旅游者正是经由旅游这一过渡仪式，从日常生活中脱离，进入非日常的阈限阶段，最后回到家中再次融入日常生活。

由于网民的年龄及文化程度等原因，所以旅游者在网络上的个人旅游叙事也呈现出一定的遗产化倾向，叙事文本中更侧重于个人化的经历体验的叙述，经常出现对泰山的价值感受认识等内容。

当代社会发达的网络，将旅游者的个人叙事集合成一个关于旅游体验的语料库，这些遗产旅游叙事可以影响受众的体验和行为，对其进行研究可以深刻理解游客的认知和感受。对此，旅游目的地政府、旅游企业和旅游民俗学者都有必要予以关注。

第六章

泰山遗产旅游民俗叙事的弱化与异化

在当代社会，随着遗产保护工程的推进和遗产旅游的发展，民俗叙事也呈现出弱化与异化的现象。弱化是指民俗叙事在遗产旅游中被淡化处理，呈现出遗产化的趋向，向着科学、严谨、合理的方向发展。异化则是指在发展过程中出现的偏离民俗叙事本意，甚至有违遗产旅游本质的问题。在当代的非物质文化遗产保护工作中，泰山石敢当习俗、泰山传说、东岳庙会先后被列入国家级非物质文化遗产名录。这些典型的民俗事象在遗产化后，其语言叙事、物象叙事、仪式叙事在不同程度上都遭遇了弱化与异化。民俗叙事的弱化与异化，不仅不利于遗产的传承与保护，同时也会对遗产旅游的发展造成负面影响。

第一节 泰山遗产旅游民俗叙事的弱化

遗产旅游中民俗叙事的弱化，是受科学主义的影响。对于具有世界意义的文化遗产旅游地来说，往往有着丰富的历史文化内涵，科学性解说的要求，使得带有"迷信""虚幻"等色彩的民俗叙事成为被抛弃的对象。在当代遗产旅游的语境中，遗产地往往选择正统的历史文化叙事，对于神话传说等民俗叙事则采取规避或规范再造的方式去除虚幻成分。

一、导游对民俗叙事的规避

作为世界文化与自然双重遗产，泰山不仅有着雄奇壮丽的自然风光，更有着深厚的历史文化内涵。在悠久的历史长河中，帝王的封禅祭祀、文人的吟咏题刻、百姓的朝山进香，共同缔造了辉煌灿烂的泰山文化。在大众旅游发展过程中，民间叙事由于通俗性、趣味性等特点而成为泰山旅游叙事中的主要内容，官方叙事与文人叙事经由传说化也形成了丰富的民间叙事资源。在当代的遗产化运动中，泰山传说在 2011 年还被列入第三批国家级非物质文化遗产名录。然而许多导游都表示自己并不喜欢讲述神话传说，笔者也发现有些导游在带团时有意规避此类内容，而在泰安市旅游局主编的《畅游泰安——新编导游词》中，相关内容也很少。究其原因，主要有以下几个方面：

（一）情节的荒诞性

受近代科学启蒙思想和唯物论的影响，人们对神话传说等民间文学作品的认识较为刻板，认为其荒诞不经的内容属于迷信思想。所以在唯物主义科学观教育下成长起来的导游往往规避神话传说这类民间文学作品。全国优秀导游员张娟在接受笔者的访谈时就表示：

> 我觉得那是哄小孩的，我不喜欢讲传说。因为现在的游客

不是以前的老头老太太了，你给他讲那么多的鬼神论干嘛呢，我们更多的是讲事实，讲史书记载的。而且我也不提倡讲传说。我们导游在讲解这座山的时候要严谨，因为导游词是代代相传的，我们要对后面的人负责任，对不对？那我们为什么要把那些再过多少年人们都不相信的那些事情再这样一遍遍的把它讲下去呢？可能我们有偏见，反正我不太喜欢讲传说。①

以讲解旅游文学见长的张娟，被称为"导游中的于丹"。她讲解的泰山导游词富有个人特色，但内容基本都是以作家文学为主。其对民间文学的认识，具有一定的代表性。民间文学"迷信的""粗鄙的"等特点成了人们的思维定势，即使在当代，民间文学荣升非遗之列，民众对其的认识也是表面的、固化的，对其内涵价值也了解不多。

另外，对此类情节叙事的讲解也会根据神圣性和神秘性的不同而有所差异。神话、传说因为与名胜古迹、风物特产、知名人物、历史事件等相联系，所以在非遗保护和旅游开发等方面备受青睐，然而在具体讲述和应用时又会有细微的差异。神话中的主角都是虚构的神祇，内容多天地开辟及自然、文化起源等，包含诸多虚幻、神奇与超能力的因素；传说的主角则大都是真实人物或半人半神，其内容多与历史、风物、自然、文化习俗有关，神奇虚幻元素稍弱。二者虽然都具有一定的解释性特征，但在导游的讲述中则更多

---

① 访谈对象：张娟（全国优秀导游员）；访谈人：程鹏；访谈时间：2014 年 9 月 28 日；访谈地点：泰安市瀛泰国际旅行社。

选择神圣性与神秘性稍弱的传说，而在传说领域则主要选择真实性较强的历史传说。笔者采访全国优秀导游员韩兆君时，他对此的解释就颇能说明问题：

> 我这个人平时好分成两面讲，子曰礼失求诸野，野史不见得说是不可考，有些东西呢，野史可能更能反映真实的情况，但是你要通过考据。就咱泰安导游的工作来讲的话，我个人认为还是尽量少讲野史，野史可以作为边角料，插科打诨的来讲。比如御帐坪，宋真宗爬到飞来石那块，泰山神看他昏庸腐败无能故意滚下块石头吓唬他，这是谁编出来的呢？这种野史，我建议不要讲。还有一些可考不可考的东西，比如宋真宗上山是后面一根棍，前面一根棍，中间一块绸子，四个人这样抬上去的。这个可以讲，御帐坪这种无稽之谈的东西我是从来不会讲的。①

对于宋真宗的这两则传说故事，前者②因为有泰山神显灵的元素，并且将飞来石的滚落归于泰山神吓唬昏庸无能的宋真宗，存在神秘虚幻的成分，而后者则主要是讲述历史故事的历史传说，所以在讲解中，韩兆君建议不要讲前者，而后者可以适当讲一下。

（二）母题的相似性

在世界上，具有相同母题的民间文学作品比比皆是，而这也催

---

① 访谈对象：韩兆君（全国优秀导游员）；访谈人：程鹏；访谈时间：2014 年 7 月 5 日；访谈地点：岱庙门口花园。
② 参见附件二：泰山民间叙事文本选录（三）《飞来石》。

生了 AT 分类法这种按照情节类型编制故事类型索引的研究方法。对于研究者来说，搜集相同母题的民间文学作品进行比较研究具有重要意义，但对于普通民众来说，相同母题的传说故事只会让人感觉乏味，而在寻求差异性的旅游活动中，这一感觉更为明显。虽然许多神话传说依托地方风物习俗等作阐释性说明，然而剥离地方独特的地名、人名之外，其情节的相似性也暴露无疑。对于见多识广的导游和游客来说，此类神话传说自然不能提起兴趣。全国优秀导游员谢方军就谈及这一问题：

> 我是土生土长的泰安人，小时候也听说过很多泰安或者泰山的传说故事。但我的导游词里面体现的很少。最早的旅游可能大家对传说感兴趣，可是你走过几个地方以后会发现中国式的传说，大同小异，除了地名和人物不一样，他的整个故事的发展和最后的结尾基本上都是一样的。比如说泰山石敢当的传说，李财主家的女儿得病了，被妖魔鬼怪缠住了，然后就请了石敢当，石敢当法力高强，然后独坐小姐的闺房，小姐藏起来了，妖魔鬼怪来了，大伙突然掀开了罩在蜡烛上的灯，灯火通明，然后举起棍棒把妖怪打跑了，妖怪再也不敢来了，从此他们就过上了美好的生活。这是中国式的传说，你放到哪都是这个样子，只是人换了，到了那个地方就换成龙王三太子了，然后怎么怎么着这样子。①

---

① 访谈对象：谢方军（全国优秀导游员）；访谈人：程鹏；访谈时间：2011 年 7 月 3 日；访谈地点：泰安市旅游局东岳导服中心。

此外，随着旅游业的发展，一些地方政府或旅游企业在利用神话传说等民间文学作品进行文化的建构和再生产时，不顾民间叙事的地方性和民族性，甚至将其他民族或地区的神话传说生搬硬套挪用过来，也带来了同质化和庸俗化的问题。

（三）有损于地方形象或违背现实伦理

在导游的讲解中，还有一类筛选的标准，即有损于地方形象的传说故事往往略而不讲。地接导游作为旅游目的地的代表，其一言一行代表了旅游地的形象，出于地域自豪感和职业责任感，导游在整理导游词时会自觉忽略不利于地方形象的内容。此外，导游不同于传统民间叙事主体，多年的教育使其主动规避或改造有违现实伦理的民间文学作品。导游在讲解时，也会根据自己的标准进一步选择。

丈人峰讲为什么称岳父为泰山，这个最早是段成式《酉阳杂俎》记载的，这事放到唐朝也不算是什么事，唐玄宗也不至于气度这么低，假如说这个事是真的话，封禅使张说后来也没怎么样，该做官做官。如果说不是真的，后人又加造的话，你也觉得是啊，一个唐朝的皇帝看到臣下玩弄权术，利用自己的职务之便私自提拔自己的女婿，就不能有所表示吗？后面没下文了。我现在不愿意讲这个故事，为什么呢？你不觉得有点讽刺意味吗？用现在的话说不大具有正能量啊，还泰山之力也，膈应人啊，托关系、走后门，咱不说借古讽今，咱就说这个故事本身你影响泰山这么伟岸的形象，所以我一般不讲，我只是说，在我们北方把岳父称作泰山，在我们北方的每一个家庭里面都有老泰山坐阵。弱化这些不好的东西。①

泰山丈人峰的这一传说，不仅见诸于《酉阳杂俎》，而且在多个版本的导游词中也都有采纳，但韩兆君认为其缺乏正能量，影响泰山形象，所以在讲解时主动规避。

(四) 游客的喜好与要求

如果将导游视为民间叙事的传承主体，那游客自然也就成为了传承的受体。然而以往的研究，不仅忽视了导游的自我定位和对民间叙事的认知，对游客的感受也缺乏研究。实际上，游客的感受和喜好，会直接影响导游的叙事内容。导游针对不同的游客会有不同的讲解内容，并且在讲解中会根据游客的反应及时调整讲解内容与方式。如泰安市模范导游员王立民就表示：

> 不同的人你不能一样去带。有的导游讲的很好，给他一个高档团，那些高级知识分子专家来了以后专门看碑刻，研究建筑的，或者研究历史的。上去之后让人家给撺下来了。一会讲个神话传说，一会讲个笑话了，是讲的很好，但不适合。人家说你这是拿我当猴耍了。所以你要随时调整。有的普通老百姓农民的团，你上去跟人家讲文化，一会也跟你急眼。导游我们是来旅游的，不是来上课的。这些人跟他们讲历史讲不明白，他们也听不懂，他们听得懂的是传说，他们就是来信神的，那

---

① 访谈对象：韩兆君（全国优秀导游员），访谈人：程鹏，访谈时间：2011 年 7 月 5 日；访谈地点：岱庙门口花园。

些香客，你讲那个神怎么地，这个行。所以导游上车三分钟之内是了解客人的背景、接受能力，做一些试探性的讲解。比如古文，我会背很多，上车先背那么一小段，看大家反应，如果大家眼睛很亮啪一阵掌声，好了他能接受的了。如果讲了之后没反应，一脸茫然，那这个就不用了，然后再给他讲一些趣味性的东西。①

除了传说的荒诞不经之外，受近代科学启蒙思想和唯物论的影响，现在的游客更趋于成熟理智，许多游客对神话传说等民俗叙事作品也有着某种偏见，不再"迷信"甚至不再喜欢其内容。而这种情况也在笔者采访另外一位导游张冉时得到了证实。

我有一次带团，有游客就问我，导游你为什么总是给我们讲故事呢？我说不是讲故事，而是把历史以故事的形式讲出来，如果大家不喜欢这种形式，那我就换种方式讲。②

由于以上种种原因，导游大都不愿讲述神话传说这类民俗叙事内容，而且越是优秀、越是从业时间长的导游，其对神话传说的讲解越少。导游在带团初期，相对来说对传说故事的讲解较多，因为传说故事简单易记，只需要记住时间、地点、人物及故事情节，再

---

① 访谈对象：王立民（泰安市模范导游员）；访谈人：程鹏；访谈时间：2014 年 7 月 4 日；访谈地点：泰安市旅游局东岳导服中心。
② 访谈对象：张冉（导游员，2006 年开始从事导游工作）；访谈人：程鹏；访谈时间：2014 年 7 月 5 日；访谈地点：岱庙南门外。

以自己的语言生动的讲解出来，就可以起到很好的效果，但是随着阅历的增长，导游就逐渐以历史文化知识替换传说故事，力求讲解内容的严谨。在整理导游词的时候，也注意选择有史可查的部分，而筛除荒诞不经和不可考的内容。

> 在带团初期的时候，讲传说讲故事比较多，因为带团初期你给客人讲解的时候，是传说和故事比较容易记，也比较容易讲的绘声绘色，也比较形象。但是逐渐的是用历史把传说这块给替换出来。这慢慢我就不讲传说了，我就用历史去讲解，你看我现在讲泰山、讲哪里，从来不讲传说。①

除了导游阅历及知识的增长外，旅游景点的历史文化内涵也是影响叙事内容的一个重要方面。相比较来说，自然风光类的旅游地，导游在引导游客去欣赏感受优美风景时，传说故事是其重要的补充工具；而名胜古迹类的旅游地，虽然也包含许多传说故事，但其本身往往有丰富的历史文化内涵，这些文化知识已经足够导游讲解了，所以传说故事并不是其讲解的重点。泰山作为世界文化与自然双重遗产，不仅拥有美丽的自然风光，更有着厚重的历史文化内涵。所以笔者采访的多位导游都表示传说故事绝不是他们讲解的首选。

---

① 访谈对象：王立民（泰安市模范导游员）；访谈人：程鹏；访谈时间：2014 年 7 月 4 日；访谈地点：泰安市旅游局东岳导服中心。

这么神圣的一座山，是几个传说故事能代表的了的吗？我
们无论是把泰山夸大了来讲还是放在实事求是的位置上来讲，
它那么出名，是一两个传说能代表的？是一两个神话故事能代
表的？代表不了，那么你就得去钻研去阅读更多的书籍去，就
像我01、02 年的时候，被一棍子打醒了，才觉得它包含那么
多，这么神圣的一座山，博大包容、包罗万象，潜下心来再
学。我原来还讲传说呢，后来压根就不讲了，荒诞不经，太对
不起泰山了。①

总体来说，导游对于神话传说等民俗叙事的讲解，主要受其本
身的特点及导游对其的认知程度影响，民俗叙事在情节上的神圣性
和神秘性，使得深受唯物主义科学观影响的导游们对其予以规避，
而民俗叙事在母题上的相似性和旅游发展中出现的同质化更是让导
游失去了讲解兴趣。另外，作为旅游目的地的代言人，导游这一被
规训的群体，凭借惯习也会主动去除有损于地方形象或违背现实伦
理的叙事内容。

二、导游对民俗叙事的规范

导游在讲解的时候，除了有意规避相关的神话传说外，还会对
其进行一定的规范。长期以来人们一直将虚幻色彩浓厚的神话传说
与科学真实置于二元对立的状态，而导游对民俗叙事的讲述也正是

---

① 访谈对象：韩兆君（全国优秀导游员）；访谈人：程鹏；访谈时间：2014 年 7 月 5
日；访谈地点：岱庙门口花园。

对这种二元对立关系的处理。根据笔者的调查发现，导游的处理方式主要有以下几种。

（一）明确划分

导游在讲解神话传说时，一种处理方式就是明确告知游客是神话传说，以与客观真实的历史相区别，划定泾渭分明的界限。

> 我在给游客讲的时候说，大家一定要听仔细，我讲的都是正史，但是也有传说，如果是传说的话我会说传说或者相传，没有经过考证的，我会说据说。你要听清这几个词。因为咱现在自己写的书里面，包括咱中国自己的历史，有很多也是据说。就是没有经过考证的，它是口传下来的。而且大家传下来的东西，很多是为了一些政治啊什么的需要所造出来的。像咱传说姜子牙，他有原型，但是他有那么神吗？没有啊。而且有些人是拿着名著当历史看。所以我在讲的时候先要给他讲明白，什么是历史，什么是传说。下面讲的是传说，据说怎么怎么样。这肯定要有个区分。①

为了使神话传说与历史事实两者的界限更加分明，对于荒诞不经的传说故事，导游的另外一种处理方法是在原有基础上进一步增加其荒诞化的程度，以扩大两者的界限，并且增加幽默化的程度。

---

① 访谈对象：王立民（泰安市模范导游员）；访谈人：程鹏；访谈时间：2014年7月4日；访谈地点：泰安市旅游局东岳导服中心。

我的特点是它本来就是假的，你就讲的更假，讲泰山神和元君都上去埋鞋了嘛，到那天，姜子牙来了一看，两个人都光着一只脚在那坐着，说你们怎么都不上去啊，谁也不怕，姜子牙心想你们不怕我也不怕，在天外村买了张车票坐车到中天门，坐索道上去了，这个本来就是假的，所以你讲的时候就增加一些趣味的东西，这个无所谓，传说嘛，没必要那么去较真，传说是什么，就是你传我，我传他，他传他这样传下来的，当然历史原型、人物可能有，但这个事不一定有。①

（二）沟通联系

神话传说与科学真实之间并非完全是不可逾越的鸿沟，导游的另外一种处理方法就是沟通两者的联系，从科学技术和历史真实的角度来对神话传说进行阐释，将科学性解释与艺术性解释相结合。例如地方风物传说的意义在于其对当地的自然景观、历史遗迹、风物特产、民俗风情等予以解释，所以有些神话传说看似荒诞不经，实际上却隐含了特殊的涵义。谢方军在谈到《碧霞元君和老佛爷争泰山的传说》时就指出其暗含了泰山上佛道相争的内涵：

我感觉要去挖掘传说背后的东西，我做过一个比较成功的尝试，就是阐述一个泰山流传很多年的传说背后的东西。碧霞元君和老佛爷争泰山，它背后隐藏的是佛家和道家在泰山的争

---

① 访谈对象：王立民（泰安市模范导游员）；访谈人：程鹏；访谈时间：2014 年 7 月 4 日；访谈地点：泰安市旅游局东岳导服中心。

斗。天下名山僧道多占，谁都喜欢独占风水宝地，道家有他的优势，因为封禅是依附道家在泰山上举行的。但是佛家的信徒非常多，影响非常广泛，他们一直觊觎泰山，希望能够走上主路。我们仔细看，从岱庙一直到玉皇顶，这条传统的登山线路上，佛家的禅林非常少，泰山的佛家禅院，玉泉寺、灵岩寺、竹林寺、普照寺，没有一个在泰山主路上，都在泰山山麓，因为它在佛道两家相争的时候始终是处于下风，他没有办法到主路上去。到最后怎么办呢？佛道合一。比如红门，这边是弥勒，这边是元君；比如斗母宫，里面有斗母，还有观世音菩萨；到了步天桥，三大力士殿，紧邻的就是药王殿，还是道家的和佛家的在一起。因为碧霞元君胜利了嘛，预示着道家始终在泰山占据着主流。后来我这样去和客人交流，客人感觉也有获益的地方，比单纯的说故事要好一点，有知识上的提升。①

除了神话传说中的虚幻因素外，一些历史传说在传承中也会偏离历史真实。尤其是在旅游语境中，此类传说故事风趣幽默，可以满足游客休闲娱乐的需求，所以经常成为讲解的亮点。然而细心的游客仍然会发现其不合情理之处，对于此类传说故事，在讲解完之后，再予以揭示，也是导游处理的一种方式。

　　我不肯定的事我绝对不会讲，我讲的客人要真问我事实，

① 访谈对象：谢方军（全国优秀导游员）；访谈人：福鹏；访谈时间：2014 年 7 月 3 日；访谈地点：泰安市旅游局东岳导服中心。

我真能给他讲出来了。像孔子的儿子叫孔鲤，孔子的孙子孔伋，也是一个圣人，《中庸》的作者，然后孔鲤曾经对孔子说过这么一句话，你子不如我子，你的儿子不如我的儿子，我的儿子写了《中庸》，你的儿子我是凡人什么也没写，然后对儿子说，你父不如我父，你的父亲我是老百姓，我的父亲孔子是圣人，客人就哈哈一乐。客人如果真追究起来，这话是不是，你就给客人解释，这话是不可能的。孔子生于公元前551年，死于公元前479年，活了71周岁，孔子的儿子生于公元前的532年，死于公元前的481年，活了50周岁，孔子的孙子生于公元前483年，死于公元前的402年，活了81岁，当年孔鲤死的时候，孔伋才一岁，他怎么能说这句话，对吧，他也不知道他以后会写《中庸》啊，所以客人问的时候你得知道。但是客人出来玩，他就是来放松的，顺便再学点东西，所以你的导游词不管怎么变，你得有点知识储备，尤其是一些重要的地方，显得你导游有内涵有深度，然后你把你的内涵和深度以一种幽默风趣的方式讲出来，就很好了。①

（三）转换再造

神话传说往往与民间信仰联系密切，带有一定的神圣性与神秘性。在当代的遗产旅游语境中，导游往往会对神话传说进行重新建构和再生产。近年来，杨利慧对河北涉县娲皇宫女娲神话的研究、王志

---

① 访谈对象：王志（导游员，2007年开始从事导游行业）；访谈人：程鹏；访谈时间：2014年7月10日；访谈地点：泰山脚下。

清对后稷神话的研究都涉及"神话主义"的问题，即"现当代社会中对神话的挪用和重新建构"①。而对神话传说重新建构的一个典型方式，就是进行历史化的解读。例如笔者在采访导游王立民时，他所提及到的关于西王母的神话，则是将之进行历史化的再生产。

> 王母娘娘在咱泰山上有，但她不是这儿的啊，人家是昆仑山。当然有种说法，泰山以前也叫昆仑山。但很多人认为她是当时西边一个少数民族的部落酋长，因此咱们说当时汉武帝见王母娘娘，汉武帝元封二年七月七日夜西王母亲降，见王母巾器中有书卷，紫锦囊盛之，即是斯图。所以当时汉武帝他是不是来泰山见的王母娘娘，没有考证。②

而在《畅游泰安——新编导游词》一书中，在王母池关于西王母的介绍，也同样采用了历史化的重新建构。

> 正殿正中央供奉的便是咱们王母池的家长西王母了。西王母在民间除了被称为王母娘娘，又称西姥、王母、金母和金母元君。西王母之名最初见于《山海经》。"西"指方位，"王母"即神名。《汉武帝内传》说：年可三十许，容颜绝世。在《山海经》中却这样来描绘王母形象："身虎齿，豹尾蓬头"，由此

---

① 杨利慧：《遗产旅游语境中的神话主义——以导游词底本与导游的叙事表演为中心》，《民俗研究》2014年第1期，第27页。
② 访谈对象：王立民（泰安市模范导游员），访谈人：程鹏，访谈时间：2011年7月4日；访谈地点：泰安市旅游局东岳导服中心。

很多专家考证，所谓西王母是遥远母系氏族社会时期，西方的一位部落女性首领。研究昆仑文化的学者李晓伟说："事实上，被无数神话光环笼罩的西王母并非天仙，而是青海湖以西游牧部落的女酋长。"当然，王母崇拜更多地体现了一种伟大的女性崇拜，来自全国各地的信徒不远千里来到王母池，诚心朝拜，祈求平安！①

这段导游词舍弃了日常生活语境中的神圣叙事，而通过文献典籍和专家研究，将西王母的原型追溯为原始部落女性首领，将西王母的信仰定为女性崇拜，谋求一种科学性的合理解释。

三、遗产旅游语境中的民俗叙事

在遗产旅游语境中，神话传说遭遇规避与规范的弱化处理，很大程度上是由其自身的特点所致。民间文学一直与作家文学相对应，其叙事主体是"老百姓"等中下层民众，具有集体性的特点，口耳相传的传承传播方式造成了变异，并因地域和民族的差异而形成不同的异文。然而民间叙事与官方叙事、文人叙事之间并非泾渭分明完全固化，官方叙事、文人叙事也会经由民众的口头流传而民间化、口语化为传说故事，而民间叙事也经常被官方叙事、文人叙事所采借，并被书面化、雅化处理。在旅游开发中，神话传说就经常被采借，用于官方的旅游宣传，出现于景区官网、景点标牌、旅

① 泰安市旅游局：《畅游泰安——新编导游词》，泰安市旅游局内部资料，2010年，第129页。

游指南、导游词底本等处。当然，这些被采借的神话传说并非原封不动的照搬，而是经过了一定的加工再生产。旅游语境中的民俗叙事实际上是对民间文学作品的再情境化、表演和利用，是一种民俗主义的表现。

旅游指南、导游词底本这类文本大多由地方文人编纂而成，最初大多采用简略方志体例，而后逐渐发展成围绕景观风物的介绍性文本。神话传说因其解释性及与地方风物的黏附性特点，而经常被编写进旅游指南和导游词底本。在旅游语境中，神话传说此类语言叙事是与物象叙事相联系的。柳田国男在研究传说时，就曾注意到："传说的核心，必有纪念物。无论楼台庙宇、寺社庵观，也无论是陵丘墓冢、宅门户院，总有个灵异的圣址，信仰的靶的，也可谓之传说之花坛，发源的故地，成为一个中心。"① 这些传说的纪念物构成一定的文化景观，它们不仅是传说产生的重要载体，同时，也在讲述传说，使传说更易于被传承和传播。正如万建中所述，"民间传说作为非物质文化的形态之一，其产生和传播明显依附于某些物质形态，缺少'物质'的客观基础，传说便无从生发和建构。"② 所以如果缺少相应的纪念物、习俗或者文化现象，神话传说则很难流传，而旅游景区如果想加以利用，则需要再造景观。当代来泰山旅游的游客，许多都选择从天地广场乘车至中天门后再乘缆车至南天门，泰山游只剩下了岱顶游，所以许多依附于实体景观的神话传说也就没有机会被讲述。在山东省出版总社泰安分社

---

① ［日］柳田国男：《传说论》，连湘译，中国民间文艺出版社，1985 年，第 26 页。
② 万建中：《非物质文化遗产与"物质"的关系——以民间传说为例》，《北京师范大学学报》（社会科学版）2006 年第 6 期，第 45 页。

1985 年编的《泰山传说》中收录了 70 则传说，而在旅游指南及导游词中收录的则不到 20 则，导游现实中真正经常讲解的不足 10 则。

与物象景观、相关习俗等的依托关系，也隐含了神话传说的解释性功能。在当代社会，决定民俗事象能否传承下去的一个重要标准就是其功能，当其原有功能不能满足当下需求时，只能被淘汰或者转化功能进行再生产。对于神话传说来说，娱乐性与阐释性是其重要功能。尤其是在旅游语境中，娱乐性往往比真实性更为重要，前述孔子子孙三代的传说就是一个典型的例证。另外，对于旅游景区来说，风物传说往往较多，其中的一个重要原因就在于其阐释性功能，碧霞元君与老佛爷争泰山的传说就隐喻了泰山上的佛道两家争夺地盘。当然，民间文学的阐释，不是科学性解释，而是一种艺术性解释，它反映的是"故事创造者的世界观、人生观、思想情绪、社会的或道德的理想等等。"①

此外，在当代遗产旅游的语境下，旅游地的性质也对民俗叙事的选择有着重要影响。一般来说，文化遗产类的旅游地，虽然也有许多传说故事，但其本身蕴含了丰富的历史文化知识，传说故事往往只是导游讲解的辅料。另外，对于具有世界意义的遗产旅游地来说，民俗叙事所带有的"迷信""虚幻"等色彩也成为被抛弃的原因。一些旅游学者就指出这一问题，如闵庆文就提出"'科学性解说'是遗产旅游科学发展不可忽视的一个方面。"② 而徐嵩龄在论

---

① 程蔷：《中国民间传说》，浙江教育出版社，1995 年，第 106 页。
② 闵庆文：《"科学性解说"是遗产旅游科学发展不可忽视的一个方面》，《旅游学刊》2012 年第 6 期。

述我国遗产旅游讲解存在的问题时，更直接指出其"内容粗糙而不精致，含混而不准确，庸俗而不科学，浅薄而不蕴藉，往往被各种传说充斥着，甚至在不同的自然遗产地竟诉说着相同的民间故事。"① 所以神话传说在被选择挪用后，也往往伴随着重构和再生产。地方文化学者或者导游在编写导游词时，会主动改造其神秘性及不合理的成分，以符合当下的意识形态和价值观。陈泳超在研究民间叙事时，发现在民间故事的讲述中，存在现实伦理被暂时搁置的"伦理悬置"现象，而在文人叙事中却较少有伦理悬置的问题。② 实际上，导游词底本可以算是一类文人叙事，被编入导游词中的民间文学作品往往经过了地方文化精英的选择和再加工，以与主流意识形态和当下伦理相符合，对有违现代伦理及不利于地方形象建构的传说故事都进行了剔除或改造。如在陶阳、徐纪民、吴绵编的《泰山民间故事大观》中，收录的关于白氏郎和万仙楼的传说，白氏郎被其亲生父亲吕洞宾吃掉，以还其被削去的五百年道业。③ 这一显然违背伦理的传说，在李继生和杨树茂撰写的《泰山导游词》中，则删去了白氏郎被吕洞宾吃掉的情节，只保留到建万仙楼收留众仙之处。④

---

① 徐嵩龄：《我国遗产旅游的文化政治意义》，《旅游学刊》2007 年第 6 期，第 52 页。
② 陈泳超：《民间叙事中的"伦理悬置"现象——以陆瑞英演述的故事为例》，《民俗研究》2009 年第 2 期，第 120 页。
③ 陶阳、徐纪民、吴绵编：《泰山民间故事大观》，文化艺术出版社，1984 年，第 18—25 页。
④ 李继生、杨树茂编：《泰山导游词》，泰安市旅游局内部资料，2001 年，第 39、171 页。

　　所以民俗叙事在被纳入到旅游语境中，尤其是在当下如火如荼的遗产化过程中，其实已经经历了一个重构的再生产过程。旅游场域中的文本，实际上是采撷民间元素的再创作。这些作品在情节设置上更加合理化、伦理化，去除了"迷信"色彩浓厚的信仰因素，进行了历史化的合理解释。

　　导游作为叙事主体，具有一定的特殊性，无论是叙事目的、叙事内容还是学习方式等，这一职业化的群体都与传统村落中的民间叙事主体有着明显的不同。在以往的研究中，我们将传统民间叙事的主体定位于生活在社会底层的劳苦大众，他们文化水平较低，受官方意识形态及书面文本的影响较小，其讲述是一种自在状态，叙事形式以口头为主，虽然兼具教化等功能，但主要以娱乐为目的。而导游则是当代大众旅游发展背景下的一个职业化群体，其所受的教育及培训都充满了官方的意识形态。他们至少要中专以上学历，而大专甚至本科学历者也大有人在，多年的现代化教育对其人生观、世界观、价值观有着深刻的影响。导游口头讲述的民间叙事作品实际上是经历了文化精英对其书面化加工过程，而非传统民间叙事的口耳相传。其学习的导游词底本是政府组织编写的，其中的民俗叙事都是经过筛选、加工和改编，符合当代意识形态及价值观念的，而不是直接来源于民间。当代大众旅游业中，导游实际上是一个被规训的群体，而"民间大使""地方文化的宣传员"等荣誉称号反映的正是官方叙事的民间传播。在当代旅游业中，职业化的导游既不同于乡间田野讲述故事的老者，也不同于茶馆剧场的曲艺演员，讲解是其工作，但不是其工作的全部。虽然一个优秀的导游是需要讲解与服务并重的，但在实际工作中，比起服务、协调等工作内容，讲解往往居于次要地位。如果说普通民众的口头叙事是一种自娱自乐的自在状态的话，那么导游的口头叙事则是一种职业化的讲述，看似山间野外的叙事场地，其实是一种正式的工作场合，并且其叙事在一定程度上还会受到旅游执法部门的监督，所以其讲解绝不可以是任意而为的。当然，导游群体庞大，由于从业年限、工作地点与内容、收入水平等的差异，其自我定位和对民俗叙事的认知也呈现出巨大的差异性。尤其是导游对其自身的定位与要求，对其讲解内容有着重要影响。正如一位导游对笔者讲，"咱导游，尤其是咱济（南）泰（安）曲（阜）这边的导游，怎么说也算是半个知识分子啊。"文化精英的自我定位，使其对讲解内容更加追求严谨，随着导游的阅历增长，其对神话传说这类民间文学作品的讲解逐渐减少。当然，除了导游的职业素养外，其生存状态也是影响其叙事内容的因素之一。虽然基于利益的考虑，有关泰山的神职与灵佑仍会被一些导游讲述甚至特别强调。但是出于对家乡的自豪感和职业的荣誉感，加上旅游管理部门及所在企业的培训管理，大多数导游对自我的要求和定位都使得其讲解更加追求严谨，正统的历史文化往往成为叙事的重点。而具有神秘虚幻色彩的神话传说等民俗叙事则在遗产旅游中被弱化处理。

第二节　泰山遗产旅游民俗叙事的异化

遗产旅游的异化是指在遗产旅游的发展过程中，价值理念、策划开发、宣传营销、经营实践、消费行为等偏离了遗产旅游的本质，甚至对遗产造成破坏。在当代遗产旅游中，遗产所带有的象征资本使其逐渐成为叙事主流，在国家权力的操控、主流文化和商业化的裹挟下，原有的民俗叙事逐渐被淡化、弱化甚至遮蔽，原生的民俗叙事资源逐渐被遗忘。当民俗被置于世界遗产的叙事话语中后，民俗的地域性与遗产的世界性、民俗叙事的艺术性阐释与遗产的科学性解释要求等矛盾日益凸显。民俗在当下的遗产运动中虽然受到重视，甚至被列入遗产名录而成为遗产，提升了原有的地位，然而遗产对传统与本真的重视以及遴选机制的标准化，也使得民俗出现固化和趋同倾向，民俗的多元性被遮蔽甚至消失，并带来了原有主体失语、表演化等问题，使民俗徒具遗产之壳。遗产旅游的异化可能出现在开发、宣传、经营、消费等多个方面，而在遗产旅游民俗叙事方面的表现则主要体现在面对游客凝视时，为迎合游客的口味，而在表述上选择西方化、世俗化、碎片化的叙事话语。世界遗产的叙事话语在一定程度上忽视了民俗的活态发展，忽略了民俗的民族性与地域性。各国为追求世界遗产这一世界级的荣誉而趋之若鹜，而文化软实力竞争的背后，实际上也反映了对自身民族地域文化的不够自信。在发展旅游的过程中，这种文化自信的缺失往往导致民俗叙事的异化。民俗叙事是生于斯长于斯的地域性产物，当被纳入到现代旅游场域中，其所面对的游客则是来自世界各地。因此，在向游客讲述的过程中，为应对来自西方、异域、他者的凝视，民俗叙事也在发生着变迁。

一、物象与语言叙事的异化

泰安是泰山石敢当习俗的重要起源地，泰山石敢当不仅在当地有着深厚的信仰基础，而且在 2006 年入选首批国家级非物质文化遗产名录以后更进一步得到了政府的认同和鼓励支持，其所蕴含的镇宅保民的平安文化也是近年来泰山旅游文化所大力倡导的，所以对这一文化资源的保护开发也全面开展起来。在泰安市，不仅各个旅游商店都有销售各种类型的泰山石敢当纪念品，还有以泰山石敢当传说为题材的山东快书、皮影戏、山东梆子、舞台剧、电视剧等艺术表现形式。泰山石敢当的文化产业开发，具有一定的典型性，它暴露出了非物质文化遗产旅游开发所带来的种种问题，反映在民俗叙事异化方面，主要有以下表现：

（一）物象叙事的挪用、混用与乱用

随着旅游业的发展，以泰山石敢当为主题的各种旅游纪念品如雨后春笋般相继涌现。今日漫步泰安市各旅游商店，这类旅游商品可谓比比皆是。从材质上来说，除了泰山花岗岩和大理石板以外，树脂、石粉、塑胶、木质、纸质、牛皮等多种材料的石敢当开始出现；从形态上来说，除了单纯的文字或简单的图像外，石敢当信仰人格化之后的将军、勇士等形象的纪念品越来越多；从功能上来说，主要不是安置于门前屋后避邪挡煞，而更多的是摆放于室内几案之上用作装饰；从受众上来说，购买者不再是泰山周边的信众，而主要是外地游客；从销售上来看，不光有旅游景点附近的实体店铺，还有网店、微商等销售渠道。这些泰山石敢当纪念品朝着精致化和微型化的趋向发展，而且从生产到销售都更加趋于产业化。然而经济利益至上和为迎合消费者心理而设计的理念，对泰山石敢当的物象呈现造成了很大影响。具体说来，主要有三大问题：

一是挪用，即将甲地的产品挪作乙地的特产，虽然有时两地都有某一习俗或特产，但在细节上会有一些细微的差别，而有些旅游产品却故意忽视这些差别，甚至直接将其他地方的特产拿来包装成本地的产品。泰山石敢当虽然在全国许多地方都有分布，但往往都与当地的文化相结合而产生独特的造型和传说。在泰安众多的泰山石敢当旅游纪念品中，有两种虽然制作精美但并非泰安本地所有。一种是铜质吞口与石质泰山石敢当结合的小装饰品，这种类型的泰山石敢当多见于西南地区，而另外一种砂石质的风狮爷泰山石敢当则多见于东南沿海一带。这两种其他地方的泰山石敢当在泰安销售，容易让人混淆泰山石敢当的地域差异。

二是混用，即将不同的甚至没有什么关联的民俗事象放在一起。如果说将泰山石敢当与泰山圣母碧霞元君结合的挂牌，虽然有

图 6.1　混用民俗元素的泰山石敢当纪念品①

①　拍摄者：程鹏，拍摄时间：2008 年 7 月 22 日，拍摄地点：山东省泰安市天外村某旅游纪念品店。

些突兀，但结合了泰山两大信仰、凸显平安吉祥文化的话，那将泰山石敢当与象征招财进宝的金蟾和貔貅结合，强调生意兴隆和招财进宝就让人有些迷惑了。事实也证明，虽然同为物质层面的旅游纪念品，但无论是从生产量还是销售量来说，这些混用的复合形态的泰山石敢当都不及原生形态的泰山石敢当。

三是乱用，即在将民俗事象转化为文化产品时随意改变其原有功能及文化内涵，乱用象征性的符号。这一现象在信仰类民俗产品中最为多见，如众多刻有"六字真言"的泰山石敢当刻石即是一个典型的例子。泰山石敢当本是为了镇宅挡煞之用，而放在屋内几案之上作为装饰品，不仅忽视了其原有功能，而且正对着主人，反而会对自家不利。

泰山石敢当旅游产品开发所存在的这些问题，不仅是表面上物质实体的混乱无序，更为重要的是其造成了所承载的传说和信仰的混淆，影响了相关民俗叙事的传承和保护。

（二）语言叙事的世俗化

与泰山石敢当相伴而生的有许多传说故事，这些口头叙事不断融合动作、音乐、图像等其他表现形式，而发展成为曲艺、戏曲等艺术形式，原有的简单故事情节也不断添枝加叶演变成复杂的曲目。在现代化多媒体时代，依托当代的技术手段，则又发展出影视、动漫等形式。泰安市作为泰山石敢当的起源地之一，在历史发展过程中就形成了以泰山石敢当传说为题材的山东快书、皮影戏、山东梆子等多种艺术表现形式，而在当代的旅游开发中，又推出了相关的音乐剧。然而旅游开发的目的和游客兴趣至上的原则，使得音乐剧《泰山情缘之石敢当》在叙事上偏离了传统的泰山石敢当传说，朝着世俗化的方向发展。

音乐剧《泰山情缘之石敢当》是由泰安汉辰文化创意产业有限公司投资打造的魔幻神话音乐剧，采用了现代化的声、光、电等科技舞台技术，糅合了舞蹈、歌剧、话剧、武术、杂技、柔术、绸吊、威亚等元素，来综合展示泰山石敢当的故事。

> 该剧以英勇正义的泰山青年"敢当"为保护一方百姓与邪恶黑暗势力抗争为主线，同时讲述了"敢当"与美丽姑娘螭霖鱼的感人情缘。剧中以蜘蛛精、狼人为首的妖魅祸害人间，蜘蛛精更是使尽浑身解数魅惑"敢当"，并千方百计嫁祸美丽善良的螭霖鱼。"敢当"冲破诱惑，与邪恶势力展开了一场惊心动魄的人与妖、善与恶的大战。最终，"敢当"战胜邪恶，为永久保护百姓的安居乐业，化作了巨石，矗立在泰山之巅，他的血液融入到泰山的每一块石头中。从此"石敢当"的名字被人们广为流传，并篆刻于青石之上镇灾辟邪，而美丽善良姑娘化作螭霖鱼，永远环绕在巨石旁。①

从剧情来看，虽然有降妖的主题，但是也掺杂着爱恨情仇的感情纠葛，所以观众对于这一音乐剧的评价也是褒贬不一。一位多次观看过该演出的泰安当地导游认为：

> "从旅游角度说吧，表演一流、舞台一流、服装化妆一

---

① 汉辰文化创意产业有限公司，音乐剧《泰山情缘之石敢当》http：//www.hculture.cn/index.php? m = content&c = index&a = lists&catid = 9。

流、灯光音响一流，不懂的人看了确实是很刺激，但是你懂的，你会发现，用咱泰安话说就是胡搞胡诌，因为他那里面呢就是弄得不太符合石敢当的形象，那个泰山圣母也感觉不太合适，但如果是外地人不大懂的话呢，他们看这个剧情的紧凑啊什么的会觉得还真的不错，现代人喜欢的爱恨情仇这个激烈程度出来了，不过就是挺狗血的。但是必须是稍微有点文化层次的去看，因为文化浅的真的坐不住。一些泰安当地的，有年龄大的，也有年龄小的，然后也有中年的，反应不一，老年呢直回头，中年人呢都在那说这是弄的什么乱七八糟的。所以说观众的感觉也是不一样。"①

对于外地游客与本地观众来说，是否了解传统的石敢当传说也就成了评价不同的原因之一。传统的石敢当形象是一个见义勇为、有勇有谋、敢作敢当的义士，并且遵循"英雄不近女色"的原则，或是单身或是驱妖后的明媒正娶；而音乐剧中，感情戏占了重要的部分，除了"敢当"与螭霖鱼的感情戏之外，还有蜘蛛精对"敢当"的迷恋与魅惑以及狼人对蜘蛛精的爱恋，而"敢当"也成为一个纠缠于儿女私情、有迷茫与困惑的青年。所以对于外地游客来说，由于缺少文化背景的熏陶，紧凑的剧情与激烈而揪心的感情戏可能正是看点，然而对于许多本地观众来说，这种颠覆和改编并不能接受。"商业化的舞台遗产既会造成文化遗产与遗产持有者之间

---

① 访谈对象：张冉（导游，2006 年开始从事导游工作）；访谈人：程鹏；访谈时间：2014 年 7 月 5 日；访谈地点：岱庙南门外。

的冷漠与疏离，也使得旅游者通过异文化消费获得的自我存在感减弱。"① 泰山石敢当产业开发所造成的民俗叙事上的异化，不仅影响了本地民众的感情，不利于其传承与保护，而且也对游客产生了误导，影响了其对相关传说和文化的认知。

在当前中国旅游业中，由于低价旅游等不合理的现象，使得导游成为畸形旅游发展的牺牲品，其薪酬体系存在很大问题，导游的主要收入来源要依靠游客购物、加景点、烧香等的提成，所以基于经济利益等原因，导游的讲解中也会存在一些诱导游客消费的成分，而富含信仰特色的民俗叙事也就成为其主要选择。如笔者在调查中所采录的一则关于岱庙天贶殿的导游词：

> 这个大殿就是宋天贶殿，宋朝修建，天贶是上天恩赐的意思，这个大殿是公元 1009 年，当年的宋真宗给泰山神修了这样一座大殿，这个大殿呢，和我们曲阜孔庙的大成殿，北京故宫的太和殿，共称为东方三大殿，这三大殿呢都是采用的重檐庑殿顶，然后呢，面阔九间，进深五间，按照九五之制修建的。这三个大殿里供奉的呢也确实有灵气，第一个呢是北京的太和殿，它里面呢历代的皇帝，在此处，掌管着天下的官职，所以求官的到北京，第二个呢是曲阜的大成殿，天下第一圣，我们的孔圣人，掌管天下的才气，求才学的就到那去，第三个岱庙天贶殿呢就是掌管平安富贵、生老病死的泰山神，这三大

---

① 吴兴帜：《文化遗产旅游消费的边界体系构建》，《民族艺术》2017 年第 4 期，第 63 页。

殿呢，掌管的确实都是人生最重要的事，所以说无事不登三宝殿。①

只要具备一点佛教知识的游客，都可以轻易发现导游讲解中的谬误之处，将故宫太和殿、孔庙大成殿、岱庙天贶殿称作三宝殿，并与人们所渴求的官运、才学、平安富贵相联系，绝不是导游知识上的纰漏，而是基于利益诉求为诱导游客烧香的策略性讲解。类似岱庙天贶殿的这类神圣叙事，虽然强调了泰山神的职权及灵佑，推动了泰山神圣形象的广泛传播，但经济利益的驱动却也将遗产叙事引向世俗化。

二、仪式叙事的异化

泰山东岳庙会历史悠久，最早可以追溯到唐代，在宋代已经形成定制，《水浒传》中就有过精彩的描写，在明清时期达到鼎盛，是民间为庆贺东岳大帝和碧霞元君的诞辰而产生的一项集信仰、民俗、商贸、娱乐为一体的社会活动。文革时期曾经中断，20世纪80年代末以物资交流会的形式得以复苏。2008年泰山东岳庙会被列入第二批国家级非物质文化遗产名录。

东岳庙会是非物质文化遗产名录中信俗的典型代表，在非遗保护工作的推进中，这类与宗教或民间信仰相关的祭典、庙会等项目，通过突出"民俗性"、弱化信仰因素而实现遗产化。东岳庙会在当代的复兴并不完全是传统庙会的复归，而是受政治、文化等因

---

① 调查人：程鹏；调查时间：2014年7月5日；调查地点：泰安市岱庙景区。

素影响借助于遗产化的民俗主义的再生产。陈进国将这种现象称为"信俗主义",它存在着"诸多信仰传统的挪用、发明乃至创造"。而"这类官民共建的民间文化再生产",则"杂糅着舞台化、主题化、艺术化、商业化乃至族群化、政治化、意识形态化、跨境化等等特性"。① 泰山东岳庙会自被列入国家级非遗名录之后,已经进入以传承保护为主的"非遗后时代",其发展呈现出信俗主义的诸种特征。

(一)信仰功能的弱化

东岳庙会的宗教功能有所减弱,在非遗后时代呈现出信仰弱化的特征。东岳庙会本是民间为庆贺东岳大帝和碧霞元君的诞辰而产生的一项集信仰、民俗、商贸、娱乐为一体的社会活动。但对东岳大帝的信仰在明清时期已经大为减弱,在信众中的地位逐渐被碧霞元君所代替。岱庙虽然是东岳祖庭,然而在经历近现代革命化浪潮之后,信仰活动已经大为减退。在当代的遗产化运动中,庙会这类信俗活动为"脱敏",不得不采取"借名制""双名制"等各种措施去除、隐蔽或弱化其信仰因素,尤其是带有"迷信"色彩的神秘主义事象,从而实现遗产化,成为"非物质文化遗产"和"优秀传统文化"。

此外,泰山东岳庙会的举办地岱庙,不仅是全国重点文物保护单位,也是泰山遗产旅游的重要景点。为了配合旅游发展,泰山东岳庙会的会期选择上,也并非完全沿袭旧俗,而是选择与五一小长

---

① 陈进国:《信俗主义:民间信仰与遗产性记忆的塑造》,《世界宗教研究》2020 年第 5 期,第 59 页。

假部分重合，所以当下的东岳庙会可以说是传统庙会与现代旅游节庆的融合，庙会上不仅有泰安本地的市民，而且还有大量的外地游客，甚至游客数量远大于信众香客。刘晓在对泰山管理部门所做的"泰山民间信仰问卷调查"统计数据进行分析后就指出，"游客的大量增加实际上并没有促使香客增多"。[①] 由于信仰的地域性和民族性以及旅游的目的性等原因，实际上游客在观光旅游中的信仰实践并不多，偶有为之也具有较强的娱乐性和功利性。所以，在当代的遗产旅游中，庙会的信仰功能弱化，而狂欢属性则顺应旅游的需求得到强化。

（二）文化展演的强化

传统的庙会，文化功能并不是最为主要的，然而非遗时代的庙会则以文化展示为主要目的，文化功能占据主导。自东岳庙会被列入国家级非物质文化遗产以来，身为文化部门的庙会承办方有着非常明确的目的，即以文化展示为主。近年来，泰山东岳庙会重点打造齐鲁非物质文化遗产展示基地。庙会承办方同山东省非遗保护中心和各地市非遗部门合作，将山东落子、渔鼓、山东快书、青州挫琴、莱芜张氏吹打乐、道教音乐等极富地域特色的非遗项目引入庙会，在岱庙轮流展示。从静态的书画展、盆景展、奇石展到动态的非遗项目表演、传统手工艺等展示，从少数民族的文化到台湾、韩国的民俗，庙会上更多的是一种文化的呈现，并且这种文化的呈现已经远远突破了地域和民族的限制。而作为辅助的商贸经营，则主

---

① 刘晓：《当代庙会转型与非物质文化遗产保护——以泰山东岳庙会为例》，《青海社会科学》2013 年第 1 期，第 197 页。

要由协办单位来负责，然而即使是商品展销，也是以展为主，以销为辅。例如庙会上多个展示山东传统手工艺的摊位，如泰山木板年画、泰山锯壶、泰山糖人、泰山面塑、泰山竹龙、肥城桃木雕等项目，都是在销售商品的同时进行技艺的展示，突出其文化内涵。

图 6.2　2015 年泰山东岳庙会上的非遗展演①

（三）政治内涵的隐喻

在当代的遗产化运动之中，许多信俗通过各类传统或再造的民俗活动，联系加强区域、民族的团结与文化认同，以增强现代民族国家的政治或文化认同。这类民俗实践，陈进国称之为"政治化的信俗主义"。② 它与民族国家的"爱国主义"精神息息相关，反映

① 拍摄者：程鹏，拍摄时间：2015 年 5 月 4 日，拍摄地点：山东省泰安市岱庙内。
② 陈进国：《信俗主义：民间信仰与遗产性记忆的塑造》，《世界宗教研究》2020 年第 5 期，第 61 页。

了和平、统一、团结等政治内涵，在活动举办上呈现出连续化、年度化、规模化等特征。尤其是涉及海峡两岸及海外华人华侨的相关信仰，其政治化的信俗主义实践活动最为典型。

泰山文化在台湾地区的传播由来已久，明末清初，东岳大帝、碧霞元君金身就已渡海到达台湾。目前，全台湾供奉东岳大帝、碧霞元君的庙宇五十余处。近年来，随着东岳庙会被列入国家级非物质文化遗产名录，泰安与台湾的交流联系日益密切。每年的东岳庙会上，几乎都有台湾的东岳庙信众来参加，如来自宜兰东岳庙、善化东岳殿、高雄龙凤宫、台南东岳殿等宫庙的信众曾先后多次来岱庙，而在启会仪式上，也会安排台湾善化东岳殿主委尤耿村等代表致辞。2019年4月19日—4月25日东岳庙会期间，就有来自台湾善化东岳殿、屏东三圣宫、彰化玉皇宫等地的70余位信众来岱庙参加各类活动。两岸频繁的交流互动，强化了两岸信众的集体记忆，也在岱庙留下了牌匾、轿辇等物，成为政治化信俗主义实践的见证，反映了信俗的文化统合功能。

此外，民族和谐相处的内涵也在东岳庙会中有所体现，如2015年的东岳庙会就引入了少数民族元素，将华夏各民族"和合共生"的主题注入庙会，推出民族美食节、民族歌舞表演、民族特色商品展销、少数民族服饰秀等内容。

如果说后遗产时代的东岳庙会是沿袭民间传统的遗产化信俗，那自2016年起开始举办的"中华民族敬天祈福"大典则是典型的政治化信俗主义实践。连续多年成功举办的泰山敬天祈福大典，囊括了中华民族传统文化交流大会、文化经贸洽谈会和中华民族敬天祈福仪式等内容。它的政治内涵更为宏阔，"弘扬优秀传统文化，增进全球华人交流，促进中华民族团结"的目的更为明确。通过仪式叙事，反映了中国传统文化中的"大一统"思想和"国泰民安"的追求，强化了参与者的国家意识和民族自豪感。

小 结

在遗产旅游的发展过程中，民俗叙事在发挥重要作用的同时，也呈现出弱化与异化的现象。弱化是指民俗叙事在遗产旅游中日益减少，并且向着科学严谨的方向发展。异化则是指在发展过程中出现的偏离民俗叙事本意，甚至有违遗产旅游本质。民俗叙事的弱化与异化，不仅影响着遗产旅游的发展，同时对民俗文化遗产的传承与保护也很不利。

遗产旅游中民俗叙事的弱化，是受科学主义的影响。对于具有世界意义的文化遗产旅游地来说，往往有着丰富的历史文化内涵，科学性解说的要求，使得带有"迷信""虚幻"等色彩的民俗叙事成为被抛弃的对象。在当代遗产旅游的语境中，遗产地往往选择正统的历史文化叙事，对于神话传说等民俗叙事则采取淡化处理。泰山传说虽然被列入国家级非物质文化遗产名录，但其所具有的"迷信落后"的外衣仍未获得认可，在旅游场域中，这些神话传说故事也不断被意识形态编码重构再生产，以一种合理合法化的状态出现。来自民间的导游，作为被规训的群体，其叙事也与官方意识形态相一致。如果说普通民众的口头叙事是一种自娱自乐的自在状态的话，那么导游的口头叙事则是一种职业化的讲述，看似山间野外的叙事场所，其实是一种正式的工作场合，并且其叙事在一定程度上还受到旅游执法部门的监督，所以不能随意信口开河。加上对家乡的自豪感和职业的荣誉感，大多数导游对自我的要求和定位都使得其讲解更加追求严谨，对于民俗叙事采取规避或规范的弱化处理。

在遗产旅游的发展过程中，面对外来游客的凝视，某些遗产地为迎合游客的口味，而在表述上选择西方化、世俗化、碎片化的叙事话语，从而造成了遗产旅游民俗叙事的异化。民俗叙事是生于斯长于斯的地域性产物，当被纳入到现代旅游场域中，其所面对的游客则是来自世界各地。为应对来自西方、异域、他者的凝视，神话的神圣性消解而沦为情节性故事，传说被历史化以应对科学性和合理化的需求，本土的景观名称甚至被更改为西方神话传说中的地名。经济利益与游客兴趣至上的原则，使得遗产在物象叙事方面出现挪用、混用与乱用，在语言叙事上朝向世俗化方向发展，不仅影响着游客对相关文化的认知，对于遗产的传承和保护也有着很大的负面影响。

仪式叙事的异化，不仅体现在泰山东岳庙会弱化信仰、突出文化的遗产化表现，更体现在泰山敬天祈福大典的政治化信俗主义实践。国家权力的隐形在场，使得仪式行为叙事主动弱化信仰以脱敏，并通过文化的展演来统合民众的遗产记忆。此外，遗产旅游的市场化与产业化也加剧了仪式叙事的异化，政治功能与经济利益的双重压力，减弱了仪式的神圣与庄严，突出了仪式的表演性和舞台化。

结　　语

随着遗产概念的不断引申和扩展，世界遗产应运而生，它使遗产突破国界走向世界，在为人类所共享的同时，也使保护由一国之力发展为国际合作。世界遗产的桂冠及其带来的巨大经济效益，使得各国为发展遗产旅游而趋之若鹜。遗产已经成为旅游产业中的一个重要品牌，并日益系统化、规模化，满足着旅游者的文化与精神需求。中国正在经历如火如荼的遗产运动，通过对遗产旅游叙事的研究，反思申遗狂热及遗产旅游的本质问题也就非常必要。

遗产旅游的重要性在于通过开展旅游的方式，使旅游者对遗产的文化和价值有更为深刻的理解，进而提高其认知和保护意识。遗产旅游本质上是一种认同性经济。在遗产旅游中，遗产不是静止静态的存在，是以阐释和展示的形式存在的，在多元的阐释与展示体系中，遗产的价值与意义才得以呈现。而在遗产的阐释与展示过程中，叙事发挥着重要作用。遗产旅游叙事是对遗产的追忆性解读，是表达某种主题、意义或价值的叙事系统。通过挖掘遗产价值并赋予国家或社会层面的主题，遗产旅游叙事可以极大的激发民众的文化自信心、民族自豪感和爱国情怀，充分发挥遗产的教育功能。遗产旅游叙事在遗产保护的基础上提升旅游体验，在遗产旅游过程中传播遗产价值，使遗产保护与旅游发展相得益彰，切实做到在保护中发展、在发展中保护。遗产旅游叙事是一个不断发展扩大的过程，需要多学科、多专业的参与和对话。以民俗叙事为基础的旅游民俗学，在遗产旅游叙事的研究方面可以提供独特的视角和思路。

民俗叙事是负载传统文化、传承民族精神的重要方式，在构建地域与民族国家认同、发展民俗经济、建设公序良俗、提升日常生活境界等方面都发挥着重要作用。在全球化的遗产运动中，民俗叙事在遗产申报、发展旅游、传承历史文化、促进遗产的保护和管理等方面都发挥着重要作用。然而当民俗被置于世界遗产的叙事话语中后，民俗的地域性与遗产的世界性、民俗叙事的艺术性阐释与遗产的科学性解释要求等矛盾也日益凸显。民俗在当下的遗产运动中虽然受到重视，甚至被作为遗产，然而遗产对传统与本真的重视以及遴选机制的标准化，也使得民俗出现固化和趋同倾向，民俗的多元性被遮蔽甚至消失。世界遗产的权威话语一定程度上忽视了民俗的活态发展，忽略了民俗的民族性与地域性。而遗产旅游活动对民俗叙事的选择与商业化改造也改变和遮蔽了原生态的民俗叙事，从而造成了民俗叙事资源的弱化与异化等问题。

作为中国第一个世界文化与自然双重遗产，泰山的遗产化及遗产旅游发展过程具有一定的典型性。在漫长的历史发展过程中，泰山积累了丰富的旅游资源和叙事资源。帝王的封禅祭祀、文人的吟咏题刻、百姓的朝山进香，共同缔造了厚重的泰山文化。在大众旅游发展过程中，民俗叙事由于通俗性、趣味性等特点而成为旅游叙事中的主要方式，官方叙事与文人叙事经由传说化也形成了丰富的民俗叙事资源。通过物象、行为与语言三位一体的叙事体系，泰山的神圣地位及其价值内涵不断得以提升，泰山神灵信仰远播海内外，泰山高大雄伟厚重稳定的形象日益深入人心，使其成为中华民族的象征。

在泰山世界遗产申报书的撰写中，民俗叙事因其解释性、认同性、象征性、凝练性而发挥了重要作用。不仅通过传说赋予景观艺术化的解释，而且通过传统观念的讲述突出了泰山信仰及其神圣地位，充分挖掘了帝王的封禅文化和百姓追求平安的普遍愿望以及中华民族的民俗审美思想，从而突显出泰山作为中华民族的象征所具有的符号意义及在亿万民众心目中的广泛认同性，使泰山成功跻身世界遗产之列。但由于遗产文本书写的科学性体例要求，使民俗叙事散落隐藏于文中，被淡化处理。

在泰山的遗产旅游发展过程中，多维的叙事体系在展示其遗产价值、提升神圣地位方面发挥了重要作用。泰山作为中华民族的象征与世界遗产的价值被不断地强调，泰山的封禅文化和平安文化依然是叙事的重点，在文字叙事和口头叙事中都被凸显。表达泰山神圣地位的"五岳独尊"刻石成为景观叙事的重点，突出泰山神圣性的天地广场和强调泰山神职的五岳真形图是当代景观生产构建神圣空间的重要表现。表演叙事将神圣的封禅仪式与世俗的祈福活动相结合，并借助语言叙事的叠加和游客的体化实践，加深游客的认知。影像叙事选择平安许愿为主题，突出了泰山神祇的灵验与大众追求平安的普遍愿望，突显出泰山的平安文化。

在遗产旅游的发展过程中，民俗叙事在发挥重要作用的同时，也呈现出遗产化的倾向，并出现弱化与异化的现象。泰山导游词的撰写对其遗产价值和意义进行了充分的挖掘和展示。世界遗产解说的科学性要求，使得导游主动规避或规范神话传说等民俗叙事。泰山传说虽然被列入国家级非物质文化遗产名录，但其价值却并未得到充分认可。在旅游场域中，这些神话传说故事也不断被意识形态编码重构再生产，以一种合理合法化的状态出现。面对外来游客的凝视，在经济利益的驱使下，泰山的部分遗产资源在物象叙事方面出现挪用、混用与乱用，在语言叙事上也出现世俗化的倾向。而遗产旅游的市场化与产业化也加剧了仪式叙事的异化，政治功能与经济利益的双重压力，减弱了仪式的神圣与庄严，突出了仪式的表演性和舞台化。

民俗叙事，不仅可以有效的提升、建构、宣传遗产旅游地的价值，促成旅游者的消费意愿，而且在旅游中还可以提升旅游者的游览趣味，增强其对遗产旅游地的感知，并进一步实现重构记忆、提升自我价值的升华。作为文化遗产的民俗叙事本身应该被保护，以避免在遗产旅游中遗失、弱化或异化，而这还需要民俗学者积极介入旅游民俗学的研究与实践之中。

作为旅游民俗学学科基础和前提的民俗叙事，可以开拓遗产旅游的研究。作为旅游资源的民俗事象，不仅可以通过视觉、听觉、触觉等感官获得，更重要的是在于心意上的认同。而实现这一途径的方式，就是民俗叙事。通过物象、语言与行为的三位一体叙事体系，不仅可以实现旅游地权威的提升、资源的掌控和优势的建立，而且可以提升旅游地的文化品位，传承其文化内涵，构建认同性经济。旅游民俗学的研究，不仅是理论层面的思考，同时可以深入应用实践层面推动遗产旅游的发展。具体说来，可以在以下领域有所开拓：

（1）语言叙事分析。旅游民俗学可以充分利用民俗学研究民间叙事的优势，进行民俗学式的遗产旅游研究。在遗产旅游当中，存在着大量的神话、传说、民间故事、歌谣、谚语等民间叙事作品，而且在旅游活动中还在不断产生谚语、笑话、传说、故事等新的民俗事象，这些丰富的研究对象是旅游民俗学研究遗产旅游的重要抓手，而民俗学所积累的口头程式、表演理论、故事形态等都是研究的重要理论基础。

具体应用领域，在文字叙事方面，民俗学者可以在充分掌握遗产旅游文本叙事规律的基础上，撰写相关的旅游文本或对撰写者进行指导，在申报书、旅游指南、宣传册、导游词等文本的撰写方面发挥民俗学的优势。在口头叙事方面，运用民俗学的理论方法，对导游的口头叙事进行细致分析，并在培训指导时予以反馈，可以进一步提高导游的叙事技巧，促进地域文化的传承和传播。

在当代的遗产旅游发展中，许多旅游目的地已经关注到民俗叙事的重要性，在导游词的撰写和导游讲解等方面都有所体现。如泰安市旅游局主编的《畅游泰安——新编导游词》[①] 就是以民俗叙事为主体，在语言上较多的采用口语化语言，并且使用了大量的俗语（谚语、歇后语、顺口溜）和民俗曲艺（山东快书）等形式。其主要撰写者都是来自旅游一线、深度接触大众游客的导游，其中的王立民还是当地拜师学习山东快书的导游之一，不仅在编写导游词的时候将舍身崖一段采用山东快书的形式呈现，而且在日常的带团过程中也会表演这一曲艺形式。

对于导游与导游词，已经有民俗学者展开了相关研究。杨利慧

---

① 　泰安市旅游局：《畅游泰安——新编导游词》，泰安市旅游局内部资料，2010 年。

教授就将导游的叙事表演纳入观察的视野，通过对河北涉县娲皇宫景区的导游词底本以及导游个体的叙事表演的田野研究，展示了遗产旅游语境中神话主义的具体表现和特点，并倡议研究者将神话的整个生命过程综合起来进行整体研究。①

（2）景观叙事设计。景观是旅游景区的主要组成部分，作为游客在视觉上的审美对象，景观也被人们赋予了叙事的功能。景观叙事作为连接过去、现在与未来的桥梁，将时间序列上的叙事功能置于空间层面，将原本不善于叙事的景观，用来叙述表达。景观强大的叙事与表意功能，可以带给观众视觉上的冲击力和心理上的震撼。在当代，根据神话传说等民间叙事作品设计生产的景观越来越多，然而经济利益至上的原则，使得许多景观的生产脱离本源，甚至出现庸俗化的现象。因此，景观生产的合理发展，还需要专业民俗学者的积极介入和引导。

当前一些民俗学者已经对景观叙事有所关注，如余红艳就通过对杭州、镇江和峨眉山的白蛇传景观的梳理，分析了传说与景观的融合，探讨了传说对景观符号的建构和景观变迁对新传说的生产，以及当代多重主体博弈下的景观生产现状。②

（3）表演叙事策划。在当前遗产旅游的开发中，表演项目随处可见，既有直接编排地方曲艺、民族歌舞的表演，也有利用神话传说内容策划设计的话剧、歌剧、舞剧、音乐剧等，这些民俗事象之所以被广泛用于旅游表演中，是由其在地域和民族上的独特性以及

---

① 杨利慧：《遗产旅游：民俗学的视角与实践》，《民俗研究》2014 年第 1 期。
② 余红艳：《景观生产与景观叙事——以"白蛇传"为中心》，华东师范大学博士学位论文，2015 年。

其可观赏性所决定。目前社会学者、人类学者已经有所关注，焦点主要集中于舞台展演、真实性、文化变迁等方面，而民俗学者的研究还不多，尤其是立足表演从旅游民俗学视角展开的研究还较匮乏。美国民俗学家芭芭拉·基尔森布拉特－基姆布拉特（Barbara Kirsbenblatt-Gimblett）曾力图从旅游中寻找表演研究的理论可能性，从表演研究中寻找旅游研究的理论可能性。她的《目的地文化：旅游、博物馆和遗产》① 一书不仅证明了表演研究在旅游分析中的重要性，而且还表明了研究旅游对于理解历史和当代背景下的文化和社会的关联。②

　　（4）影像叙事拍摄。影像叙事因其独特的表现力而在遗产旅游中被经常使用。影像叙事比文字叙事和口头叙事更加立体生动，它以语言文字叙事为基础，辅以图像、画面与声音，可以部分满足人们不能身临其境的缺憾，给人以更直接的视觉冲击。同时借助于现代传媒，还可以起到广泛传播的宣传作用，成为吸引游客前来的重要动力。由于叙事目的、主题、角度、方式等方面的差异，同一个事物在不同的影像中往往有着不同的形象，观众也会形成不同的认知。在影像拍摄中，不仅要遵从影像叙事的标准，还应立足影视民俗学的视角进行思考。怎样讲述民俗或利用民俗展开叙事，在旅游宣传片、纪录片、微电影的拍摄中，怎样选取叙事的视角及程式，是民俗学者可以思考的，而相关的研究成果也可以促进影视民俗学

① Barbara Kirshenblatt-Gimblett, *Destination Culture: Tourism, Museums, and Heritage*, University of California Press, 1998.

② Adrian Franklin, Performing Live: An Interview with Barbara Kirshenblatt-Gimblett, *Tourist Studies*, 2001, vol. 1（3）.

的发展。

(5)口述史的运用。口述史，既是历史研究的一种方法，又是一种史学成果形式。即由准备完善的访谈者通过笔录、录音、录像等方式记录收集当事人或知情者的口述史料，然后与相关文字档案、文献史料、实物史料相互印证，整理成文字、音像史料。

从口述史料层面来说，口述史在遗产旅游中可以发挥重要作用，关于旅游地居民、规划建设者或旅游者的口述史，可以组成大型的语料库，运用于规划设计、旅游宣传、景点讲解等方面。录音录像所能提供的声音和图像，鲜活原真接地气，增加了历史记忆的可读性。国外许多遗产旅游地都大量运用了口述史，如游客参观世界遗产自由女神像时，可以从电子导游器中听到当年第一批移民的口述，游客参观中途岛号航空母舰博物馆，可以在电子导游器中听到曾在此服役的各个部门的官兵对当年生活的口述，这些口述史带给人的真实感和代入感，是单纯的文字叙事所无法比拟的。

从口述史学层面来说，口述史在遗产旅游研究中对于历史记忆等问题的处理具有独特的优势，不仅可以描述旅游文化变迁，完整记录和分析旅游文化记忆，还可以通过对话、交流、反思等手段建构立体的历史图景，探究和呈现旅游的历史进程。

目前国内对于口述史在遗产旅游中的应用和研究已经展开探索，"周庄古镇保护与旅游发展口述史"课题组采访了116位决策者、实施者、支持者、亲历者，共形成访谈录音5 G、视频录像500 G、口述实录文字121万字，拍摄访谈照片2 300余张，搜集老照片220张。最终选取了48个人的口述整理材料，完成约20万字的《周庄古镇保护与旅游发展口述史》。① 王雷亭主编的《泰山旅游四十年口述史》，通过 44 位访谈对象的口述，从旅游管理、旅游研究与教育、旅游实业等视角再现了泰山旅游自改革开放以来的发展历程。

对于旅游民俗学的研究领域还可以继续开拓，面对浩如烟海的资源，目前的研究成果只是沧海一粟，许多研究问题仍亟待我们去努力解决。旅游民俗学的研究既要服务现实，也要有理论提升。旅游民俗学的研究任重而道远，但我愿与有志于此的学者一起努力开拓，勤耕于此。

---

① 昆山市地方志办公室，《周庄古镇保护与旅游发展口述史》出版，江苏地情网，
http：//jssdfz. jiangsu. gov. cn/art/2019/10/30/art _ 57913 _ 8746756. html.

参 考 文 献

英文文献

［1］Adrian Franklin, Performing Live: An Interview with Barbara Kirshenblatt-Gimblett, *Tourist Studies*, 2001, vol. 1(3).

［2］Ashworth, G. J. , Brian Graham & J. E. Tunbridge, *Pluralising Pasts: Heritage*, *Identity and Place in ulticultural Societies*, London: Ann Arbor, MI: Pluto Press. 2007.

［3］Barbara Kirshenblatt — Gimblett, Theorizing Heritage, *Ethnomusicology*, Vol. 39, No. 3, 1995.

［4］Bar-bara Kirshenblatt-Gimblett, *Destination Culture: Tourism*, *Museums*, *and Heritage*, University of California Press, 1998.

［5］B. Kirshenblatt-Gimblett, Intangible heritage as metacultural production, *Museum International* 2004, 56(1—2).

［6］Bendix, Regina. On the Road to Fiction: Narrative Reification in Austrian Cultural Tourism, *Ethnologia Europaea*, 1999, 29 (1).

［7］Bill Ellis. Whispers in an ice cream parlor: Culinary Tourism, Contemporary Legends, and the Urban Interzone, *Journal of American Folklore* 2009(122).

［8］Bunten, Alexis Celeste. Sharing Culture or Selling Out? Developing the Commodified Persona in the Heritage Industry, *American Ethnologist*, 2008

Aug; 35 (3).

[9] Candace Slater, Geoparks and Geostories Ideas of Nature Underlying the UNESCO Araripe Basin Project and Contemporary "Folk" Narratives, *Latin American Research Review*, Special Issue. 2011.

[10] David B. Weaver. Contemporary Tourism Heritage as Heritage Tourism Evidence from Las Vegas and Gold Coast, *Annals of Tourism Research*, Vol. 38, No. 1, 2011.

[11] David Lowenthal, *The Past is A Foreign Country*, Cambridge: Cambridge University press, 1985.

[12] David L, Uzzell R. Ballantyne (eds.). *Contemporary Issues in Heritage and Environmental Interpretation: Problems and Prospects*, London: The Stationery Office, 1998.

[13] Deepak Chhabra, Robert Healy, Erin Sills, Staged authenticity and heritage tourism, *Annals of Tourism Research*, 2003, 30(3).

[14] De Certeau, Michel, *The Practice of Everyday Life*, Berkeley 1984.

[15] Elizabeth Furniss, Timeline History and the Anzac Myth: settler narratives of local history in a north Australian town, *Oceania*, 2001(71).

[16] Flory Ann Mansor Gingging. "I Lost My Head in Borneo": Tourism and the Refashioning of the Head hunting Narrative in Sabah, Malaysia, *Cultural Analysis*, 2007(6).

[17] Freeman Tilden, *Interpreting Our Heritage*, Chapel Hill: The University of North Carolina Press, 1957.

[18] Gundolf Graml. "We Love Our Heimat, but We Need Foreigners" Tourism and the Reconstruction of Austria, 1945—1955, *Journal of Austrian Studies*, Vol 46, No. 3. 2013.

［19］Hyung yu Park. Heritage Tourism: Emotional Journeys into Nationhood, *Annals of Tourism Research*, Vol. 37, No. 1, 2010.

［20］John Ruskin, "The Lamp of Memory", Laurajane Smith Edi. *Cultural Heritage: Critical Conceptsin Media and Cultural Studies*. London and New York: Routledge, 2007. P99.

［21］M. Laenen, "Looking for the Future Through the Past", D. L. Uzzell,. (eds.) *Heritage Interpretation*. Vol/I The Natural and Built Environment. London & NewYork: Belhaven Press. 1989.

［22］Matthew Potteiger, Jamie Purinton, *Landscape Narratives: Design Pratices for Telling Stories*, New York, Chichester: John Wiley, 1998.

［23］Michael Dylan Foster. The UNESCO Effect: Confidence, Defamiliarization, and a New Element in the Discourse on a Japanese Island, *Journal of Folklore Research*, 2011, 48(1).

［24］Mikkonen, Kai, The "Narrative is Travel" Metaphor: Between Spatial Sequence and Open Consequence, *Narrative* 15, 3 (2007).

［25］Moseardo, Gjanna. Mindful Visitors: Heritage and tourism. *Annals of Tourism Research*, 1996, 23(2).

［26］Nuryanti W, Heritage and Postmodern Tourism, *Annals of Tourism Research*, 1996, 23(2).

［27］Olsen D H, Timothy D J, Contested religious heritage: Differing views of mormon Heritage, *Tourism Recreation Research*, 27(2), 2002.

［28］P. Boniface, & P. J. Fowler, *Heritage and Tourism in "the global village"*. London and New York: Routledge. 1993.

［29］Sheila Bock, "What happens here, stays here" selling the untellable in a tourism advertising campaign, *western folklore* 73. 2/3 (spring 2014).

［30］Sidney C. H. Cheung，The meanings of a heritage trall in Hong Kong，*Annals of Tourism Research*，1999，26(3).

［31］Tuomas Hovi，The Use of History in Dracula Tourism in Romania，*Folklore: Electronic Journal of Folklore*，2014(57).

［32］Yale，P. *From Tourist Attractions to Heritage Tourism*，Huntingdon：ELM Publications. 1991.

［33］Yaniv Poria，Richard Butler，David Airey，"The core of heritage tourism"，*Annals of Tourism Research*，2003，30(1).

［34］Zhu，Y，*Heritage Tourism: From Problems to Possibilities*. Cambridge University Press：Cambridge. 2021.

古籍

［1］《十三经注疏·毛诗正义·鲁颂》，中华书局，1980年。

［2］《十三经注疏·尚书正义·舜典》，中华书局，1980年。

［3］《十三经注疏·春秋左传正义》，中华书局，1980年。

［4］《十三经注疏·礼记正义·王制第五》，中华书局，1980年。

［5］（汉）司马迁撰，（宋）裴骃集解，（唐）司马贞索引，（唐）张守节正义：《史记》，中华书局，2014年。

［6］（汉）班固撰，（唐）颜师古注：《汉书》，中华书局，2012年。

［7］（南朝宋）范晔撰，（唐）李贤等注：《后汉书》，中华书局，2012年。

［8］（后晋）刘昫等撰：《旧唐书》，中华书局，2000年。

［9］（元）脱脱等撰：《宋史》，中华书局，2000年。

［10］（宋）陈淳著，熊国祯、高流水点校：《北溪字义·鬼神·论淫祀》，中华书局，1983年。

［11］（宋）王鼎：《大宋国忻州定襄县蒙山乡东霍社新建东岳庙碑铭》，载

《续修四库全书·史部·山右石刻丛编·卷十二》，上海古籍出版社，2002年。

[12]（元）马端临：《文献通考·卷八十三·郊社考·祀山川》，浙江古籍出版社，2000年。

[13]（元）赵天麟：《太平金镜策·卷四·停淫祀》，载《续修四库全书·史部》，上海古籍出版社，2002年。

[14]（明）张岱：《陶庵梦忆·西湖梦寻》，上海古籍出版社，1982年。

[15]罗振玉编纂：《贞松堂集古遗文·卷十五·地券》，北京图书馆出版社，2003年。

[16]民国《重修泰安县志》卷十四《艺文志·金石》，民国18年（1929年）。

专著

[1]［法］莫里斯·哈布瓦赫：《论集体记忆》，毕然、郭金华译，上海人民出版社，2002年。

[2]［法］让·鲍德里亚：《消费社会》，刘成富、全志钢译，南京大学出版社，2001年。

[3]［法］热拉尔·热奈特：《叙事话语·新叙事话语》，王文融译，中国社会科学出版社，1990年。

[4]［芬兰］尤嘎·尤基莱托：《建筑保护史》，郭旃译，中华书局，2011年。

[5]［美］保罗·康纳顿：《社会如何记忆》，纳日碧力戈译，上海人民出版社，2000年。

[6]［美］费尔登·贝纳德，朱卡·朱查托：《世界文化遗产地管理指南》，刘永孜、刘迪等译，同济大学出版社，2008年。

[7]［美］理查德·鲍曼：《作为表演的口头艺术》，杨利慧、安德明译，广

西师范大学出版社，2008 年。

［8］［美］纳尔逊·格雷本：《人类学与旅游时代》，赵红梅译，广西师范大学出版社，2009 年。

［9］［美］纳什·戴尼森：《旅游人类学》，宗晓莲译，云南大学出版社，2004 年。

［10］［美］欧文·戈夫曼：《日常生活中的自我呈现》，冯钢译，北京大学出版社，2008 年。

［11］［美］爱德华·W·萨义德：《文化与帝国主义》，北京三联书店，2003 年。

［12］［美］瓦伦·L·史密斯主编：《东道主与游客——旅游人类学研究》，张晓萍等译，云南大学出版社，2002 年。

［13］［日］柳田国男：《传说论》，连湘译，中国民间文艺出版社，1985 年。

［14］［瑞士］费尔迪南·德·索绪尔：《普通语言学教程》，高明凯译，商务印书馆，2009 年。

［15］［西］萨尔瓦多·穆尼奥斯·比尼亚斯：《当代保护理论》，张鹏、张怡欣、吴霄婧译，同济大学出版社，2012 年。

［16］［英］查·索·博尔尼：《民俗学手册》，程德琪等译，上海文艺出版社，1995 年。

［17］［英］戴伦·J. 蒂莫西、斯蒂芬·W. 博伊德：《遗产旅游》，程尽能主译，旅游教育出版社，2007 年。

［18］［英］约翰·厄里、乔纳斯·拉森：《游客的凝视：第三版》，黄宛瑜译，格致出版社、上海人民出版社，2016 年。

［19］北京大学世界遗产研究中心编：《世界遗产相关文件选编》，北京大学出版社，2004 年。

［20］程蔷：《中国民间传说》，浙江教育出版社，1995 年。

[21] 江帆：《民间口承叙事论》，黑龙江人民出版社，2003 年。

[22] 姜南：《云南诸葛亮南征传说研究》，民族出版社，2012 年。

[23] 李继生：《古老的泰山》，新世界出版社，1987 年。

[24] 李继生：《泰山游览指南》，山东友谊书社，1987 年。

[25] 李茂肃等编：《泰山历代游记选》，山东友谊出版社，1986 年。

[26] 林源：《中国建筑遗产保护基础理论》，中国建筑工业出版社，2012 年。

[27] 刘慧：《泰山信仰与中国社会》，上海人民出版社，2011 年。

[28] 刘秀池：《泰山大全》，山东友谊出版社，1995 年。

[29] 罗钢：《叙事学导论》，云南人民出版社，1994 年。

[30] 马铭初、严澄非：《岱史校注》，青岛海洋大学出版社，1992 年。

[31] 聂剑光著，岱林等点校：《泰山道里记》，山东友谊书社，1987 年。

[32] 彭兆荣：《旅游人类学》，民族出版社，2004 年。

[33] 彭兆荣：《遗产：反思与阐释》，云南教育出版社，2008 年。

[34] 彭兆荣：《文化遗产学十讲》，云南教育出版社，2012 年。

[35] 彭兆荣：《生生遗续 代代相承——中国非物质文化遗产体系研究》，北
     京大学出版社，2018 年。

[36] 邱扶东：《民俗旅游学》，立信会计出版社，2006 年。

[37] 曲进贤主编：《泰山通鉴》，齐鲁书社，2005 年。

[38] 山东省地方史志编纂委员会：《山东省志·泰山志》，中华书局，
     1993 年。

[39] 山东省泰山管理处编：《泰山游览手册》，山东人民出版社，1958 年。

[40] 山曼主编，袁爱国撰：《泰山风俗》，济南出版社，2001 年。

[41] 泰山风景名胜区管理委员会编：《百年泰山（1900—2000）》，山东画
     报出版社，2001 年。

[42] 屠如骥：《旅游心理学》，南开大学出版社，1986 年。

［43］汤贵仁、刘慧：《泰山文献集成》，泰山出版社，2005 年。

［44］汤贵仁：《泰山封禅与祭祀》，齐鲁书社，2003 年。

［45］田兆元、敖其主编：《民间文学概览》，华东师范大学出版社，2009 年。

［46］王雷亭：《泰山旅游发展研究》，山东人民出版社，2013 年。

［47］王雷亭主编：《泰山旅游四十年口述史》，山东人民出版社，2020 年。

［48］王鲁湘：《中华泰山》，五洲传播出版社，2000 年。

［49］徐赣丽：《民俗旅游与民族文化变迁——桂北壮瑶三村考察》，民族出版社，2006 年。

［50］许兴凯：《泰山游记》，读卖社，1934 年。

［51］杨义：《中国叙事学》，人民出版社，1997 年。

［52］叶涛：《泰山石敢当》，浙江人民出版社，2007 版。

［53］叶涛：《泰山香社研究》，上海古籍出版社，2009 年。

［54］易君左原著，周郢续纂：《泰山国山议》，五洲传播出版社，2013 年。

［55］张晨霞：《帝尧传说与地域文化》，学苑出版社，2013 年。

［56］张朝枝：《旅游与遗产保护——基于案例的理论研究》，南开大学出版社，2008 年。

［57］泰安市旅游局：《畅游泰安——新编导游词》，泰安市旅游局内部资料，2010 年。

［58］中华人民共和国城乡建设环境保护部：《世界遗产申报书·泰山（中文版）》，新世出版社，1986 年。

［59］中华人民共和国文化和旅游部国际交流与合作局编：《联合国教科文组织〈保护非物质文化遗产公约〉基础文件汇编（2016 版）》，内部资料，2019 年。

［60］中国生计调查会所编：《中国各省秘密生涯》，上海文书局，1920 年。

［61］周宪：《视觉文化的转向》，北京大学出版社，2008 年。

［62］周郢：《周郢文史论文集：泰山历史研究》，山东文艺出版社，1997 年。

［63］朱俭编纂：《泰山研究资料索引》，北京图书馆出版社，2004 年。

学位论文

［1］丰湘：《明清时期泰山旅游活动探析》，曲阜师范大学硕士学位论文，2006 年。

［2］高洁：《世界文化遗产保护与旅游开发研究——以泰山为例》，山东大学硕士学位论文，2006 年。

［3］郭海红：《继承下的创新轨辙——70 年代以来日本民俗学热点研究》，山东大学博士学位论文，2009 年。

［4］马明：《基于旅游者感知的泰山旅游形象评价与改善策略研究》，山东大学硕士学位论文，2008 年。

［5］孟华：《中国山岳型"世界自然－文化遗产"的人地和谐论》，河南大学博士学位论文，2006 年。

［6］孟昭锋：《明清时期泰山神灵变迁与进香地理研究》，暨南大学硕士学位论文，2010 年。

［7］彭传新：《品牌叙事理论研究：品牌故事的建构和传播》，武汉大学博士学位论文，2011 年。

［8］曲忠生：《中国世界遗产旅游开发与规划管理研究》，山东大学硕士学位论文，2006 年。

［9］游红霞：《民俗学视域下的朝圣旅游研究——以普陀山观音圣地为中心的考察》，华东师范大学博士学位论文，2018 年。

［10］于凤贵：《人际交往模式的改变与社会组织的重构——现代旅游的民俗学研究》，山东大学博士学位论文，2014 年。

［11］余红艳：《景观生产与景观叙事——以"白蛇传"为中心》，华东师范

大学博士学位论文，2015 年。

［12］张权：《唐宋时期泰山地区景观资源与旅游活动研究》，河南大学硕士
学位论文，2013 年。

论文

［ 1 ］［日］森田真也：《民俗学主义与观光——民俗学中的观光研究》，
［日］西村真志叶译，《民间文化论坛》2007 年第 1 期。

［ 2 ］［英］麦夏兰（Sharon Macdonald）：《记忆、物质性与旅游》，兰婕、
田蕾译，汤芸校，《西南民族大学学报》（人文社会科学版）2014 年第
9 期。

［ 3 ］劳拉简·史密斯：《游客情感与遗产制造》，《贵州社会科学》2014 年
第 12 期。

［ 4 ］劳拉简·史密斯：《遗产本质上都是非物质的：遗产批判研究和博物
馆研究》，张煜译，《文化遗产》2018 年第 3 期。

［ 5 ］巴莫曲布嫫：《非物质文化遗产：从概念到实践》，《民族艺术》2008
年第 1 期。

［ 6 ］陈岗：《杭州西湖文化景观的语言符号叙事——基于景区营销、文化
传播与旅游体验文本的比较研究》，《杭州师范大学学报》（社会科学
版）2015 年第 2 期。

［ 7 ］陈进国：《信俗主义：民间信仰与遗产性记忆的塑造》，《世界宗教研
究》2020 年第 5 期。

［ 8 ］陈宁：《基于扎根理论的泰山风景区旅游形象感知研究》，《湖北文理
学院学报》2018 年第 8 期。

［ 9 ］程蔷：《从董永故事看民间叙事的"复合"性》，《民间文化》2001 年
第 1 期。

〔10〕程蔷：《祭祀与民间行为叙事》，《民俗研究》2001 年第 1 期。

〔11〕陈泳超：《民间叙事中的"伦理悬置"现象——以陆瑞英演述的故事为例》，《民俗研究》2009 年第 2 期。

〔12〕董乃斌、程蔷：《民间叙事论纲（上）》，《湛江海洋大学学报》2003 年第 2 期。

〔13〕董乃斌、程蔷：《民间叙事论纲（下）》，《湛江海洋大学学报》2003 年第 5 期。

〔14〕段超、黎帅：《导游与湘鄂西民族旅游区文化变迁》，《中南民族大学学报》（人文社会科学版），2017 年第 4 期。

〔15〕娥满：《学者在场与遗产制造》，《云南师范大学学报》（哲学社会科学版）2010 年第 3 期。

〔16〕范可：《传统与地方——"申遗"现象所引发的思考》，《江苏行政学院学报》2007 年第 4 期。

〔17〕范可：《"申遗"：传统与地方的全球化再现》，《广西民族大学学报》（哲学社会科学版）2008 年第 5 期。

〔18〕范可：《在野的全球化：旅行、迁徙、旅游》，《中南民族大学学报》（人文社会科学版）2013 年第 1 期。

〔19〕樊友猛、谢彦君：《记忆、展示与凝视：乡村文化遗产保护与旅游发展协同研究》，《旅游科学》2015 年第 1 期。

〔20〕高健：《遗产旅游语境中神话的神圣性再造——以佤族司岗里为个案》，《广西民族大学学报》（哲学社会科学版）2021 年第 1 期。

〔21〕高健：《神话主义与模棱的原始性——云南少数民族节庆旅游中神话的时间叙事》，《西北民族研究》2023 年第 4 期。

〔22〕葛荣玲：《遗产研究：理论视角探索》，《徐州工程学院学报》（社会科学版），2012 年第 1 期。

［23］耿波：《"后申遗"时代的公共性发生与文化再生产》，《中南民族大学学报》（人文社会科学版）2012 年第 1 期。

［24］江帆：《民间叙事的即时性与创造性——以故事家谭振山的叙事活动为对象》，《民间文化论坛》2004 年第 4 期。

［25］郎玉屏：《旅游语境下世界遗产本真性价值解读及展现》，《西南民族大学学报》（人文社会科学版）2012 年第 6 期。

［26］李春霞：《由名胜古迹谈遗产的中国范式：以"天地之中"为例》，《贵州社会科学》2013 年第 4 期。

［27］李拉扬：《旅游凝视：反思与重构》，《旅游学刊》2015 年第 2 期。

［28］李继生：《泰山世界遗产的特征及其价值》，《中国园林》1989 年第 1 期。

［29］李志飞、张晨晨：《场景旅游：一种新的旅游消费形态》，《旅游学刊》2020 年第 3 期。

［30］梁家胜：《民间叙事的智慧与策略》，《青海社会科学》2014 年第 3 期。

［31］刘丹萍：《旅游凝视：从福柯到厄里》，《旅游学刊》2007 年第 6 期。

［32］刘慧：《泰山祭祀及其宗教特征》，《民俗研究》2007 年第 3 期。

［33］刘铁梁：《村庄记忆——民俗学参与文化发展的一种学术路径》，《温州大学学报》（社会科学版），2013 年第 5 期。

［34］刘锡诚：《民俗旅游与旅游民俗》，《民间文化论坛》1995 年第 1 期。

［35］刘锡诚：《旅游与传说》，《民俗研究》1995 年第 1 期。

［36］刘晓：《当代庙会转型与非物质文化遗产保护——以泰山东岳庙会为例》，《青海社会科学》2013 年第 1 期。

［37］刘晓春：《民俗旅游的文化政治》，《民俗研究》2001 年第 4 期。

［38］刘晓春：《民俗旅游的意识形态》，《旅游学刊》2002 年第 1 期。

［39］卢天玲、甘露：《神圣与世俗：旅游背景下佛教寺院建筑功能及其空间转化与管理》，《人文地理》2009 年第 1 期。

［40］吕继祥：《试谈泰山民俗文化与民俗旅游资源的开发》，《民俗研究》1990 年第 3 期。

［41］马翀炜：《旅游·故事·文化解释》，《吉首大学学报》（社会科学版）2000 年第 4 期。

［42］马明：《熟悉度对旅游目的地形象影响研究——以泰山为例》，《旅游科学》2011 年第 2 期。

［43］马秋芳：《旅游地媒体符号的内容分析——以陕西省为例》，《旅游科学》2011 年第 3 期。

［44］米山：《从祈国泰到民求安——泰山宗教信仰的嬗变》，《聊城大学学报》（社会科学版）2010 年第 3 期。

［45］闵庆文：《"科学性解说"是遗产旅游科学发展不可忽视的一个方面》，《旅游学刊》2012 年第 6 期。

［46］牛光夏：《"非遗后时代"传统民俗的生存语境与整合传播——基于泰山东岳庙会的考察》，《民俗研究》2020 年第 2 期。

［47］潘皓、王悦来：《短视频叙事与中华文化国际传播——以 YouTube 平台李子柒短视频为例》，《中国电视》2020 年第 10 期。

［48］潘君瑶：《遗产的社会建构：话语、叙事与记忆——"百年未有之大变局"下的遗产传承与传播》，《民族学刊》2021 年第 4 期。

［49］彭丹：《"旅游人"的符号学分析》，《旅游科学》2008 年第 4 期。

［50］彭兆荣、葛荣玲：《遗产的现形与现行的遗产》，《湖南社会科学》2009 年第 6 期。

［51］彭兆荣、秦红岭、郭旃等：《笔谈：阐释与展示——文化遗产多重价值的时代建构与表达》，《中国文化遗产》2023 年第 3 期。

［52］彭兆荣：《"遗产旅游"与"家园遗产"：一种后现代的讨论》，《中南民族大学学报》（人文社会科学版），2007 年第 5 期。

［53］彭兆荣：《论身体作为仪式文本的叙事——以瑶族"还盘王愿"仪式为例》，《民族文学研究》2010 年第 2 期。

［54］彭兆荣：《现代旅游中的符号经济》，《江西社会科学》2005 年第 10 期。

［55］彭兆荣：《遗产政治学：现代语境中的表述与被表述关系》，《云南民族大学学报》（哲学社会科学版），2008 年第 2 期。

［56］彭兆荣、吴兴帜：《客家土楼：家园遗产的表述范式》，《贵州民族研究》2008 年第 6 期。

［57］彭兆荣、郑向春：《遗产与旅游：传统与现代的并置与背离》，《广西民族研究》2008 年第 3 期。

［58］秦红岭：《论运河遗产文化价值的叙事性阐释——以北京通州运河文化遗产为例》，《北京联合大学学报》（人文社会科学版）2017 年第 4 期。

［59］宋秋、杨振之：《场域：旅游研究新视角》，《旅游学刊》2015 年第 9 期。

［60］宋奕：《话语中的文化遗产：来自福柯"知识考古学"的启示》，《西南民族大学学报》（人文社会科学版）2014 年第 8 期。

［61］宋振春、陈方英、宋国惠：《基于旅游者感知的世界文化遗产吸引力研究——以泰山为例》，《旅游科学》2006 年第 6 期。

［62］唐晓岚、修梅艳：《诗歌点题在景观叙事中的设计实践——关于新城区道路植物景观设计的探讨》，《林业科技开发》2010 年第 4 期。

［63］陶思炎：《石敢当与山神信仰》，《艺术探索》2006 年第 1 期。

［64］田承军：《东岳庙会联合申报国家暨联合国非物质文化遗产自议》，

《长江文化论丛》，2007 年。

［65］田兆元、程鹏：《旅游民俗学的学科基础与民俗叙事问题研究》，《赣南师范大学学报》2017 年第 1 期。

［66］田兆元：《关注非物质文化遗产保护背景下的民俗文化与民俗学学科的命运》，《河南社会科学》2009 年第 3 期。

［67］田兆元：《神话的构成系统与民俗行为叙事》，《湖北民族学院学报》（哲学社会科学版）2011 年第 6 期。

［68］田兆元：《中国"非遗"名录及其存在的三大问题》，载杨正文、金艺风主编：《非物质文化遗产保护"东亚经验"》，民族出版社，2012 年。

［69］田兆元：《民俗学的学科属性与当代转型》，《文化遗产》2014 年第 6 期。

［70］田兆元、阳玉平：《中国新时期民俗学研究》，《社会科学家》2014 年第 6 期。

［71］王京传、李天元：《世界遗产与旅游发展：冲突、调和、协同》，《旅游学刊》2012 年第 6 期。

［72］王志清：《从后稷感生神话到后稷感生传说的"民俗过程"——以旅游情境中的两起故事讲述事件为研究对象》，《青海社会科学》2014 年第 6 期。

［73］万建中：《非物质文化遗产与"物质"的关系——以民间传说为例》，《北京师范大学学报》（社会科学版）2006 年第 6 期。

［74］万建中：《寻求民间叙事》，《民族文学研究》2004 年第 4 期。

［75］吴必虎、李咪咪、黄国平：《中国世界遗产地保护与旅游需求关系》，《地理研究》2002 年第 5 期。

［76］吴丽云：《真实性、完整性原则与泰山世界遗产资源保护》，《社会科

学家》2009 年第 4 期。

［77］吴茂英：《旅游凝视：评述与展望》，《旅游学刊》2012 年第 3 期。

［78］武文：《民俗叙事方式与民俗学话语系统》，《民间文化论坛》2005 年第 2 期。

［79］吴兴帜：《文化遗产旅游消费的边界体系构建》，《民族艺术》2017 年第 4 期。

［80］谢彦君、彭丹：《旅游、旅游体验和符号——对相关研究的一个评述》，《旅游科学》2005 年第 6 期。

［81］徐赣丽、黄洁：《资源化与遗产化：当代民间文化的变迁趋势》，《民俗研究》2013 年第 5 期。

［82］徐嵩龄：《我国遗产旅游的文化政治意义》，《旅游学刊》2007 年第 6 期。

［83］燕海鸣：《"遗产化"中的话语和记忆》，《中国社会科学报》，2011 年 8 月 16 日第 12 版。

［84］杨利慧：《表演理论与民间叙事研究》，《民俗研究》2004 年第 1 期。

［85］杨利慧：《民间叙事的传承与表演》，《文学评论》2005 年第 2 期。

［86］杨利慧：《遗产旅游：民俗学的视角与实践》，《民俗研究》2014 年第 1 期。

［87］杨利慧：《遗产旅游与民间文学类非物质文化遗产保护的"一二三模式"——从中德美三国的个案谈起》，《民间文化论坛》2014 年第 1 期。

［88］杨利慧：《遗产旅游语境中的神话主义——以导游词底本与导游的叙事表演为中心》，《民俗研究》2014 年第 1 期。

［89］杨泽经：《从导游词底本看女娲神话的当代传承——河北涉县娲皇宫五份导游词历时分析》，《长江大学学报》（社科版），2014 年第 5 期。

［90］叶涛：《碧霞元君信仰与华北乡村社会——明清时期泰山香社考论》，《文史哲》2009 年第 2 期。

［91］叶涛：《泰山香社起源考略》，《西北民族研究》2004 年第 3 期。

［92］余红艳：《走向景观叙事：传说形态与功能的当代演变研究——以法海洞与雷峰塔为中心的考察》，《华东师范大学学报》（哲学社会科学版）2014 年第 2 期。

［93］于佳平、张朝枝：《遗产与话语研究综述》，《自然与文化遗产研究》2020 年第 1 期。

［94］岳永逸：《裂变中的口头传统——北京民间文学的传承现状研究》，《民族艺术》2010 年第 1 期。

［95］张朝枝、保继刚：《国外遗产旅游与遗产管理研究——综述与启示》，《旅游科学》2004 年第 4 期。

［96］张朝枝、李文静：《遗产旅游研究：从遗产地的旅游到遗产旅游》，《旅游科学》2016 年第 1 期。

［97］张朝枝、屈册、金钰涵：《遗产认同：概念、内涵与研究路径》，《人文地理》2018 年第 4 期。

［98］张成渝、谢凝高：《"真实性和完整性"原则与世界遗产保护》，《北京大学学报》（哲学社会科学版）2003 年第 2 期。

［99］张晨霞：《帝尧传说、文化景观与地域认同——晋南地方政府的景观生产路径之考察》，《文化遗产》2013 年第 1 期。

［100］张多：《遗产化与神话主义：红河哈尼梯田遗产地的神话重述》，《民俗研究》2017 年第 6 期。

［101］张进福：《神圣还是世俗——朝圣与旅游概念界定及比较》，《厦门大学学报》（哲学社会科学版）2013 年第 1 期。

［102］张骁雷：《泰山儒释道文化的互动与变迁——以泰山神信仰为例》，

《山东科技大学学报》（社会科学版）2009 年第 2 期。

［103］张晓萍、黄继元：《纳尔逊·格雷本的"旅游人类学"》，《思想战线》2000 年第 2 期。

［104］赵红梅：《论遗产的价值》，《东南文化》2011 年第 5 期。

［105］赵红梅：《论遗产的生产与再生产》，《徐州工程学院学报》（社会科学版）2012 年第 3 期。

［106］赵桅：《从"遗产化"看遗产的生产与再生产——以老司城为例》，《中央民族大学学报》（哲学社会科学版）2019 年第 1 期。

［107］赵毅衡：《符号学文化研究：现状与未来趋势》，《西南民族大学学报》（人文社科版）2009 年第 12 期。

［108］郑晴云：《朝圣与旅游：一种人类学透析》，《旅游学刊》2008 年第 11 期。

［109］钟福民、张杨格：《浅议旅游宣传片的传播语境、叙事特征及文化意义》，《中国电视》2019 年第 2 期。

［110］周宪：《现代性与视觉文化中的旅游凝视》，《天津社会科学》2008 年第 1 期。

［111］周星：《旅游场景与民俗文化》，《西北民族研究》2013 年第 4 期。

［112］朱竑、李鹏、吴旗涛：《中国世界遗产类旅游产品的感知度研究》，《旅游学刊》2005 年第 5 期。

［113］朱卿：《试论行为叙事作为民间叙事研究对象的可能性》，《贵州师范学院学报》，2015 年第 5 期。

［114］宗晓莲：《西方旅游人类学研究述评》，《民族研究》2001 年第 3 期。

网络文献

［1］联合国教科文组织官网，https://unesdoc.unesco.org/

［2］联合国教科文组织遗产委员会，http：//whc. unesco. org/

［3］国际古迹遗址理事会（ICOMOS），https：//www. icomos. org/

［4］中国古迹遗址保护协会，http：//www. icomoschina. org. cn/

［5］中国泰山风景名胜区官方网站，http：//www. mount－tai. com. cn/

［6］泰安市人民政府门户网站，http：//www. taian. gov. cn/tsly/lyzx/201601/
　　t20160105_600350. html

［7］泰安旅游政务网，http：//www. tata. gov. cn/lvyouju/dianshiju/1726. htm

［8］泰山封禅大典实景演出官方网站，http：//www. taishanfs. com/

［9］泰山学者李继生的博客，http：//blog. sina. com. cn/taishanxuezhe

［10］马东盈－登泰山看世界的博客，http：//blog. sina. com. cn/taishannet

［11］周郢读泰山的博客，http：//blog. sina. com. cn/zy4821330

附录一

相 关 表 格

（一）古代帝王封禅祭祀泰山一览表

朝代	帝王	时间	地点	遗迹
夏	禹	公元前 21 世纪	封泰山、禅会稽	/
商	汤	公元前 16 世纪	封泰山、禅云云	/
周	周成王	公元前 11 世纪	封泰山、禅社首山	岱阴周明堂遗址
秦	始皇嬴政	始皇二十八年 （前 219）	封泰山、禅梁父山	五大夫松
	二世胡亥	二世皇帝元年 （前 209）	封泰山、禅梁父山	岱庙秦刻石残碑
西汉	武帝刘彻	元封元年 （前 110）	封泰山、禅肃然山	岱庙汉柏
		元封二年 （前 109）	封泰山、重建明堂	/
		元封五年 （前 106）	封泰山、祠明堂	泰山东南麓汉明堂 遗址
		太初元年 （前 104）	封泰山、禅蒿里山	/

（续表）

朝代	帝王	时间	地点	遗迹
西汉	武帝刘彻	太初三年（前102）	封泰山、禅石闾山	/
		天汉三年（前98）	封泰山、祠明堂	/
		太始四年（前93）	封泰山、禅石闾山	/
		征和四年（前89）	封泰山、禅石闾山	/
东汉	光武帝刘秀	建武三十二年（56）	封泰山、禅梁父山	/
	章帝刘炟	元和二年（85）	封泰山、祠明堂	/
	安帝刘祜	延光三年（124）	封泰山、祠明堂	/
北魏	太武帝拓跋焘	太平真君十一年（450）	祀岱庙	/
隋	文帝杨坚	开皇十五年（595）	祀岱岳祭青帝	/
唐	高宗李治与皇后武则天	乾封元年（666）	封泰山、禅社首山	岱庙双束碑及红门东垂拱残碑
	玄宗李隆基	开元十三年（725）	封泰山、禅社首山	岱顶唐摩崖碑
宋	真宗赵恒	大中祥符元年（1008）	封泰山、禅社首山	岱庙祥符碑、封祀坛颂碑、天贶殿碑铭及岱顶宋摩崖碑等

（续表）

朝代	帝王	时间	地点	遗迹
清	圣祖玄烨	康熙二十三年 （1684）	祭祀泰山、谒岱庙	岱顶有云峰、普照乾坤等题刻
		康熙二十八年 （1689）	祭祀泰山、谒岱庙	
		康熙四十二年 （1703）	祭祀泰山	
	高宗弘历	乾隆十三年 （1748）	奉皇太后祀岱庙	有御制碑刻50余块；岱庙镇山三宝、铜五供等。
		乾隆十六年 （1751）	谒岱庙	
		乾隆二十二年 （1757）	谒岱庙、登岱顶祀元君	
		乾隆二十七年 （1762）		
		乾隆三十年 （1765）		
		乾隆三十六年 （1771）	奉皇太后谒岱庙、登岱顶祀元君	
		乾隆四十一年 （1776）		
		乾隆四十五年 （1780）	谒岱庙	
		乾隆四十九年 （1784）		
		乾隆五十五年 （1780）	谒岱庙、登岱顶祀元君	

（二）古代文人仕宦游览泰山一览表

朝代	姓名	简介	诗文作品及遗迹
春秋	孔子（前551—前479）	春秋时期思想家、政治家、教育家	《丘陵歌》、孔子登临处、望吴胜迹
西汉	司马迁（前145—前90）	西汉时期史学家、文学家、思想家	《史记·封禅书》
东汉	马第伯（生卒年不详）		《封禅仪记》
东汉	应劭（约153—196）	东汉学者、泰山郡太守（中平六年至兴平元年）	《风俗通义》
三国	曹植（192—232）	三国时期文学家，建安文学的代表人物	《飞龙篇》《驱车篇》《仙人篇》《梁父行》等
南北朝	谢灵运（385—433）	山水诗人	《泰山吟》
唐	李白（701—762）	唐代诗人，被后人誉为"诗仙"	《游泰山六首》
唐	杜甫（712—770）	唐代诗人，被后人誉为"诗圣"	《望岳》
唐	李德裕（787—850）	唐代文学家、政治家	《泰山石》
宋	孙复（992—1057）	北宋理学家、教育家。曾隐居泰山，人称"泰山先生"，又与胡瑗、石介，人称"宋初三先生"。	泰山书院遗址
宋	胡瑗（993—1059）	北宋学者，理学先驱、思想家和教育家。	五贤祠投书涧
宋	梅尧臣（1002—1060）	北宋诗人	《登泰山日观峰》

（续表）

朝代	姓名	简介	诗文作品及遗迹
宋	石介（1005—1045）	北宋学者，思想家、理学先驱。曾隐居徂徕山，人称"徂徕先生"。	《徂徕集》《泰山书院记碑》
	苏辙（1039—1112）	北宋诗人	《游泰山四首·岳下》
	米芾 1051—1107）	北宋书画家	岱庙"第一山"、米芾拜石的传说
	赵明诚（1081—1129）	北宋金石学家	游岱顶题名石刻
金	党怀英（1134—1211）	金文学家，曾隐居徂徕山	《谷山寺记碑》、徂徕山"竹溪"题刻及"竹溪庵"遗址
	元好问（1176—1260）	金文学家	《登岱》诗等
元	许衡（1209—1281）	元代理学家，曾隐居徂徕山	徂徕山"演易斋"遗址
	郝经（1223—1275）	元初诗人	《太平顶上读秦碑》
	王恽（1227—1304）	元初文学家	《题龙口》《汉柏》诗等
	赵孟頫（1254—1322）	元书画家	《玉帝泉》诗
	王祯（1271—1368）	元代农学、农业机械学家	《登泰山记碑》
	张养浩（1270—1329）	元散曲家	《登岱》
	杜仁杰（约1201—1282）	元散曲家	《泰山天门铭》《东平张宣慰登泰山记》
	王旭（生卒年不详，约公元1264年前后在世）	元代诗人	《游西林寺》《西溪》

（续表）

朝代	姓名	简介	诗文作品及遗迹
明	王蒙（1301—1385）	书画家	画《岱宗密雪图》、《泰山》诗、《娄敬洞》文
	王绂（1362—1416）	画家	《岱岳春云图》
	李东阳（1447—1516）	诗人，"茶陵诗派"代表	《望岳》
	王守仁（1472—1528）	哲学家、思想家	《登泰山五首》《泰山高》等诗
	李梦阳（1473—1530）	文学家	《郑生至泰山以诗问之》
	边贡（1476—1532）	文学家	《登岱四首》《回马岭》
	陆采（1495—1540）	戏曲家	《泰山稿》一卷、《揽胜纪谈》及《登泰山诗》等
	谢榛（1495—1575）	诗人	《登岱》《登泰山》等诗
	罗洪先（1504—1564）	学者	《孔子坊联》
	李攀龙（1514—1570）	文学家、"复古派后七子"首领	《怀泰山》
	梁辰鱼（1521—1594）	戏曲家	《登泰山诗奉答礼部尹相公一百三十韵》
	王世贞（1526—1590）	史学家、文学家、戏曲理论家	《登泰山记》《登岱四首》
	顾大典（？—约1596）	明代官员、诗人、戏曲家、书画家	《海岱吟》集

（续表）

朝代	姓名	简介	诗文作品及遗迹
明	王锡爵（1534—1610）	文学家	《碧霞灵佑宫碑记》
	吕坤（1536—1618）	学者、文学家、思想家	《观日记》、岱阴题刻"回车岩"
	于慎行（1545—1607）	文学家	《登泰山记》《登岱诗八首》
	王士性（1547—1598）	地理学家	《登岱记》及诗《登岱四首》
	董其昌（1556—1636）	书法家	《望岳诗》
	李三才（？—1623）	山东提学副使	赋《暴经石水帘》诗，刊碑立于经石峪
	公鼐（1558—1626）	文学家、诗人，明朝万历前期"山左三大家"之一	《辛巳登泰山》诗
	谢肇淛（1567—1624）	闽派诗人的代表	《登岱记》及《登岱十首》等诗
	公𣹟（1569—1619）	明朝后期山左诗坛的主盟人物	《泰山道中》诗、《登岱八首》诗
	袁中道（1570—1627）	文学家	《游岱宗记》文及《登岱宗十首》等诗
	米万钟（1570—1628）	书画家	《行书登岱诗卷》
	宋涛（1571—1614）	泰山五贤之一	《泰山纪事》
	钟惺（1574—1624）	文学家、"竟陵派"代表人物	《岱记》《登岱顶诗》及水帘洞、西天门、日观峰等处题刻等

（续表）

朝代	姓名	简介	诗文作品及遗迹
明	王思任（1574—1646）	文学家	《登泰山记》
	林古度（1580—1666）	文学家	岱顶、后石坞题刻等
	钱谦益（1582—1664）	诗人	《四月十一日登岱五十韵》
	徐霞客（1586—1641）	地理学家、文学家	《徐霞客游记》
	张岱（1597—1679）	散文家	《岱志》
	丁耀亢（1599—1669）	小说家	《岱游》组诗
	阎尔梅（1603—1679）	明末诗文家	《登泰山》《日观峰》《泰山》等诗
	顾炎武（1613—1682）	学者、思想家	《登岱》《泰山诗》《无字碑辨》等
清	施闰章（1618—1683）	诗人	《云中望岱》《登岱诗》《汉柏行》《岱顶夜雨》《五大夫松下看流泉》《雪中望岱岳》及题名石刻等
	毛奇龄（1623—1713）	学者	《奉和扈从登封应制二首》
	朱彝尊（1629—1709）	清初学者、词人	《泰山道中晓雾诗》《重修碧霞灵佑宫碑记》
	蒲松龄（1630—1715）	文学家	《登岱行》《青石关诗》《秦松赋》
	王士祯（1634—1711）	诗人、学者	《徂徕山下田家》《岳下作》《徂徕怀古二首》等诗

（续表）

朝代	姓名	简介	诗文作品及遗迹
清	洪昇（1645—1704）	清代戏曲家、诗人	《游泰山四首》等诗
	孔尚任（1648—1718）	诗人、戏曲家	《泰山三贤祠》等诗
	张鹏翮（1649—1725）	文学家	《汉柏》《唐槐》诗
	查慎行（1650—1727）	诗人	《新甫山》《望岱》等诗
	王苹（1661—1720）	诗人	《登日观峰四首》等诗
	赵执信（1662—1744）	诗人	《暮春泰山道中遇雨》《转晴过岱下》诗
	屈复（1668—1745）	诗人	《登泰山》等诗
	沈德潜（1673—1769）	诗人、拟古主义诗派代表	《谒岱庙诗》《梁父吟》《望岳》《红门》等诗
	高凤翰（1683—1749）	画家、书法家、篆刻家、扬州八怪之一	《泰岱秦碑图》《五岳图》
	沈彤（1688—1752）	学者	《登泰山记》
	桑调元（1695—1771）	诗人	《泰山集》三卷
	齐周华（1698—1768）	学者	《东岳泰山游记》
	赵一清（1709—1764）	地理学家	《泰山五汶考》
	袁枚（1716—1798）	诗人	《登泰山诗》
	钱大昕（1728—1804）	著名史学家、考据学家	《泰山道里记序》
	姚鼐（1731—1815）	散文家	《登泰山记》
	翁方纲（1733—1818）	书法家、文学家、金石学家	《望岳》《登岱》《岱庙汉柏歌》《岱云会合图》诗

（续表）

朝代	姓名	简介	诗文作品及遗迹
清	罗聘（1733—1799）	画家、"扬州八怪"之一	《登岱诗》二卷
	李调元（1734—1803）	戏曲理论家、诗人	《登泰山》等诗
	朱孝纯（1735—1801）	诗人、曾任泰安知府	《泰山图志》《泰山赞》
	黄易（1744—1802）	书法家、篆刻家	《岱岩访古日记》《岱岳访碑图册》
	吴锡麒（1746—1818）	文学家	《游泰山记》文及《齐天乐·登岱宿碧霞宫》词
	铁保（1752—1824）	书法家	书杜甫《望岳》刊于对松山岩壁
	孙星衍（1753—1818）	目录学家、书法家、经学家	《泰山石刻记》及记岱诗文多篇
	阮元（1764—1849）	经学家	《泰山志序》、岱顶大观峰题名
	舒位（1765—1816）	诗人、戏曲家	《行经泰山有作》《重过泰山作》《泰山道中绝句》《题实夫〈泰山独眺图〉》诸诗及《书左彝泰山诗后》等文
	许乔林（1775—1852）	文人、学者和方志家	《岱顶》诗
	魏源（1794—1857）	思想家、史学家	《泰山经石峪歌》《岱岳诸谷诗》《岱岳吟》等诗十余首
	何绍基（1799—1873）	晚清诗人、画家、书法家	《望岱雪意甚厚》《登岱诗》

（续表）

朝代	姓名	简介	诗文作品及遗迹
清	曾国藩（1811—1872）	清末大臣、古文学家	《游岱日记》
	吴大澂（1835—1902）	金石学家、书画家	《汉镜铭》《琅玡台秦篆》等
	张謇（1853—1926）	清末状元，中国近代实业家、政治家、教育家	《汉柏》《唐槐》等诗
	陈衍（1856—1937）	诗人、文学家	《登泰山记》
	刘鹗（1857—1909）	清末小说家	《老残游记》
	张相文（1866—1933）	地理学家、教育家	《登岱感赋》《泰山碧霞元君庙》等诗

（三）近现代名人游览泰山一览表

年代	姓名	简介	诗文作品及遗迹
1912 年	高尔斯华绥·鲁意斯·迪金森（G. Lowes Dickinson）	英国学者	《圣山》
1913 年	黄宾虹	画家	《泰岱游踪》画卷
	斯蒂芬·帕瑟（Stephane Passet）	法国摄影师	泰山照片 47 帧
1914 年	袁克文	袁世凯之子，长于书画	经石峪附近题刻"流水音"、云步桥南题刻"寒云"、岱顶题名
	易顺鼎	诗人	《泰岳集》
	林纾	文学翻译家	《登泰山记》
1916 年	李炳宪	韩国学者	《中华游记》
	康有为		岱顶玉皇庙南题刻"泰山何岩岩"颂岱长诗

（续表）

年代	姓名	简介	诗文作品及遗迹
1917 年	施从滨	直系军阀	云步桥南题刻"云桥飞瀑"
	内藤湖南、富冈谦藏	日本汉学家	
1918 年	周公才	江苏教育界人士	《游岱笔记》
1919 年	王舟瑶	近代学者、教育家、藏书家	云步桥旁刻石
	穆耀枢	/	玉皇顶东南刻石"民国泰山"
	季关无	/	云步桥南题刻："逃亡二十五日，登此第一高山。"
	汪孟舒	古琴理论家、画家	《泰山诗画游图册》
	明妮·魏特琳（Minnie Vautrin）	美国传教士、金陵女子文理学院教授	/
1920 年	朱家宝	直隶省省长	云步桥南题"在山泉"
	蔡懋星	/	斩云剑附近题刻"戮力报国"
1921 年	靳云鹏；颜惠庆	北洋军阀；内阁外交总长	题诗于云步桥南
	溥儒	画家	斩云剑北盘路东侧崖壁题刻五言诗
	戴密微（P. H. Demieville）	法国汉学家、佛学家	《泰山或自杀之山》
	张缙璜	河南汝南学者	《泰山游记》
1922 年	康有为	政治家、思想家、教育家，资产阶级改良主义的代表人物	《泰山青岛崂山游记》《普照寺六朝松》诗

（续表）

年代	姓名	简介	诗文作品及遗迹
1922 年	王统照	现代作家	《日观峰上的夕阳》诗、《泰山宾馆中之一夜》诗
	刘海粟	画家	《泰山飞瀑》《泰山五大夫》等画作
	梁启超	思想家、政治家、教育家、史学家、文学家	灵岩寺"海内第一名塑"题刻
	邓春澍	画家	山水画《岱岭观云》
	赵丹	电影表演艺术家	
1923 年	徐志摩	诗人	《泰山日出》《泰山》等诗文
	杜里舒（Hans Dri Aesch）	德国哲学家、新动力论倡导者	/
	卫礼贤（Richard Wilhelm）	德国汉学家	/
1924 年	夏衍	文学、电影、戏剧作家和社会活动家	/
1925 年	王讷	山东省实业厅长	282 字颂岱长联
	威廉·埃德加·盖尔（William Edgar Geil）	美国著名旅行家	《中国的五岳——关于中国的第五本书》
1926 年	吉鸿昌	国民党爱国将领	《登泰山诗》
1928 年	蒋介石	国民政府主席	/
1929 年	埃德加·斯诺（Edgar Snow）	美国记者、作家	/
1930 年	傅振伦	现代档案学家	《重游泰山记》
1931 年	徐悲鸿	画家	《古柏》
	倪锡英	作家	《曲阜泰安游记》

年代	姓名	简介	诗文作品及遗迹
1931 年	陈梦家	中国现代著名古文字学家、考古学家、诗人	长诗《登山》
1932 年	费正清（John King Fairbank）	美国汉学家	/
	熊克武	国民党将领	泰山十八盘旁题刻
	蒋维乔	著名教育家、哲学家、佛学家、养生家	《泰山游记》
	俞平伯	学者、作家	/
1933 年	邵元冲	国民党中央执行委员、国民政府立法院副院长	云步桥附近题刻
	郁达夫	作家	/
1934 年	张大千	画家	《竹溪六逸》图轴
	冯友兰	哲学家	/
1935 年	施蛰存	当代著名学者、作家	/
	吴组缃	作家	散文《泰山风光》
	许地山	作家	/
	李可染	画家	/
	吴伯箫	作家	/
1936	王易门	中医学家、擅书画兼通金石	摩空阁匾额、《敬告铭刻家》
	林徽因	建筑学家、作家、诗人	《黄昏过泰山》
	李广田	作家	散文《扇子崖》《山之子》
	伽尔莫尔（Galmore）	美国浸会传教士	《登泰山记》
	吕碧城	女词人、佛教学者	《波罗门引·泰山古松》词

（续表）

年代	姓名	简介	诗文作品及遗迹
1937 年	程砚秋	京剧表演艺术家、四大名旦之一	岱顶丈人峰南侧隶书题刻"御霜"
	泽田瑞穗	日本学者	/
1941 年	德田求一	日本共产党总书记	/
1952 年	田汉	剧作家、小说家、词作家、诗人、文艺批评家、文艺活动家	/
1956 年	雅罗斯拉夫·普实克（Jaroslav Prusek）	捷克斯洛伐克院士、汉学家	/
	杨朔	作家	散文《泰山极顶》
1958 年	芬恩托波西（Finntoposi）	德意志民主共和国汉学博士	/
	贾瓦哈拉尔·尼赫鲁（Jawaharlal Nehru）	印度总理	/
1959 年	越特金（Р. В. Вяткин）	苏联科学院中国历史研究所所长	/
	布克	瑞典大使	/
1960 年	李健吾	现代戏剧家、翻译家	散文《雨中登泰山》
1961 年	李松	全国政协委员	
1963 年	查禾多（Djawoto）	亚非记者协会总书记	
1972 年	伍步云	香港画家	油画"岱庙古柏""泰山脚下羊群"
1973 年	万里	铁道部部长	
1975 年	谷牧	国务院副总理	/
1977 年	诺曼·卡曾斯（Norman Cousins）	美国《周末评论》主编	/

（续表）

年代	姓名	简介	诗文作品及遗迹
1979 年	苏瓦约（Le Suwayo）	《青年非洲》摄影记者	/
	雷德侯（Lothar Ledderose）	联邦德国海德堡大学教授	/
1980 年	马丁许尔利曼（Martin Hürlimann）	瑞士法学博士	/
	布鲁斯·郎尼加（Bruce Runnegar）	澳大利亚底层古生物学家	/
	古井喜实	中日友好议员联盟会长	/
	乔蒂·巴苏（Jyoti Basv）	印度国会议员、印度柯棣华大夫纪念委员会副主席	/
	威特克（Whitaker）	联邦德国波恩大学古生物研究所地质学家	/
	胡耀邦	中共中央书记处总书记	/
1981 年	莫里斯·布朗日（Maurice Blanchot）	法国歇脱出版社作家	/
	冯骥才	当代著名作家、民间文艺家、画家	散文《挑山工》
	保尔·斯泰根（Paul Stegen）	挪威工人共产党主席	/
	毕季龙	联合国副秘书长	/
	深谷海	日本原日中土木技术交流会理事长	/
1982 年	林宗义	世界卫生组织顾问、加拿大不列颠哥伦比亚大学精神病科教授	/
	李一氓	中共中央顾问委员会常委	《游泰山至中天门止》诗

（续表）

年代	姓名	简介	诗文作品及遗迹
1982年	安塞尔莫·奥约斯（Anselmo Oyos）	西班牙共产党中央执委、书记处书记	/
	白川义员	日本著名摄影家、写真家协会常务理事	/
	陈慕华	国务委员、中国人民银行行长	/
1983年	阿马杜·马赫塔尔·姆博（Amadou-Mahtar M'Bow）	联合国教科文组织总干事	/
	王震	中共中央政治局委员	/
	陈丕显	全国人大常委会副委员长	/
	安瓦尔	伊拉克共产党中央负责人	/
	刘海粟	书画家	"云海""汉柏"等题字，《汉柏图》画
	林功	日本画家	/
	姚依林	国务院副总理	/
	孔雷飒	联合国系统发展业务活动协调代表	/
1984年	柳存仁	澳大利亚国立大学教授	/
	邓颖超	中共中央政治局委员、全国政协主席	题词"登泰山看祖国山河之壮丽"
	舒同	书法家、中国书法家协会主席	赋《索道诗》，题"汉柏凌寒"及配天门匾额
	马里奥·赫耶尔（Mario Heyer）	阿根廷解放党总书记	/
	杉村春子	日本著名话剧表演艺术家	/
	彭真	中共中央政治局委员、全国人大常委会委员长	题词"山高望远"

年代	姓名	简介	诗文作品及遗迹
1985	阿尔费雷多·佛朗哥·瓜查理亚（Alfredo Franco Guacharia）	玻利维亚全国政治委员长	/
	罗伯托·阿西亚（Roberto Asiya）	乌拉圭红党国际关系书记	/
	墒坂治郎五郎	日本和歌山县桥本市市长	/
	肯尼特·克维斯特（Kenneth Kvist）	瑞典左翼共产党中央书记	/
	冯洪志	美国泰山工业公司总裁、冯玉祥之子	/
	李光耀	新加坡总理	/
	方毅	中共中央政治局委员、国务委员	题词"雄峙东海""岱岳朝云""书林墨客""劲松迎客"，水墨画《莲花峰》
	吕正操	全国政协副主席	/
	卡洛斯·普列托（Carlos Prieto）	墨西哥大提琴演奏家	/
	臧克家	著名诗人	/
	邓鲍夫斯基（Dunbowski）	波兰驻中国大使	/
1986年	约翰·查尔斯·班侬（John Charles Bannon）	澳大利亚南澳洲总理	/
	廖汉生	全国人大常委会副委员长	/
	赛福鼎	全国人大常委会副委员长	/
	侯学煜	全国人大常委会委员、中国科学院学部委员、著名生态学家	/

（续表）

年代	姓名	简介	诗文作品及遗迹
1986 年	王鼎昌	新加坡共和国第二副总理	题词："访山东游泰山，不亦乐乎！"
	海澄辉	日本和歌山县桥本市副议长	/
	欧阳中石	著名书法家	/
	张劲夫	国务委员、全国安全委员会主任	/
	莱昂斯（James Lyons）	美国海军太平洋舰队司令	/
	乔治·普拉特·舒尔茨（George Pratt Shultz）	美国国务卿	/
1987 年	禹基南	朝中友协副委员长	/
	玄峻极	朝鲜劳动党中央国际部部长	/
	甘拉亚尼·瓦塔娜（Kanlayaniwatthana）	泰国公主	/
	鲁道夫·基希施莱格（Rudolf Kirchschläger）	奥地利前总统	/
	卢卡斯（P. H. C. Lucas）	国际自然资源保护协会副主席、世界遗产专家	/
	范曾	书画家、文学家	/
	姬鹏飞	国务委员	为岱庙题词"胜地名园"
	楚图南	全国人大常委会副委员长	/
	朱学范	全国人大常委会副委员长	题"登泰山视野阔"
	吴庆瑞	原新加坡第一副总理	/

（续表）

年代	姓名	简介	诗文作品及遗迹
1987 年	格·格罗迪亚努 （G. Grodianu）	罗马尼亚共产党中央检查委员会委员	/
	李炳煜	朝鲜人民武装力量部副部长	/
	魏乐彬	法中委员会主席	/

（四）历年出版的泰山旅游指南及导游词

书名	编著时间	编著者	出版单位	备注
泰山指南	1922 年	王连儒	砺志山房	/
泰山指南	1923 年	胡君复	商务印书馆	/
泰山指南（英文版）	1933 年	埃德加·斯诺（Edgar Snow）		由中国旅行社出资
泰山游览指南	1935 年	铁道部联运处	/	/
泰山旅游便览	1936 年	铁道部联运处	/	附图表，分别在北京、南京刊行
泰山	1936 年	铁道部联运处	/	导游一册，18 页，并附有照片及地图
泰山导游	1942 年	津浦铁路泰安宾馆	/	/
泰山游览	1957 年	杨文山	铅印本	建国后第一部全面介绍泰山风景名胜的著作

（续表）

书名	编著时间	编著者	出版单位	备注
泰山游览手册	1958 年	山东省泰山管理处编	山东人民出版社	/
泰山纪游	1980 年	傅先诗	中国旅游出版社	/
东岳泰山	1983 年	崔秀国	中华书局	介绍泰山文化的小册子
泰山名胜介绍	1983 年	泰山风景区管理局、泰安地区文物管理局供稿	山东人民出版社	/
泰山游览	1984 年	泰山风景区管理局、泰安地区文物管理局供稿 王晓亭 撰文	山东美术出版社	/
泰山导游	1986 年	和平·孙健 山东友谊书社编	山东人民出版社	/
东岳神府 岱庙	1986 年	李继生	山东人民出版社	/
古老的泰山	1987 年	李继生	新世界出版社	/
泰山游览指南	1987 年	李继生	山东友谊书社	/
泰安旅游手册	1988 年	宗仁贤、赵洪洲、陈湘元、李甲奎	泰安市接待处内部资料	/
泰山风景名胜导游	1993 年	颜景盛 编	山东文艺出版社	有英文目录
泰山名胜导游	1998 年	李京泰编	泰安市新闻局	/
五岳之首泰山	2001 年	毕玉堂 编著	山东友谊出版社	山东自助游丛书·泰安卷
走遍泰山——泰山旅游指南	2001 年	泰安市旅游局编	中国旅游传播出版社	/

（续表）

书名	编著时间	编著者	出版单位	备注
泰山导游词	2001 年	李继生、杨树茂	泰安市旅游局内部资料	/
泰山旅游实用手册	2002 年	李平等编著	广州旅游出版社	/
泰山	2004 年	中国旅游出版社编	中国旅游出版社	/
泰山游	2005 年	张用衡著	山东友谊出版社	/
泰山·岱庙	2008 年	苗旭宏	西安地图出版社	/
全景泰安：泰安泰山1600景	2008 年	泰安市旅游局	/	/
畅游泰安——新编导游词	2010 年	张用衡、谢方军、韩兆君、王立民	泰安市旅游局内部资料	第一本由导游参与编写的泰山导游词

（五）历年有关泰山的影像资料

时间	出品方	片名	备注
1918 年	商务印书馆影戏部	无声风景影片《泰山风景》	/
1922 年	商务印书馆影戏部	风景影片《泰山风光》	/
1934 年	明星电影公司	有声风景影片《泰山》	/
1984 年	山东电视台	5集电视风光系列片《泰山》	/
1986 年	珠江电影制片厂	2集电视音乐风光片《情缘泰山》	/
1987 年	中央电视台、山东电视台联合拍摄	大型专题片《天下第一山》	/

（续表）

时间	出品方	片名	备注
1991 年 2 月	泰山管委、泰安市旅游局、泰安市电视台联合摄制	电视系列片《话说泰山》	/
1991 年 11 月	法国电视三台	专题片《泰山风光》	/
1994 年 10 月	中共山东省委对外宣传办公室、山东电视台、中共泰安市委宣传部、泰安电视台共同策划、合作拍摄。	大型新闻电视系列片《泰山》	/
1995 年 1 月	中央电视台海外中心和泰安电视台联合摄制	三集旅游风光片《泰山三题》	/
1996 年 12 月	/	"泰山之旅" VCD 激光视盘	/
1997 年	山东省人民政府新闻办公室、泰安市人民政府新闻办公室联合制作	大型系列片《中华泰山》	荣获山东省对外宣传精品和对外传播特别奖
2003 年	中央电视台	《探索·发现》特别节目《世界遗产之中国档案》第 16 集 泰山	/
2003 年	/	《登泰山，保平安》	泰安旅游发展史上的第一部形象片
	与山东电视台合作拍摄，由张明敏演唱	《登上泰山和日月交谈》MTV	荣获全国 MTV 大赛金奖
	与山东电视台合作拍摄	《泰山神韵》	/
2008 年	中央电视台新影制作中心	《世界遗产在中国》第 19 集 泰山	高清纪录片

（续表）

时间	出品方	片名	备注
2011 年	山东泰安大唐影视公司	纪录片《云上的人》，又名《泰山挑夫》	荣获 2011 北京大学生电影节"最佳记录长片奖"
2012 年	华录出版传媒有限公司	世界遗产系列纪录片·泰山	3D 纪录片
2013 年	泰山景区与韩国文化传媒公司合作拍摄	微电影《祈愿遂愿之泰山》	/
2013 年	德国黑森电视台	纪录片《中国奇山之泰山》	/

（六）泰山主要荣誉称号

时间	荣誉称号	授予单位
1982 年	首批国家重点风景名胜区	国务院
1987 年	世界文化与自然遗产	联合国教科文组织
1989 年	安全山、文明山、卫生山	山东省政府
1990 年	全国首例环境卫生先进风景名胜区	国家建设部
1991 年	中国旅游胜地四十佳	国家旅游局
1997 年	文明风景旅游区	山东省文明办、省建委
1998 年	全国文明风景旅游区示范点	中央文明办、建设部、国家旅游局
1999 年	全国文明风景区	国家建设部
2000 年	国家 AAAA 级景区	国家旅游局
2000 年	风景行业工作先进单位	中国风景名胜区协会

（续表）

时间	荣誉称号	授予单位
2002 年	全国森林防火先进单位	国家林业局
2003 年	中华十大名山（第一名）	中国国土经济学研究会主办，《今日国土》杂志社承办的十大名山推选活动
2003 年	国家重点风景名胜区综合整治先进单位	国家建设部
2004 年	ISO9001/14001 质量环境管理体系认证	中国质量认证中心
2005 年	山东十大最美的地方（第一名）	齐鲁晚报、中国国家地理杂志社联合组织的评选活动
2005 年	中国旅游者十大满意风景名胜区	人民日报社市场信息中心举办的评选活动
2006 年	全国首批文明风景旅游区	中央文明办、建设部、国家旅游局
2006 年	世界地质公园	联合国教科文组织
2007 年	"中华国山"特别美誉	亚太环境保护协会、亚太人文与生态价值评估中心等机构
2007 年	欧洲人最喜爱的中国十大景区	2007 欧中合作论坛
2007 年	国家级风景名胜区综合整治十佳单位 最佳资源保护的中国十大风景名胜区	建设部
2007 年	首座"中国书法名山"	中国书法协会
2007 年	2007 山东最具竞争力（驰名）景区	大众日报和山东省旅游行业协会等单位联合主办的 2007 第二届山东旅游年会暨旅游总评榜

（续表）

时间	荣誉称号	授予单位
2007 年	首批全国 5A 级旅游景区	国家旅游局
2007 年 2008 年	中国青年喜爱的十大旅游景区	中国青年报社
2008 年	首批"中国民间文化遗产旅游示范区"	建设部、国家文物局
2008 年	2008 年度最受关注旅游胜地	人民网组织的评选活动
2008 年	"2008 中国旅游品牌十大景区"	品牌中国产业联盟与旅游卫视、亚太旅游联合会、《旅游时代》等媒体联合举办的 2008 品牌中国旅游总评榜品牌景区评选活动
2008 年	改革开放 30 周年 30 个最受关注景区	人民网组织的评选活动
2009 年	中国最美十大名山	《行游天下》杂志社、搜狐旅游等媒体联合推出的"中国最美旅游胜地评选"活动
2011 年	"中国风景名胜区摄影基地""中国风景名胜区自驾游示范基地"	中国风景名胜区协会

附录二

泰山民间叙事文本选录

（一）碧霞元君与老佛爷争泰山

从前各路天神云游凡间后，都想据守泰山领受尘世香火。在经过一轮轮的选拔之后淘汰之后，碧霞元君和老佛爷成为最终的竞争者。他们邀请太上老君作为裁判，两位选手自泰山脚下出发，先登到山顶者获胜，取得泰山的永久居住权。这大概是泰山上自古以来的第一次登山比赛。老佛爷毕竟是身强力壮，一马当先，很快就到达泰山极顶，为了保险起见，就在极顶埋下一只木鱼做占山凭证。接着天仙玉女碧霞元君也随后赶到，他看到老佛爷正在埋木鱼，便不动声色的躲到山石背后，等老佛爷埋好木鱼，到南天门等候太上老君的时候，就在埋木鱼的地方，又深挖了三尺，把绣鞋埋在下面，上面仍埋上木鱼。当两人接到气喘吁吁的太上老君后，都说是先到山顶，老佛爷得意地说，"我不仅先登上山顶，还在这里埋下了木鱼。"元君说，"我也在这里埋下了绣鞋。"太上老君说："谁埋得深说明谁来的早。"结果不用多说，于是太上老君便奏请玉皇大帝封元君为"泰山老母"。老佛爷知道元君搞了鬼，却也无计可施，把气都撒在泰山顶上的松树上了，他把岱顶的松树都拔了，捆了两捆，一捆踢到山前，一捆踢到山后。所以至今山顶上缺松树，而山前有对松山漫山秀松挺立，山后有石坞松涛天籁绝响。多么神奇的传说啊！其实这个传说巧妙的结合了泰山的自然植被分布，反映的却是佛道相争，佛家问鼎泰山极顶的一次失败经历而已。或许，这个传说能够部分的解答，在攀登泰山主路上多道观而少僧院的原因。

选自泰安市旅游局：《畅游泰安——新编导游词》，泰安市旅游局内部资料，2010 年，第 72 页。

（二）白氏郎的故事——泰山众神的由来

俗话说："济宁州的货全，泰山上的神全。"这话一点不假。泰山上的神为什么这么多、这么全呢？这里还有一段很有趣的故事哩。

相传在很久以前，吕洞宾、铁拐李等八人来到泰山上修仙学道。在泰山上同时修仙的还有一个女子叫白牡丹。这一天，吕洞宾出来游玩，遇到白牡丹。他见她长得十分俏丽，真像一朵盛开的牡丹花，惊讶于人间竟有这样的美女，就动了心。吕洞宾回到洞里之后，心中时刻想着白牡丹，抽空就去找她，这就是我们常说的"洞宾戏牡丹"。

不久，白牡丹怀了孕，吕洞宾违了仙规，折去五百年的道业，白牡丹再也不能继续修仙了。众仙都笑话她，她便离开泰山，奔向东南而去，一直来到了徂徕山，在一个小村子南面的破庙里住下。以后生了个儿子，白牡丹给他取名叫白氏郎。

　　白氏郎长到八九岁，真比别的小孩伶俐得多，白牡丹就叫他到山阳庄去上学。两庄相隔五六里路，中间有一条小河。说来也奇怪，白氏郎一到河边，便有一个老头说："别脱鞋了，我背你过去吧！"白氏郎便趴在老头的背上，老头就把他背过去了。放学回来，老头又在河的洗岸把他背过来。天天都是这样。眼睁睁进了腊月，这一次，白氏郎放学回来，白牡丹对他说："你过河可要注意，别冻坏了脚。"白氏郎说："我过河从来不脱鞋。"白牡丹惊奇地问："不脱鞋怎么过河？"白氏郎便把老头背他过河的事说了一遍，白牡丹听后很纳罕，便说："你再上学的时候，问问他为什么背你？"白氏郎点头答应了。

　　第二天，白氏郎又来到河边，只见这老头早就在那里等着呢。白氏郎便问他："这么多人你不背他们，为什么偏偏背我呢？"老头说："他们没那个命。"白氏郎连忙问："我有哪个命呢？"老头说："你是一朝人王帝主，以后要当皇帝。"白氏郎听后，记在心里。

　　白氏郎回到家里同母亲说了这件事，白牡丹听后，非常高兴。

　　这一天，正是腊月二十三，白牡丹不但得买菜、办年货，还得准备摆供，打发灶王爷上天。她家中贫寒，又没亲人，因她生了个私生子，别人都瞧不起她，借没处借，求没处求，非常着急，又和众邻居吵了嘴，自己在家生闷气。气还没消，白氏郎哭着回家来了。白牡丹连忙问他："好孩子，你哭什么？"白氏郎说："人家的孩子都骂我，说我是没爹的！"白牡丹听了，连忙说："好孩子，别哭了，叫他们先骂着吧，你好好上学，我给你下饺子去。"白氏郎不哭了。白牡丹来到饭屋里，心想：只因没男人，街坊邻居也给我受气，孩子上学也被人欺负……她越想越恼，越想越气，拿起了一根火棒，抬头看见了灶王爷，便用大棒敲着灶王爷的脸说："灶王爷啊灶王爷，你看着吧，要是我的儿得了帝位，我有仇的报仇，有怨的报怨，非杀个血流成河不可！"她越说越气，越气越用力，连着打了十几火棒，把可怜的灶王爷的鼻子打破了，门牙也打掉了。灶王爷来到天上见了玉皇大帝，跪在地上说："大帝啊，可了不得啦！"玉皇大帝一看，灶君满脸是血，一颗牙齿还在外边耷拉着，问："怎么啦？"灶君说："这是白氏郎他娘打的，她还说：'要是我的儿子得了帝位，我有仇的报仇，有怨的报怨，非杀个血流成河不可！'"玉皇大帝一听很生气，说："这还了得！当一个平民百姓，谁还不得罪几个人，有罪就杀，那还能行！再说还没有得帝就把灶君先打了一顿，要是得了帝位还要天吗？"便吩咐四员天将："到来年的龙节，先抽去白氏郎的龙筋！"

再说白氏郎这天又上学去，白胡子老头仍然在河边等着。白氏郎来到跟前，老头说："我就背你这一次了。"白氏郎忙问："为什么？"老头说："你娘说瞎了话了。"说着就把事情的原因说了一遍。白氏郎听后，连忙跪下说："好爷爷，你想办法救救我。"老头说："我也没办法救你了，玉皇大帝已下了御旨，来年龙节抽你的龙筋。现在只有一个办法，就是在抽龙筋的时候，一定咬着牙，不要吱声，这样只能抽没了你身上的，抽不了你嘴里的，剩下一个龙牙玉口，你说一句还当一句。"说完，老头就不见了。

白氏郎回到家里，娘俩抱头哭了一场。白牡丹摸着他的头说。"孩子，别哭了，到那一天我把你藏起来，叫他们找不着你就行了。"白氏郎一听也是好主意。一过了年，娘俩就数着天数过日子，谁知又数错了天数，这一年的正月是小月，二十九天，本来已经是二月二了，白氏郎还认为是二月初一呢。早起白氏郎又上学去，刚走到半路上，只见天上忽然起了一块黑云彩，一个闪跟着一个雷，真把人的耳朵都震聋了。白氏郎一看，知道坏了，他见路边有一块坟地，就跑到那里，爬到供台石桌子底下。刚刚趴下，只听一个沉雷，把石桌子掀在一边，开始抽他的龙筋。白氏郎咬着牙，闭着眼，忍着抽筋剥皮、脱胎换骨的剧痛，一声不吭……

龙筋抽完了，只剩下一个龙牙玉口，从此，白氏郎也不上学了，急得疯疯癫癫的。他恨透了神，他想：母亲说的话要不是神去报告，玉帝怎么会知道呢？他决心要把所有的神都扣押起来，叫他们永不能露头。这时，他家里的生活更困难了，家里除了白氏郎用的一个葫芦外，再没有别的东西了，白牡丹已经出门要饭。白氏郎就拿了这葫芦说："我要用它把所有的神都装起来。"来到饭屋里，看了看灶君，他气得咬牙切齿地说："灶王爷，你到葫芦里来吧！"只听"吱"的一声，一阵小旋风过后，灶君真的进了葫芦，白氏郎一看大喜。因他是龙牙玉口，说一句当一句，这葫芦也真的成了他的装神葫芦了。

白氏郎提着葫芦，走出家门，一直向东，边走边装，周游了天下的名山大川、庙宇仙洞，把所有的神都装起来了。也不知过了几年，这一天他又来到了泰安神州。

再说那号称泰山奶奶的碧霞元君，在泰山顶上掐指一算，大吃一惊："不好，白氏郎装神到泰山了，眼睁睁就要装到了自己的头上。"她低头一想，心生一计，连忙派出四条火龙，把白氏郎团团围住。于是，当白氏郎提着装神葫芦从岱庙走到泰山半腰时，前不着村，后不着店，走得又饥又渴，只觉得浑身象着了火。这当儿，只见从对面来了一个老太婆，年纪有五十多岁，左胳膊挎着竹篮，右手提着个瓦罐。白氏郎一见连忙迎向前去，谁知行走更困难，一步一喘。好似上了火焰山。白氏郎费了好大的劲才来到老太婆的跟前，向她弯腰施了个礼说道："老婆婆，你干什么去?""给俺的儿子送饭去。""拿的什么?""这是单饼，这是米汤。"白氏郎一听连忙说："好婆婆，我又渴又饿，给我点吃吧!"老太婆一听连忙说："这可不行，这是给俺儿吃的，你吃了叫俺的儿吃什么?""好婆婆，你救救我吧，我饿坏了。"老太婆故意停了停说："咱一不是亲戚，二不是朋友，凭什么给你吃? 这样吧，你若跪下磕个头，叫我三声亲娘，我就给你吃，也给你喝。你若不叫，我走了。"白氏郎想：过了这个村，就没有这个店了。他四下里看了看没有一个人，就双膝跪下，磕了四个头，叫了三声亲娘。老太婆连忙答应了三声，就拿出了单饼、米汤。白氏郎吃饱喝足，转眼之间，老太婆不见了。

原来这老太婆就是泰山神碧霞元君变的，她骗了白氏郎后，收了四条火龙，来到泰山顶上，专等着白氏郎的到来。

白氏郎吃饱喝足，提着宝葫芦继续向前走，逢庙装神，遇洞收仙。他登上山顶，进南天门，过天街，向东一望，只见一座金碧辉煌的大殿，匾上写着"碧霞祠"。白氏郎进了大殿，见一位女神端坐在莲花宝座上。他知道这一定是碧霞元君了，就从腰里解下葫芦要把她也装进去。不料，女神开口说道："好个没良心的白氏郎，你吃了我的单饼，喝了我的米汤，还拜了我四拜，叫了三声娘，你装别人我不恼，不该上山装你娘。"白氏郎一听，大吃一惊，抬头一看，原来她就是送饭汤的老太婆。白氏郎急忙跪倒，不想，"砰"地一声，葫芦掉在地上摔碎了。这样，装进葫芦的各路神仙，纷纷顺着十八盘右阶，骨碌碌滚下山来，他们见庙进庙，遇洞钻洞，争相逃命。一会儿工夫，从山顶到山脚，犄角旮旯都藏满了神仙。所以，泰山的神仙比任何地方都多都全。有一些体弱腿慢的，来不及寻找好一点的藏身地，都一股脑儿地挤到斗姆宫上面的一座小红楼和旁边的一个大石洞里了。后来，碧霞元君见这座楼和那个洞的神仙多得数不清，就把那楼叫"万仙楼"，那洞叫"千佛洞"了。

只有灶王爷还是回到了灶头上。不过，人们怕他再去向玉皇大帝告密，便都在灶王神像边写上了一副对联："上天言好事，回宫降吉祥。"

再说泰山奶奶见众神都从葫芦里跑了，就对白氏郎说："孩子，你已把众神送到这里，玉旨已下，都归我管，保佑神州，国泰民安。你也应该认认你父亲了，你父亲就是吕洞宾，在山脚下修行呢，快找他去吧。"

白氏郎走后，众神都来到山顶上给泰山奶奶谢恩，一直玩到天明。这一天正是旧历三月十五日，也是碧霞元君的生日，从此每年的三月十五日山上就起香火会了。

那白氏郎找父心急，一口气跑下山来。眼前出现了一条小河，有丈余宽，没底的深，两崖都是陡壁，他为难了。

再说吕洞宾在洞里掐指一算，知道儿子在找他，就来到河边。白氏郎见有人来，刚想开口，吕洞宾开言道："我就是吕祖，要是我的儿子，上我的手上来。"接着，把手伸过对崖，白氏郎便站在他的手中，吕洞宾把手一攥，立时把白氏郎化为脓血，又放在嘴里吃了，还了他五百年的道业。

白氏郎住过的石庙，后来就叫白氏郎庙，这个村子就叫白氏郎庙子村，也就是现在的白庙村。

讲述人：程金富，采录者：张纯岭（笔录）。

选自陶阳、徐纪民、吴绵编：《泰山民间故事大观》，文化艺术出版社，1984年，第18—25页。

（三）飞来石

在御帐崖之上，五大夫松之下，有一巨石陡立，危如累卵，摇摇欲倾，上刻"飞来石"三字，格外引人注目。

相传，宋真宗带领千人万马来泰山封禅，行至云步桥上，只见重重山叠翠，白云压首，秦松亭亭，溪水悠悠，瀑布飞泻，犹如银河倒悬，山青水碧，好似新雨初霁之清秀，置身洞底，捕捉玉珠琼花，令人忘情：飞身崖上，静观高山流水之清韵，使人心醉。宋真宗看到有这样一个绝胜佳处，便下令停轿，在崖上石坪凿石立柱，设帐铺床，在此休息。真宗坐在床上，上有松涛阵阵，下有流水潺潺，前有歌舞美女，后依万古青山，好不消遥自在。文武大臣们跑这跑那，忙得不亦乐乎。

正巧，这时泰山神黄飞虎巡游从此经过，看到真宗如此享受，不禁大怒："这个无能的昏君，名为到泰山封禅，实则是游山玩水，心不真，意不诚，赶快轰他下山。"于是山神作法，将身边一块巨石朝真宗滚来。

真宗这时正赏乐观景，忽听有声如雷贯耳，回头一看，见一块大石压顶而来，吓得三魂六魄都升了天，忙喊"哎哟，我的妈，赶快救驾"此刻哪里还有人应声，文武大臣早都逃命去了，只有封禅使王钦若吓得浑身打颤，钻到床下，王钦若在床下，看到巨石突然停在树下不动了，顿时来了劲，忙喊："万岁不要怕，石叟是元君派来接驾的。"真宗闻言，果见大石耸立，像在对自己施礼，遂又回到床上，招乎文武百官，一本正经地说"奴才，一块碎石就把你们吓成这个样子？我乃真龙天子，是元君派来接迎的，我怎能会横遭此祸？"话虽这样说，此时真宗仍心跳不止，便赶快起驾上山了。

王钦若为了讨好真宗，便将此石取名为"接驾石"，把真宗憩过的石坪取名为"御帐坪"。

搜集整理者：黎理。

选自山东省出版总社泰安分社编：《泰山传说》，山东人民出版社，1985 年，第 65—66 页。

（四）泰山石敢当的传说

泰山脚下有一个人，姓石名敢当。他家住徂徕山下桥沟村。这个人在泰安城给人家有测字，他很勇敢，什么也不怕，好打抱不平。在泰山很有名，都知道他很厉害。有些人被人欺侮了，就找石敢当替他打抱不平。

泰安南边五六十里地，有个汶口镇，有个人家，他家的闺女自己住在一间房子里，每到太阳压山的时候，就从东南方向刮来一股妖气，刮开她的门，上她屋里去。这样天长日久呢，这个闺女就面黄肌瘦，很虚弱。找了许多先生看，也治不好。这时有人说："看来病很重。"他闺女说："你们给我找人治也治不好，我是妖气缠身，光吃药是治不好的。"两个老人就想，怎么办呢？听说泰山上有个石敢当很勇敢，就备上毛驴去找他。人家请他，他就去了。说："这事好办，准备十二个童男，十二童女。男的一人一个鼓，女的一人一面锣。再就是准备一盆子香油，把棉花搓成很粗的灯捻，准备一口锅，一把椅子，只要把东西准备齐了，我准能把妖气拿住了。"

这样喝了酒，吃了饭，他就用灯芯子把香油点着了。他用锅把盆子扣住，他坐在旁边，用脚挑着锅沿，这样虽然点着灯，远处也看不见灯光。

天黑了，听着呼呼响。一了呢，从东南方向来了一阵妖风，看着风就过来了。石敢当用脚一踢，踢翻了锅，灯光一亮，十二个童男童女就一齐敲锣打鼓，妖怪一进屋，看见灯光一亮，就闪出屋，朝南方跑了，传说上了福建。所以福建有的农户又被妖风缠住了身体，怎么办呢？人家就打听，后来，听说泰山有个石敢当，他能治妖，就把石敢当请去了。他又用这个办法，妖怪一看又跑了，就上了东北。东北又有个姑娘得了这个病，又来请石敢当，他想："我拿他一会儿，他就跑得很远，全国这么大地方，我也跑不过来。这样吧，泰山石头很多，我找石匠打上我的家乡和名字。'泰山石敢当'，谁家闹妖气，你就把它放要谁家的墙上，那妖就跑了"。

以后就传开了，说妖怪怕泰山石敢当，只要你找块石头或砖头在上面刻上"泰山石敢当"，妖怪就不敢来了，所以现在盖房子，垒墙的时候，总是先刻好了"泰山石敢当"几个字垒在墙上，就可以避邪。

讲述人：马宗奎，采录者：吴绵（录音）。

选自陶阳、徐纪民、吴绵编：《泰山民间故事大观》，文化艺术出版社，1984年，第199—200页。

（五）舍身崖

相传明朝时期，泰山之阳有一个小村庄，村中有一人叫徐大用，此人为人诚实守信，随和可亲，极有人缘。他在泰城开了一家小店，生意极好。一天，来了客官本姓何，从早到晚语不多，天天都是眉头锁，如有心事在心窝。大用看在眼里，急在心里，一个劲地光琢磨：这人想要做什么？我得想法让他说！那一天，大用做了几个菜，一壶好酒放上桌，答言道："客官是进京赶考，还是到此经商？是前来投亲？还是到泰山进香？那人一听直摇头，好像蚂蚁上热锅，大用便开门见山地说："客官，我看你象有什么难处。人生一世，在家靠父母，在外靠朋友，你住这里也非一日，如果信得过我，有什么心事不妨直言，说不定我还能帮忙。"来人一听心中暖，一双眼睛泪涟涟："掌柜的听我言，去年家母重病缠，生命危悬在一线，只在朝和晚，听说圣母能消灾和难，不远千里来许愿，他年若是家母安，舍身崖下来还愿。果不然，泰山圣母显神通，家母果真病气散，一天一天身体健，一日一日精神欢。这本来是好事，有件事儿把我难，为报圣母来舍身，留下老小谁来管。想来又想去，只好以子代父还。可怜他，虽然只有五岁半，已能识文认字读诗篇，聪明伶俐是人见人喜欢，为人父母心怜爱，怎么忍心把他推下山。要不然，掌柜的，你心善，帮我了了这心愿？"大用一听心直颤，眉头一个劲里冒冷汗：这种事情非一般，你不做，让我干，我不成了杀人犯？可是，万一别人做，孩子命运岂不更是惨，好，我干！

大用便一口答应下来。第二天领着孩子在山上转了一圈回来，说已将孩子舍下山崖。其实，大用已把孩子偷偷收养了。

这位客人又上山，带上纸、香来祭奠。两行无奈辛酸泪，哭哭啼啼回了江南。

话说徐大用，收养了孩子，给他取名徐起鸣，以后便让他上学读书。起鸣天资聪颖，才华横溢，过目成诵，出口成章。十八中举，二十岁便金榜题名，中了状元。皇帝下旨那天，徐大用将起鸣的亲生父亲请来，把事情的起始终末都告诉了他，让起鸣拜见父亲。父子相见，抱头痛哭。此后，起鸣听说祖母已去逝，便安排生父和徐父在泰山共度晚年，两位老人相敬如宾，亲如兄弟。

事后，三人复又来到舍身崖，抚今追昔，感叹不已。何老夫子自愧当年糊涂，险些送了儿子的性命。何起鸣为防这种无谓之死就在崖侧筑墙阻拦，又把这里更名为爱身崖。清康熙年间又有知泰安州事张奇逢重修围墙，而且派更夫守护。1965 年在围墙南端开了一个圆门并顺崖畔建了凭眺石栏。

选自泰安市旅游局：《畅游泰安——新编导游词》，泰安市旅游局内部资料，2010 年，第 196—198 页。

后　记

选择泰山作为自己的研究对象，不仅是因为田野上的诸多便利，还有自己内心对家乡这座神圣之山的感情在里面。然而开始研究之后，内心又多了一丝惶恐，泰山文化博大精深，即使只取一面，仍然时时感觉挂一漏万。而家乡民俗学在带给我田野便利的同时，也时常一叶障目，沉醉于习以为常之中。本书的写作，也正像攀登泰山一样，是一个不断挑战的过程。期间也曾迷茫、彷徨，甚至气馁过，但一次次又重新咬紧牙关，努力向前。如今初稿既成，暂时歇脚，回顾来时路，也是别有一番风景。

本书付梓之际，需要感谢的人有很多。首先要感谢我的恩师田兆元教授，这些年来，先生不仅在学业上给予我精心指导，同时还在思想、生活上给我以无微不至的关怀。本书正是在先生的亲切关怀和悉心指导下完成的。从选题到最终完成，先生都始终给予我细心的指导和不懈的支持。此书稿成后又承蒙先生亲为作序，令我铭感无已。同时，还要感谢钱杭教授、陈勤建教授、耿敬教授、安俭教授、唐忠毛教授、王晓葵教授、李明洁教授、徐赣丽教授、郑土有教授、敖其教授、丁金宏教授、毕旭玲老师，他们为本书的写作提供了许多建设性的意见。本书部分内容曾以论文形式刊发，感谢黄龙光、冯莉等编辑老师和审稿专家的指点。感谢远东出版社的王智丽老师认真负责的编辑，使得本书增色不少。

感谢泰安市旅游局的张莹主任，感谢泰山管委的吕继祥主任、李继生老师、张用衡老师，感谢泰安市博物馆的张玉胜书记、陶莉馆长，感谢泰山学院的张建忠老师、马海洋老师、魏云刚老师、周郢老师，他们不仅为我提供了许多资料，也给了我许多建设性意见和启发。感谢在我调研期间，三姨邓清芳一家和表叔程继林一家给予我的帮助。感谢泰安的优秀导游员与旅游从业者们——谢方军、王立民、韩兆君、张娟、李宝、张峰强、齐磊、王飞、王志、张冉等人，他们不仅为我提供了宝贵的访谈资料，也让我对这一群体有了更深刻的认识，钦佩之余，更坚定了我的研究之路。

感谢叶涛老师的帮助，使我认识了更多研究泰山的学者，在学习交流中受益良多。感谢施爱东老师邀请我参与《中国民俗学年鉴》的编写，促使我对中国旅游民俗学的研究做了更细致的梳理，感谢巴莫曲布嫫老师和杨旭东老师的赠书，使我在旅游民俗学的研究道路上更加坚定地走下去。

最后，我要感谢家人的理解和支持，他们是我前进的动力来源，没有他们的鼓励和帮助，我无法顺利完成学业，也就没有此书的诞生。

旅游民俗学的研究任重而道远，本书的研究与写作只是一个初步的探索性尝试，但我愿与有志于此的学者一起努力，继续奋斗！